内蒙古 名特优新农产品

内蒙古自治区农畜产品质量安全中心 编

中国农业科学技术出版社

图书在版编目（CIP）数据

内蒙古名特优新农产品 / 内蒙古自治区农畜产品质量安全中心编 . -- 北京：中国农业科学技术出版社，2023.5
 ISBN 978-7-5116-6262-0

Ⅰ.①内… Ⅱ.①内… Ⅲ.①农产品 – 介绍 – 内蒙古 Ⅳ.① F724.72

中国国家版本馆 CIP 数据核字（2023）第 071829 号

责任编辑　陶　莲
责任校对　贾若妍　李向荣
责任印制　姜义伟　王思文

出 版 者	中国农业科学技术出版社
	北京市中关村南大街 12 号　　邮编：100081
电　　话	（010）82109705（编辑室）（010）82109702（发行部）
	（010）82109709（读者服务部）
网　　址	https://castp.caas.cn
经 销 者	各地新华书店
印 刷 者	北京建宏印刷有限公司
开　　本	185 mm×260 mm　1/16
印　　张	37.75
字　　数	757 千字
版　　次	2023 年 5 月第 1 版　2023 年 5 月第 1 次印刷
定　　价	198.00 元

◀ 版权所有·侵权必究 ▶

《内蒙古名特优新农产品》

编 委 会

总 主 编： 杨红东

统筹主编： 云岩春　　乌日罕　　张福柱

技术主编： 王　冠　　许大伟　　郝贵宾　　崔丽光
　　　　　　苏　亚　　张　利　　李志明

副 主 编： 贾　楠　　刘　军　　刘　强　　刘　鑫
　　　　　　吴凯龙　　孙秀梅　　潘建忠　　罗　旭
　　　　　　黄　海　　王锦华　　李　霞　　崔永强

参编人员：（按姓氏笔画顺序）
　　　　　　王云亮　　王文议　　王　冬　　王利平
　　　　　　王金泉　　王　静　　白志荣　　白铁柱
　　　　　　宁淑红　　田志国　　成柏宜　　吕光萍
　　　　　　刘　太　　刘兰铸　　刘志军　　闫佰旭
　　　　　　闫朝晖　　孙宏业　　苏震东　　李　勇
　　　　　　李　超　　杨志勤　　吴海波　　张三杰
　　　　　　张玉宝　　张金锁　　张　珍　　阿嘎日
　　　　　　陈青山　　范琦智　　赵　雪　　郝　娟
　　　　　　哈斯高娃　特日格勒　曹立娜　　董　强
　　　　　　韩　佳　　靳伟龙　　窦亚平　　翟泰宇
　　　　　　斯　琴

前言

内蒙古自治区①拥有大森林、大草原、大湿地、大沙漠、大冰雪、大山脉等得天独厚的自然资源和天蓝、地绿、水清的生态环境，处于北纬43°左右独特的黄金种养带，孕育了种类丰富、品质优良的农畜产品。多年来，我们按照习近平总书记为内蒙古量身定制的建设我国重要农畜产品生产基地的战略定位和关于做好"土特产"文章的要求，坚定不移走以生态优先、绿色发展为导向的高质量发展新路子，积极发挥资源环境禀赋优势，大力实施质量兴农兴牧、绿色兴农兴牧和品牌强农强牧战略，持续推进内蒙古农畜产品质量提升，培育了众多地方特色农畜产品品牌，促进了区域优势农牧业产业发展，绿色农畜产品已经成为内蒙古的一张新名片。

名特优新农产品是指在特定区域内生产、具备一定生产规模和商品量、具有显著地域特征和独特营养品质特色、有稳定的供应量和消费市场、公众认知度和美誉度高并经农业农村部农产品质量安全中心登录公告和核发证书的农产品。名特优新农产品的认定对实时了解地域特色农畜产品信息，促进农畜产品产销对接，及时指导生产和引导消费，满足公众对安全优质营养健康农畜产品需求等具有重要意义。自2018年农业农村部启动名特优新农产品名录收集登录工作以来，内蒙古自治区农牧厅高度重视，把名特优新农产品名录收集登录工作作为新时期农牧业产业转型升级、品牌建设的重要抓手，在全区各级农牧部门的积极推动下，名特优新农产品从无到有，从小到大，充分把我区的资源优势变成产品优势，把产品优势变成推动农牧业高质量发展的新引擎，持续擦亮了内蒙古绿色优质农畜产品品牌。截至2023年4月底，全区经农业农村部农产品质量安全中心确认并公布纳入"全国名特优新农产品"名录的名特优新农产品达到550个，总量排在全国前列，其中种植业类产品363个、畜牧业类产品164个、渔业类产品23个，涉及畜产品、水产品、果品、粮油、蔬菜等10余个类别，涉及生产单位1 035家。

为更好地宣传打造内蒙古特色优势农畜产品品牌，提高内蒙古名特优新农产品知名度和美誉度，满足生产、消费和管理需要，内蒙古自治区农畜产品质量安全中心组织编写了《内蒙古名特优新农产品》一书。本书以盟市为单位，共12篇，涵盖了全区2019年至今获得"全国名特优新农产品证书"的550个名特优新农产品，重点介绍了每一个产品的营养指标、内外在特征、鉴定依据和销售信息，通过扫描每一页上的二维码还可以查看相应产品的"营养品质评价鉴定报告"，了解详细信息。本书在编写过程中得到了各级农畜产品质量安全工作机构、证书持有单位和证书使用单位的大力支持，在此表示感谢。

内蒙古自治区农畜产品质量安全中心

2023年4月

---

① 全书简称内蒙古

目 录

呼伦贝尔

一、扎兰屯鸡……………………… 002
二、扎兰屯榛子…………………… 003
三、扎兰屯大米…………………… 004
四、扎兰屯沙果…………………… 005
五、扎兰屯黑木耳………………… 006
六、三河牛………………………… 007
七、鄂伦春芸豆…………………… 008
八、鄂伦春紫苏…………………… 009
九、鄂伦春黑木耳………………… 010
十、扎兰屯小米…………………… 011
十一、扎兰屯大豆油……………… 012
十二、额尔古纳蜂蜜……………… 013
十三、陈巴尔虎旗羊……………… 014
十四、扎兰屯玉米面……………… 015
十五、扎兰屯黑猪肉……………… 016
十六、牙克石马铃薯……………… 017
十七、根河灵芝…………………… 018
十八、呼伦贝尔农垦芥花油……… 019
十九、莫力达瓦旗大豆…………… 020
二十、莫力达瓦旗大鹅…………… 021
二十一、鄂伦春紫苑……………… 022
二十二、鄂伦春滑子菇…………… 023
二十三、西旗羊肉………………… 024
二十四、扎兰屯黑麦面粉………… 025
二十五、扎兰屯沙果干…………… 026
二十六、扎兰屯白菜……………… 027
二十七、扎兰屯蜂蜜……………… 028
二十八、牙克石小麦米…………… 029
二十九、根河卜留克……………… 030
三十、额尔古纳黑木耳…………… 031
三十一、阿荣旗大米……………… 032
三十二、莫力达瓦大米…………… 033
三十三、莫力达瓦猪肉…………… 034
三十四、鄂伦春赤芍……………… 035
三十五、鄂伦春防风……………… 036
三十六、鄂伦春金莲花…………… 037
三十七、扎兰屯玉米碴…………… 038
三十八、扎兰屯马铃薯…………… 039
三十九、扎兰屯鲤鱼……………… 040
四十、额尔古纳沙棘果原浆……… 041
四十一、额尔古纳蓝靛果原浆…… 042
四十二、额尔古纳树莓果原浆…… 043
四十三、鄂伦春马铃薯精淀粉…… 044
四十四、陈巴尔虎旗红头羊……… 045
四十五、陈巴尔虎旗牛…………… 046
四十六、阿荣旗大豆油…………… 047

兴安盟

一、扎赉特大米…………………… 050
二、科右前旗小米………………… 051
三、科右前旗黑豆………………… 052
四、科右前旗沙果干……………… 053
五、科右前旗奶豆腐……………… 054
六、科右前旗黄油………………… 055
七、科右前旗草地羊……………… 056
八、五家户小米…………………… 057
九、阿尔山卜留克………………… 058
十、阿尔山黑木耳………………… 059
十一、科右前旗粉条……………… 060
十二、科右前旗甜粘玉米………… 061
十三、科右前旗大豆油…………… 062
十四、科右前旗菜籽油…………… 063
十五、科右前旗原麦粉…………… 064
十六、突泉小米…………………… 065
十七、科右前旗苍术……………… 066
十八、科右前旗绿豆……………… 067
十九、科右前旗红小豆…………… 068

二十、科右前旗大黄米…………………… 069
二十一、科右前旗大豆…………………… 070
二十二、科右前旗大米…………………… 071
二十三、科右前旗奶皮子………………… 072
二十四、科右前旗白鲢…………………… 073
二十五、科右前旗鳊鱼…………………… 074
二十六、阿尔山寒地沙棘………………… 075
二十七、科右前旗黄芩…………………… 076
二十八、科右中旗小米…………………… 077
二十九、杜尔基大米……………………… 078
三十、翰嘎利大银鱼……………………… 079
三十一、突泉绿豆………………………… 080
三十二、突泉紫皮蒜……………………… 081
三十三、阿尔山赤松茸…………………… 082
三十四、科右前旗酸马奶………………… 083
三十五、科右前旗草地牛………………… 084
三十六、吐列毛杜小麦粉………………… 085
三十七、科右中旗玉米面………………… 086
三十八、科右中旗奶豆腐………………… 087
三十九、扎赉特大豆……………………… 088
四十、扎赉特羊肉………………………… 089
四十一、突泉县安格斯肉牛……………… 090
四十二、科右前旗鸡蛋…………………… 091

通辽市

一、科尔沁左翼中旗葵花籽……………… 094
二、科尔沁左翼中旗小麦粉……………… 095
三、库伦荞麦……………………………… 096
四、扎鲁特草原羊………………………… 097
五、科尔沁区塞外红苹果………………… 098
六、科尔沁黄芪…………………………… 099

七、科尔沁区沙地葡萄…………………… 100
八、小三合兴圆葱………………………… 101
九、科尔沁左翼中旗高粱………………… 102
十、开鲁红干椒…………………………… 103
十一、扎鲁特旗珍珠油杏………………… 104
十二、扎鲁特绿豆………………………… 105
十三、科尔沁玉米油……………………… 106
十四、科尔沁沙葱………………………… 107
十五、哈民黄米…………………………… 108
十六、哈民小米…………………………… 109
十七、胜利血麦…………………………… 110
十八、门达大米…………………………… 111
十九、科尔沁左翼后旗大米……………… 112
二十、奈曼甘草…………………………… 113
二十一、奈曼小米………………………… 114
二十二、奈曼甘薯………………………… 115
二十三、科尔沁牛肉干…………………… 116
二十四、库伦小米………………………… 117
二十五、库伦胡萝卜……………………… 118
二十六、扎鲁特葵花籽…………………… 119
二十七、扎鲁特高粱……………………… 120
二十八、科尔沁高粱酒…………………… 121
二十九、宝龙山炒米……………………… 122
三十、科左中旗塞外红苹果……………… 123
三十一、科左中旗肉牛…………………… 124
三十二、开鲁塞外红苹果………………… 125
三十三、奈曼沙地无籽西瓜……………… 126
三十四、扎鲁特小米……………………… 127
三十五、科左中旗玉米粉………………… 128
三十六、科左中旗牛肉干………………… 129
三十七、开鲁沙果………………………… 130
三十八、库伦黄芪………………………… 131

三十九、库伦六家子葵花……………132
四十、库伦红苹果…………………133
四十一、奈曼荞麦…………………134
四十二、奈曼塞外红苹果…………135
四十三、扎鲁特草原牛……………137

赤峰市

一、夏家店大扁杏…………………140
二、赤峰小米………………………141
三、夏家店大枣……………………143
四、阿鲁科尔沁旗炒米……………144
五、巴林羊肉………………………145
六、克旗香菇………………………146
七、克旗莜面………………………147
八、翁牛特大米……………………148
九、宁城草原鸭……………………149
十、红山圣女果……………………150
十一、松山甜糯玉米………………151
十二、松山番茄……………………152
十三、阿鲁科尔沁旗羊肉…………153
十四、巴林左旗小苹果……………154
十五、巴林右旗炒米………………155
十六、巴林右旗奶豆腐……………156
十七、林西黄米面…………………157
十八、林西沙果汁…………………158
十九、克什克腾奶豆腐……………159
二十、翁牛特荞麦…………………160
二十一、翁牛特羊肉………………161
二十二、宁城粉条…………………162
二十三、敖汉绿豆…………………163
二十四、风水沟葡萄………………164

二十五、阿鲁科尔沁旗小米………165
二十六、阿鲁科尔沁旗绿豆………166
二十七、阿鲁科尔沁旗牛肉………167
二十八、巴林左旗林东南国梨……168
二十九、巴林左旗羊肉……………169
三十、巴林右旗葵花………………170
三十一、大板香瓜…………………171
三十二、巴林右旗甜玉米…………172
三十三、林西黏豆包………………173
三十四、林西番茄…………………174
三十五、克什克腾马铃薯…………175
三十六、克什克腾胡萝卜…………176
三十七、克什克腾昭乌达肉羊……177
三十八、牛家营子桔梗……………178
三十九、牛家营子北沙参…………179
四十、喀喇沁旗羊肚菌……………180
四十一、松山芥肉…………………181
四十二、林西冰苹果………………182
四十三、红山区蛹虫草……………183
四十四、红山鸡蛋…………………184
四十五、兴隆坡西瓜………………185
四十六、夏家店风干牛肉…………186
四十七、夏家店风干猪肉干条……187
四十八、夏家店风干鸭脖…………188
四十九、阿鲁科尔沁旗黄油………189
五十、阿鲁科尔沁旗奶豆腐………190
五十一、巴林小米…………………191
五十二、巴林大米…………………192
五十三、林西煎饼…………………193
五十四、林西草原花菇……………194
五十五、翁牛特牛肉………………195
五十六、喀喇沁旗肉鸭……………196

五十七、宁城红谷子……………… 197

锡林郭勒盟

一、苏尼特羊肉……………………… 200
二、乌珠穆沁羊肉…………………… 201
三、阿巴嘎策格（酸马奶）………… 202
四、太仆寺旗莜麦粉………………… 203
五、太仆寺旗鸡蛋…………………… 204
六、乌拉盖华西牛肉………………… 205
七、乌拉盖乌牛肉…………………… 206
八、锡林策格………………………… 207
九、阿巴嘎旗乌冉克羊肉…………… 209
十、苏尼特双峰驼奶………………… 210
十一、星耀小镇西瓜………………… 211
十二、多伦小麦粉…………………… 212
十三、多伦湖池沼公鱼……………… 213

乌兰察布市

一、丰镇亚麻籽油…………………… 216
二、卓资山莜麦面…………………… 217
三、卓资山熏鸡……………………… 218
四、卓资山鸡蛋……………………… 219
五、卓资山亚麻籽油………………… 220
六、卓资山小麦粉…………………… 221
七、化德大白菜……………………… 222
八、化德羊肉………………………… 223
九、化德黑枸杞……………………… 224
十、凉城亚麻籽油…………………… 225
十一、凉城燕麦米…………………… 226
十二、凉城藜麦米…………………… 227
十三、凉城鸡蛋……………………… 228
十四、察右前旗樱桃番茄…………… 229
十五、察右前旗鸡蛋………………… 230
十六、察右前旗葡萄………………… 231
十七、察右前旗胡麻油……………… 232
十八、察右后旗红马铃薯…………… 233
十九、察右前旗羊肉………………… 234
二十、丰镇黄小米…………………… 235
二十一、丰镇燕麦米………………… 236
二十二、丰镇荞麦米………………… 237
二十三、化德鸡蛋…………………… 238
二十四、商都芹菜…………………… 239
二十五、商都贝贝南瓜……………… 240
二十六、商都鹅蛋…………………… 241
二十七、兴和燕麦粉………………… 242
二十八、兴和小米…………………… 243
二十九、兴和荞麦…………………… 244
三十、兴和胡麻油…………………… 245
三十一、察右中旗莜麦面…………… 246
三十二、察右中旗菜籽油…………… 247
三十三、察右中旗小麦粉…………… 248
三十四、察右中旗红胡萝卜………… 249
三十五、察右后旗香菇……………… 250
三十六、乌兰察布酸奶……………… 251
三十七、察右前旗黑小麦粉………… 252
三十八、察右前旗风干鸡…………… 253
三十九、察右中旗荞麦面…………… 254
四十、察右中旗胡麻油……………… 255
四十一、丰镇小番茄………………… 256
四十二、丰镇绵羊奶………………… 257
四十三、卓资山藜麦………………… 258
四十四、商都莜麦…………………… 259

四十五、商都黍子·················· 260
四十六、兴和豆腐·················· 261
四十七、兴和藜麦·················· 262
四十八、兴和亚麻籽油·············· 263
四十九、凉城小米·················· 264
五十、凉城黄米面粉················ 265
五十一、察右前旗甜椒·············· 266
五十二、察右前旗奶酪·············· 267
五十三、察右后旗酸马奶············ 268
五十四、察右后旗奶渣·············· 269
五十五、察右后旗奶豆腐············ 270
五十六、察右后旗鲜马奶············ 271
五十七、察哈尔右翼后旗牛肉干······ 272
五十八、四子王旗小麦粉············ 273
五十九、四子王旗戈壁羊············ 274
六十、四子王旗杜蒙羊肉············ 275
六十一、卓资山白条鸡·············· 276
六十二、凉城黄米·················· 277
六十三、凉城莜面·················· 278
六十四、察右前旗腐竹·············· 279
六十五、察右前旗蟠桃·············· 280
六十六、察右前旗亚麻籽油·········· 281
六十七、察右前旗番茄·············· 282
六十八、察右前旗风干兔············ 283
六十九、察右前旗绵羊奶············ 284
七十、四子王旗葵花籽·············· 285
七十一、四子王旗骆驼肉············ 286
七十二、四子王旗牛肉·············· 287

呼和浩特市

一、口肯板香瓜···················· 290
二、托县香瓜······················ 291
三、托县稻田蟹···················· 292
四、托县黄河鲤鱼·················· 293
五、托县小麦粉···················· 294
六、武川香菇······················ 295
七、玉泉番茄······················ 296
八、托县番茄······················ 297
九、托县大米······················ 298
十、武川羊肚菌···················· 299
十一、可沁村小西瓜················ 300
十二、毕克齐大紫李················ 301
十三、默特左旗玉米················ 302
十四、土默特左旗香菇·············· 303
十五、土默特左旗对虾·············· 304
十六、托县辣椒···················· 305
十七、托县猪肉···················· 306
十八、托县驴肉···················· 307
十九、和林燕麦···················· 308
二十、和林亚麻籽油················ 309
二十一、清水河小香米·············· 310
二十二、清水河黄米················ 311
二十三、清水河花菇················ 312
二十四、武川燕麦·················· 313
二十五、武川莜面·················· 314
二十六、武川马铃薯················ 315
二十七、武川滑子菇················ 316
二十八、赛罕火龙果················ 317
二十九、土默特左旗西瓜············ 318
三十、土默特左旗大米·············· 319
三十一、土默特左旗贝贝南瓜········ 320
三十二、和林亚麻籽················ 321
三十三、土默特左旗番茄············ 322

三十四、托县辣椒酱……………… 323
三十五、武川黄芪………………… 324
三十六、武川肉牛………………… 325
三十七、赛罕番茄………………… 326
三十八、土默特左旗高粱红白酒…… 327
三十九、北得力图红树莓………… 328
四十、土默特左旗黑小麦………… 329
四十一、和林黄芪………………… 330
四十二、和林马铃薯淀粉………… 331
四十三、和林水晶粉丝…………… 332
四十四、和林鲜食玉米…………… 333
四十五、和林沙棘果汁…………… 335
四十六、和林火龙果……………… 336
四十七、和林马铃薯……………… 337
四十八、和林鸡蛋………………… 338
四十九、和林鲤鱼………………… 339
五十、新城草莓…………………… 340
五十一、赛罕黄瓜………………… 342
五十二、武川肉羊………………… 343
五十三、新城玉米………………… 344
五十四、玉泉鸡蛋………………… 345
五十五、土默特左旗草莓………… 346
五十六、和林猪肉………………… 347
五十七、和林羊肉………………… 348
五十八、和林花鲢………………… 349

包头市

一、九原甜瓜……………………… 352
二、九原黄河鲤鱼………………… 353
三、土默川葵花籽………………… 354
四、土默川玉米…………………… 355
五、土默川地梨…………………… 356
六、土默特羊肉…………………… 357
七、固阳黄芪……………………… 359
八、固阳荞麦……………………… 360
九、达茂羊肉……………………… 361
十、达茂牛肉……………………… 362
十一、东河海岱蒜………………… 363
十二、固阳羊肉…………………… 364
十三、达茂奶豆腐………………… 365
十四、达茂奶皮…………………… 366
十五、达茂奶酪…………………… 367
十六、东园葡萄…………………… 368
十七、昆区小麦粉………………… 369
十八、昆区猪肉…………………… 370
十九、昆区羊肉…………………… 371
二十、土默川大杏………………… 372
二十一、土默川胡麻……………… 373
二十二、土默川小麦……………… 374
二十三、固阳莜麦………………… 375
二十四、固阳马铃薯……………… 376
二十五、达茂黄芪………………… 377
二十六、达茂小米………………… 378
二十七、达茂厚皮甜瓜…………… 379
二十八、达茂绿头蒜……………… 380
二十九、青山牛奶………………… 381
三十、固阳菜籽油………………… 382
三十一、固阳红皮小麦粉………… 383
三十二、九原南瓜………………… 384
三十三、九原樱桃………………… 385
三十四、九原草莓………………… 386
三十五、石拐区猪肉……………… 387

鄂尔多斯市

一、达拉特鹌鹑蛋……………… 390
二、东胜鸡蛋………………… 391
三、达拉特大米……………… 392
四、达拉特羊肉……………… 393
五、准格尔荞麦粉…………… 394
六、准格尔小米……………… 395
七、准格尔羯羊……………… 396
八、准格尔大米……………… 397
九、鄂托克前旗辣椒………… 398
十、鄂托克旗螺旋藻………… 399
十一、乌审奶酪……………… 400
十二、乌审乳清……………… 401
十三、乌审酥油……………… 402
十四、乌审旗甲鱼…………… 403
十五、伊金霍洛旗鸡蛋……… 404
十六、东胜猪肉……………… 405
十七、达拉特南瓜…………… 406
十八、达拉特鸡蛋…………… 407
十九、准格尔糜米…………… 408
二十、准格尔海红果………… 409
二十一、暖水山地苹果……… 410
二十二、鄂托克前旗炒米…… 411
二十三、鄂托克前旗羊肉…… 412
二十四、鄂托克前旗牛肉…… 413
二十五、阿尔巴斯山羊肉…… 414
二十六、杭锦旗杭盖羊肉…… 415
二十七、杭锦旗库布齐牛肉… 416
二十八、乌审西瓜…………… 417
二十九、乌审大米…………… 418
三十、鄂尔多斯细毛羊肉…… 419
三十一、乌审草原红牛肉…… 420
三十二、乌审皇香猪肉……… 421
三十三、伊金霍洛肉牛……… 422
三十四、达拉特鲜食玉米…… 423
三十五、达拉特黄河鱼……… 424
三十六、准格尔山杏………… 425
三十七、布尔陶亥蒿召赖猪肉… 426
三十八、鄂前旗西瓜………… 427
三十九、鄂托克旗土鸡蛋…… 428
四十、伊金霍洛旗羊肉……… 429
四十一、哈达图淖尔猪肉…… 430
四十二、达拉特小麦粉……… 431
四十三、达拉特红葱………… 432
四十四、准格尔甜糯玉米…… 433
四十五、准格尔小甜瓜……… 434
四十六、伊金霍洛旗黄盖希里鸡… 435
四十七、伊金霍洛旗黄盖希里鸡蛋… 436
四十八、东胜羊肉…………… 437
四十九、木凯淖尔土鸡……… 438
五十、杭锦大米……………… 439
五十一、乌审大红糜子……… 440
五十二、乌审甜糯玉米……… 441
五十三、无定河牛肉………… 442
五十四、无定河山羊肉……… 443

巴彦淖尔市

一、新华韭菜………………… 446
二、临河小麦………………… 447
三、五原黄柿子……………… 448
四、五原灯笼红香瓜………… 449
五、乌拉山山羊肉…………… 450

六、明安黄芪	451	三十九、磴口黑枸杞	484
七、乌拉特羊肉	452	四十、佘太藜麦	485
八、石哈河荞麦粉	453	四十一、明安山楂	486
九、石哈河莜麦粉	454	四十二、圐圙补隆烟叶	487
十、临河葵花籽	455	四十三、佘太红辣椒	488
十一、临河巴美肉羊	456	四十四、乌拉特树莓	489
十二、临河封缸肉	457	四十五、乌拉特花生	490
十三、临河黄河鲤鱼	458	四十六、乌拉特后旗富硒山羊肉	491
十四、五原葵花籽	459	四十七、杭锦后旗葵花籽	492
十五、五原蜜瓜	460	四十八、杭锦后旗番茄	493
十六、五原羊肉	461	四十九、杭锦后旗草鱼	494
十七、磴口肉苁蓉	462	五十、临河玉米糊	495
十八、磴口华莱士	463	五十一、临河谷饲羊	496
十九、明安谷米	464	五十二、临河羊肉串	497
二十、黑柳子白梨脆甜瓜	465	五十三、临河草鱼	498
二十一、瓦窑滩西瓜	466	五十四、五原白梨儿脆香瓜	499
二十二、乌拉特前旗小麦	467	五十五、五原麒麟西瓜	501
二十三、乌梁素海鲫鱼	468	五十六、磴口香瓜	502
二十四、乌加河甜瓜	469	五十七、纳林甜瓜	503
二十五、石哈河小麦粉	470	五十八、磴口山药	504
二十六、乌拉特牛肉	471	五十九、磴口鲤鱼	505
二十七、乌拉特后旗铁棍山药	472	六十、磴口草鱼	506
二十八、乌拉特后旗戈壁红驼肉	473	六十一、乌拉特前旗葵花籽	507
二十九、杭锦后旗甜瓜	474	六十二、佘太红高粱	508
三十、三道桥西瓜	475	六十三、乌拉特前旗玉米	509
三十一、杭锦后旗早酥梨	476	六十四、小佘太香菇	510
三十二、杭锦后旗小麦	477	六十五、乌拉特中旗葵花	511
三十三、杭锦后旗肉牛	478	六十六、乌拉特中旗小麦粉	512
三十四、临河早酥梨	479	六十七、乌拉特中旗玉米片	513
三十五、临河红辣椒	480	六十八、乌拉特后旗酸白菜	514
三十六、五原小麦	481	六十九、乌拉特后旗小番茄	515
三十七、五原甜玉米	482	七十、乌拉特后旗骆驼奶	516
三十八、磴口甘草	483	七十一、乌拉特后旗风干羊肉	517

七十二、杭锦后旗枸杞…………… 518
七十三、杭锦后旗玉米（干玉米粒） 519
七十四、杭锦后旗鲢鱼…………… 520
七十五、五原贝贝南瓜…………… 521
七十六、苏独仑板栗薯…………… 522
七十七、临河蜜瓜………………… 523
七十八、临河糯玉米……………… 524
七十九、临河花菇………………… 525
八十、临河郝驴驹草猪…………… 526
八十一、临河巴马香猪…………… 527
八十二、大佘太西葫芦籽………… 528
八十三、明安羊肚菌……………… 529
八十四、乌拉山猪肉……………… 530
八十五、小佘太鹧鸪……………… 531
八十六、乌拉特后旗甜糯玉米…… 532
八十七、乌拉特后旗早黄蜜瓜…… 533
八十八、乌拉特后旗西红柿……… 534
八十九、乌拉特后旗水果柿子…… 535
九十、杭锦后旗三道桥老酸奶…… 536
九十一、杭锦后旗生鲜乳………… 537
九十二、杭锦后旗葵花蜜………… 538
九十三、杭锦后旗鸡蛋…………… 539
九十四、五原黄瓤西瓜…………… 540
九十五、五原甜红玉蜜瓜………… 541
九十六、乌拉特鲢鱼……………… 542
九十七、乌拉特鲤鱼……………… 543

乌海市

一、海勃湾区肉羊………………… 546
二、海勃湾区肉猪………………… 547
三、海勃湾区蛋鸡………………… 548
四、海勃湾区葡萄………………… 549

五、乌达区肉羊…………………… 550
六、乌达区红公鸡………………… 551
七、乌达区葡萄…………………… 552
八、海南区鸡……………………… 554
九、海南区葡萄…………………… 555
十、海南区肉羊…………………… 556
十一、海南区蛋鸡………………… 557

阿拉善盟

一、阿拉善左旗西瓜……………… 560
二、阿拉善左旗小麦……………… 561
三、阿拉善左旗沙葱……………… 562
四、阿拉善左旗枸杞……………… 563
五、阿拉善左旗白绒山羊羊肉…… 564
六、阿拉善左旗驼肉……………… 566
七、阿拉善左旗白绒山羊绒……… 568
八、阿拉善右旗驼肉……………… 570
九、阿拉善右旗驼奶……………… 571
十、阿拉善右旗白绒山羊肉……… 572
十一、额济纳蜜瓜………………… 573
十二、额济纳黑枸杞……………… 574
十三、额济纳棉花………………… 575
十四、额济纳白绒山羊肉………… 576
十五、额济纳驼肉………………… 577
十六、阿拉善左旗肉苁蓉………… 578
十七、阿拉善左旗锁阳…………… 579
十八、阿拉善左旗小米…………… 580
十九、阿拉善左旗洋葱…………… 581
二十、阿拉善左旗蒙古牛肉……… 582
二十一、阿拉善左旗蒙古羊肉…… 584
二十二、阿拉善左旗驼绒………… 586

呼伦贝尔

内蒙古名特优新农产品

扎兰屯鸡 CAQS-MTYX-20190282

1. 营养指标

参数	多不饱和脂肪酸 （% 总脂肪酸）	赖氨酸 （% 产品 *）	胆固醇 (mg/100g)	鲜味氨基酸 (mg/100g)	蛋白质 (%)
测定值	22.1	2.12	58.4	6 020	21.7
参照值	21.3	1.76	106.0	4 925	20.3

注：* 其余未具体标注的均指营养物质在产品中的占比，全书同。

2. 产品外在特征及独特营养品质特征评价鉴定

扎兰屯鸡胴体表面细致，有韧性，表皮微黄，肉体表面微干，肉体内部白里透红，指压后凹陷立刻恢复，皮下稍有微黄色脂肪，无毛根和绒毛，切面鲜亮有光泽，煮熟后，鸡皮香嫩，鸡肉紧实，鸡汤乳白色，汤味鲜香。单只重约 2.5 kg。其蛋白质、赖氨酸、鲜味氨基酸、多不饱和脂肪酸、硒含量高，胆固醇含量低。

3. 评价鉴定依据

《中国食物成分表（第6版/第二册）》（北京大学医学出版社）。

4. 市场销售采购信息

扎兰屯市成吉思汗钟氏生态土鸡养殖农民专业合作社

联系人：钟玉平　电话：15104956111

扎兰屯市高台子办事处晟鼎畜禽养殖农民专业合作社

联系人：肖成武　电话：13634741509

二 扎兰屯榛子 CAQS-MTYX-20190283

1. 营养指标

参数	总不饱和脂肪酸(%)	膳食纤维(%)	钙(mg/100g)	脂肪(%)
测定值	39.7	12.9	360	55.0
参照值	37.1	9.6	104	44.8

2. 产品外在特征及独特营养品质特征评价鉴定

扎兰屯榛子粒形端正，籽粒光滑，大小均匀，直径1.3～1.5 cm，果仁呈金黄褐色，外壳坚硬，果实饱满，榛子成熟充分，脱水良好，口感香脆。其蛋白质、脂肪、钙、总不饱和脂肪酸、膳食纤维含量均高于参照值。

3. 评价鉴定依据

《中国食物成分表（第6版/第一册）》（北京大学医学出版社）。

4. 市场销售采购信息

扎兰屯市森通食品开发有限责任公司

联系人：郭维武　电话：13907406462

扎兰屯大河湾众兴种植农民专业合作社

联系人：刘志龙　电话：15947769928

扎兰屯市蒙森森林食品开发有限责任公司

联系人：张志忠　电话：15332903555

三 扎兰屯大米 CAQS-MTYX-20190284

1. 营养指标

参数	硒 (μg/100g)	直链淀粉 (%)	胶稠度 (mm)	碱消值 (级)
测定值	4.00	19.6	86	6
参照值	2.83	13.0～20.0	≥ 80	≥ 6

2. 产品外在特征及独特营养品质特征评价鉴定

扎兰屯大米米粒半纺锤形或长形，米粒表面光滑，洁净度好，整体为白色，呈不透明、半透明状，米粒背沟和表面留皮程度小，近于无皮，散发自然稻米香味；米粒涨性大，出饭率高，米饭香气浓郁。其胶稠度、碱消值高于参照值，直链淀粉含量符合优质粳米范围，硒含量高于参照值。

3. 评价鉴定依据

《中国食物成分表（第6版/第一册）》（北京大学医学出版社），《大米胶稠度测定的影响因素研究》收录于2017年12期《湖北农业科学》，GB/T 1354—2018《大米》，NY/T 595—2022《食用籼米》。

4. 市场销售采购信息

呼伦贝尔市金禾粮油贸易有限责任公司

联系人：杜凤艳　电话：13347003099

扎兰屯市满都拉农产品开发有限责任公司

联系人：张德生　电话：13947029513

扎兰屯市古汗潭有机大米种植农民专业合作社

联系人：邓生库　电话：13948080097

四 扎兰屯沙果 CAQS-MTYX-20190285

1. 营养指标

参数	维生素 C (mg/100g)	铁 (mg/100g)	可滴定酸 (%)	总黄酮 (mg/100g)	可溶性固形物 (%)
测定值	33.2	2.18	0.64	26.00	17.7
参照值	3.0	1.00	0.42	19.65	12.9

2. 产品外在特征及独特营养品质特征评价鉴定

扎兰屯沙果果实大小均匀，果实呈扁圆形或圆形，外形酷似苹果，个头小于苹果，直径 3.5～4.5 cm，平均单果重约 45 g；果皮薄，底色呈黄绿色，着色为鲜红或浓红色，果皮光滑无茸毛；果肉为黄白色，质地细，肉质沙绵、松脆、汁多，风味酸甜，有清香味。其可溶性固形物、维生素 C、可滴定酸、总黄酮、铁含量均高于参照值。

3. 评价鉴定依据

《中国食物成分表（第 6 版／第一册）》（北京大学医学出版社），GB/T 23352—2009《苹果干技术规格和试验方法》，《不同品种沙果果实品质评价》收录于 2012 年 06 期《林业科技开发》，《干燥方式对苹果幼果干酚类物质及其抗氧化性的影响》收录于 2015 年 05 期《食品科学》。

4. 市场销售采购信息

扎兰屯市珍果食品有限责任公司

联系人：李静伟　电话：13948806663

扎兰屯市大河湾镇金秋沙果种植农民专业合作社

联系人：周春生　电话：13847005996

呼伦贝尔长征饮品有限责任公司

联系人：佟　伟　电话：15560805555

五 扎兰屯黑木耳 CAQS-MTYX-20190286

1. 营养指标

参数	蛋白质(%)	膳食纤维(%)	脂肪(%)	硒(μg/100g)	多糖(%)
测定值	18.5	57.8	1.2	5.00	6.76
参照值	≥ 7.0	29.9	≥ 0.4	3.72	3.50

2. 产品外在特征及独特营养品质特征评价鉴定

扎兰屯黑木耳黑中透明、形如人耳、耳朵硕大、耳肉肥厚，耳片正面黑褐色，背面暗灰色，耳片完整均匀，耳瓣自然卷曲，正背面分明，木耳无异味，无肉眼可见杂质，无拳耳、无薄耳、无流失耳、无虫蛀耳、无霉烂耳，耳片厚度约1.5 mm。其蛋白质、脂肪、膳食纤维、多糖、硒含量均高于参照值，灰分含量优于参照值。

3. 评价鉴定依据

《中国食物成分表（第6版/第二册）》（北京大学医学出版社），NY/T 1838—2010《黑木耳等级规格》，GB/T 6192—2019《黑木耳》，《黑木耳品质评价初步研究》东北林业大学硕士学位论文，《不同品种黑木耳多糖含量差异的研究》收录于2009年05期《浙江食用菌》。

4. 市场销售采购信息

呼伦贝尔森宝农业科技发有限公司	联系人：肖海英	电话：13848081730
扎兰屯市森通食品开发有限责任公司	联系人：蒋　政	电话：13948309890
扎兰屯市蒙森森林食品有限责任公司	联系人：张志忠	电话：15332903555
呼伦贝尔市满都盛达生物菌有限责任公司	联系人：李春平	电话：13847035899

六 三河牛 CAQS-MTYX-20190287

1. 营养指标

参数	蛋白质 (%)	钙 (mg/kg)	蛋氨酸 (mg/100g)	赖氨酸 (mg/100g)
测定值	23.7	533	610	2 080
参照值	21.3	430	351	1 849

2. 产品外在特征及独特营养品质特征评价鉴定

三河牛体躯宽大、骨骼粗壮、体质结实、肌肉发达、毛色以红白花为主，其牛肉肉质鲜嫩，肉横截面肉质鲜红，有光泽，肌肉纹理匀称，大理石纹较丰富，脂肪呈白色，表面微干触摸时不黏手，手指按压后的凹陷能立即恢复；牛肉无碎肉、无血污、无骨渣。其蛋白质、脂肪、钙、硒、锌、蛋氨酸、赖氨酸、缬氨酸、异亮氨酸、苯丙氨酸含量均高于参照值。

3. 评价鉴定依据

《中国食物成分表（第 6 版 / 第二册）》（北京大学医学出版社），NY/T 3379—2018《牛肉分级》。

4. 市场销售采购信息

呼伦贝尔农垦食品集团有限公司　联系人：石钰秀　电话：15391100916

七、鄂伦春芸豆 CAQS-MTYX-20190288

1. 营养指标

参数	蛋白质（%）	膳食纤维（%）	总淀粉（%）	鲜味氨基酸（% 总氨基酸）
测定值	22.2	20.87	43.80	30.49
参照值	21.4	16.00	40.69	28.41

2. 产品外在特征及独特营养品质特征评价鉴定

鄂伦春芸豆皮色为暗红色，内肉呈乳白色，长腰形，籽粒长 15～20 mm，外形饱满；无肉眼可见杂质，无虫蛀粒，无不完整粒；其淀粉、铁、锌、蛋氨酸含量均高于参照值。

3. 评价鉴定依据

《中国食物成分表（第 6 版／第一册）》（北京大学医学出版社），《黑龙江地区不同品种芸豆淀粉的物化特性研究》收录于 2018 年 19 期《农产品加工》，《菜豆的营养价值评价与分析》收录于 2016 年 24 期《北方园艺》。

4. 市场销售采购信息

鄂伦春自治旗大杨树荣盛商贸有限责任公司

联系人：曲艳文　电话：13947041578

鄂伦春自治旗兴梅农副产品有限责任公司

联系人：梅彦忠　电话：15249433999

鄂伦春自治旗大杨树兴晟农副产品有限责任公司

联系人：骆兴海　电话：13134952598

八 鄂伦春紫苏 CAQS-MTYX-20190289

1. 营养指标

参数	蛋白质（%）	维生素C（mg/100g）	锌（mg/100g）	粗纤维（%）	α-亚麻酸（% 总脂肪酸）
测定值	22.90	17.10	5.01	15.90	61.56
参照值	20.39	16.64	4.30	8.42	50.16

2. 产品外在特征及独特营养品质特征评价鉴定

鄂伦春紫苏籽皮为深色，大小均匀，颗粒饱满，光泽度好；脱皮后为白色，碾碎后油性大并散发自然香味；无破损粒、无蛀虫粒、无生霉粒；其粗纤维、维生素C、亚麻酸含量高于参照值。

3. 评价鉴定依据

《紫苏籽主要营养成分含量分析》收录于2019年08期《西南农业学报》，《紫苏主要成分分析及紫苏粉的研制》东北农业大学硕士学位论文，《氮肥对紫苏的品质、产量和土壤环境的影响研究》吉林农业大学硕士学位论文，《不同品种紫苏种子营养成分的分析》收录于2015年3期《中国粮油学报》，《紫苏种子油成分自然变异的研究》收录于2010年01期《山西农业科学》，《紫苏营养成分的研究》收录于2006年01期《湖南文理学院学报（自然科学版）》。

4. 市场销售采购信息

鄂伦春自治旗伊甸园种植农民专业合作社　联系人：赵德岭　电话：15848011521

鄂伦春自治旗大杨树荣盛商贸有限责任公司　联系人：曲艳文　电话：13947041578

鄂伦春自治旗农丰联种植农民专业合作社　联系人：陈　刚　电话：18848109444

九 鄂伦春黑木耳 CAQS-MTYX-20190290

1. 营养指标

参数	蛋白质(%)	脂肪(%)	膳食纤维(%)	多糖(%)	灰分(%)	硒(μg/100g)
测定值	11.2	2.9	64.87	5.02	4.0	4.80
参照值	≥7.0	≥0.4	29.90	3.50	≤6.0	3.72

2. 产品外在特征及独特营养品质特征评价鉴定

鄂伦春黑木耳耳片长 3.2～3.6 cm，耳片厚度约 1.9 mm，完整均匀，耳瓣自然卷曲，正背面分明，耳片正面黑褐色，背面暗灰色，有光亮感，握之耳片不碎，有弹性，无异味，无虫害痕迹、无肉眼可见的霉菌侵染或腐烂之处。其蛋白质、粗纤维、钾、镁、膳食纤维含量均高于参照值，多糖含量高于同类产品平均值，灰分含量优于参照值。

3. 评价鉴定依据

《中国食物成分表（第 6 版／第一册）》（北京大学医学出版社），NY/T 1838—2010《黑木耳等级规格》，GB/T 6192—2019《黑木耳》，LY/T 1649—2005《保鲜黑木耳》，《黑木耳品质评价初步研究》东北林业大学硕士学位论文，《不同品种黑木耳多糖含量差异的研究》收录于 2009 年 05 期《浙江食用菌》。

4. 市场销售采购信息

大兴安岭诺敏绿业有限责任公司

联系人：刘秀霞　电话：13947073247

呼伦贝尔市鄂伦春自治旗原生态制品有限责任公司

联系人：刘建立　电话：13754009889

鄂伦春自治旗绿天缘山产品有限责任公司

联系人：邵泽华　电话：13847004692

鄂伦春自治旗豫蔺山产品有限责任公司

联系人：张淑兰　电话：13500602093

扎兰屯小米 CAQS-MTYX-20200202

1. 营养指标

参数	蛋白质(%)	锌(mg/100g)	脂肪(%)	直链淀粉(%)	粗纤维(%)
测定值	10.0	2.28	3.1	21.4	0.60
参照值	8.9	1.87	3.1	18.0	0.66

2. 产品外在特征及独特营养品质特征评价鉴定

扎兰屯小米金黄，外观鲜黄明亮，无明显感官色差，米粒大小均匀，粒形饱满完整，散发着小米特有的自然清香气味，无其他异味，无虫蚀粒、病斑粒、生霉粒，属于高直链淀粉小米，黏性小，易回生，粗纤维含量低于参照值，适口性较好。其蛋白质、锌含量均高于参照值，脂肪含量等于参照值。

3. 评价鉴定依据

《中国食物成分表（第6版/第一册）》（北京大学医学出版社），《黑龙江省小米主栽品种理化特性与感官品质的相关性研究》黑龙江八一农垦大学硕士学位论文，《呼和浩特市售不同品种小米的品质特性比较研究》内蒙古农业大学硕士学位论文，《小米营养价值及其烘焙产品的开发》收录于2017年05期《晋城职业技术学院学报》，《基于主成分分析的不同品种小米品质评价》收录于2019年09期《食品工业科技》。

4. 市场销售采购信息

扎兰屯市达斡尔鸿巍农畜有限责任公司　　联系人：张　威　电话：13704704679

扎兰屯市满都拉农产品开发有限责任公司　　联系人：张德生　电话：13947029153

十一 扎兰屯大豆油 CAQS-MTYX-20200203

1. 营养指标

参数	亚油酸(%)	亚麻酸(%)	多不饱和脂肪酸(%)	酸价(mg/g)	过氧化值(%)
测定值	53	5.35	58.7	0.1	0.01
参照值	48～59	4.20～11.00	55.4	≤0.5	0.13

2. 产品外在特征及独特营养品质特征评价鉴定

扎兰屯大豆油呈淡黄色，澄清透明，无任何悬浮物，具有大豆油固有的气味和滋味，无异味，无杂质，无沉淀物，无结晶。其多不饱和脂肪酸、铁含量均高于参照值，亚油酸、亚麻酸含量及折光指数满足标准范围要求，酸价、过氧化值优于参照值。

3. 评价鉴定依据

《中国食物成分表（第6版/第二册）》（北京大学医学出版社），GB/T 1535—2017《大豆油》，NY/T 286—1995《绿色食品大豆油》。

4. 市场销售采购信息

呼伦贝尔市淳江油脂有限责任公司

联系人：刘廷宏　电话：13947095015

内蒙古自治区扎兰屯市宏景农业种植专业合作社

联系人：王　宏　电话：1510493886

十二 额尔古纳蜂蜜 CAQS-MTYX-20200204

1. 营养指标

参数	维生素 C (mg/100g)	天冬氨酸 (mg/100g)	亮氨酸 (mg/100g)	总糖 (%)	硒 (μg/100g)
测定值	9.42	26.0	11.0	83.2	0.80
参照值	2.32	8.9	4.6	80.0	0.43

2. 产品外在特征及独特营养品质特征评价鉴定

额尔古纳蜂蜜常温下为淡黄色黏稠流体状，有少部分结晶，具有浓郁的花香味，味道甘甜柔和，无酸味、无酒精味，外表无蜜蜂肢体、幼虫等其他肉眼可见杂质。其总黄酮、总糖、维生素 C、钙、硒、天冬氨酸、谷氨酸、亮氨酸含量均高于参照值，锌、水分含量均优于参照值。

3. 评价鉴定依据

《中国食物成分表（第 6 版 / 第一册）》（北京大学医学出版社），GB 14963—2011《食品安全国家标准 蜂蜜》，GB/T 19330—2008《地理标志产品 饶河（东北黑蜂）蜂蜜、蜂王浆、蜂胶、蜂花粉》，《蜂蜜中功能营养成分及特征研究进展》收录于 2020 年 04 期《农产品质量与安全》，《三个蜂种百花蜜的主要成分比较分析》收录于 2019 年 03 期《塔里木大学学报》，《安康地方中蜂蜜理化成分及抗氧化活性研究》西北大学硕士学位论文。

4. 市场销售采购信息

额尔古纳市乃斌蜜蜂园	联系人：刘乃斌	电话：13947010269
额尔古纳市蒙花蜂业专业合作社	联系人：陈桂霞	电话：13947019997
额尔古纳市文和蜜蜂养殖专业合作社	联系人：李兴武	电话：18604702040

呼伦贝尔

十三 陈巴尔虎旗羊 CAQS-MTYX-20200205

1. 营养指标

参数	蛋白质 (%)	蛋氨酸 (mg/100g)	钙 (mg/100g)	锌 (mg/100g)	胆固醇 (mg/100g)
测定值	19.9	500	34.7	3.95	36.9
参照值	18.5	389	16.0	3.52	82.0

2. 产品外在特征及独特营养品质特征评价鉴定

陈巴尔虎旗巴尔虎羊肉样品为新鲜羊肉，其肌肉为暗红色，颜色均匀，有光泽，脂肪呈乳白色，肌纤维致密，有弹性，指压后凹陷立即恢复；外表微干，切面湿润，不黏手；具有新鲜羊肉固有气味，无异味，煮沸后，肉汤透明澄清，无肉眼可见杂质。其蛋白质、异亮氨酸、蛋氨酸、总不饱和脂肪酸、钙、铁、锌含量均高于参照值，胆固醇含量优于参照值，剪切力、蒸煮损失优于参照值。

3. 评价鉴定依据

《中国食物成分表（第6版/第二册）》（北京大学医学出版社），GB/T9961—2008《鲜、冻胴体羊肉》，NY/T 2793—2015《肉的食用品质客观评价方法》，NY/T 630—2002《羊肉质量分级》。

4. 市场销售采购信息

陈巴尔虎旗呼和温都尔呼伦贝尔羊扩繁基地

联系人：李松斌　电话：13347036666

陈巴尔虎旗巴彦哈达苏木呼和道布嘎查萨利家庭牧场

联系人：萨其日拉图　电话：13722006111

陈巴尔虎旗顺天畜牧养殖专业合作社

联系人：石茂海　电话：18647064000

十四 扎兰屯玉米面 CAQS-MTYX-20200515

1. 营养指标

参数	谷氨酸 (mg/100g)	淀粉 (%)	可溶性糖 (%)	铁 (mg/100g)	锌 (mg/100g)
测定值	1 771	78.60	12.68	2.51	1.30
参照值	1 650	69.27	1.53	0.40	0.08

2. 产品外在特征及独特营养品质特征评价鉴定

扎兰屯玉米面色泽呈金黄色，颗粒度较大且颗粒较均匀，糯性好，口感好，具有玉米面固有的色泽和气味，无霉变、无虫蚀、无污染。其谷氨酸、可溶性糖、淀粉、铁、锌含量均高于参照值，粗纤维含量优于参照值，直链淀粉含量低于参照值。

3. 评价鉴定依据

《中国食物成分表（第6版/第一册）》（北京大学医学出版社），《四个糯玉米品种加工后的品质比较》收录于2016年07期《山东农业科学》，《特用糯玉米杂交种主要农艺性状及籽粒营养成分的研究》收录于2001年03期《莱阳农学院学报》，GB/T 22326—2008《糯玉米》。

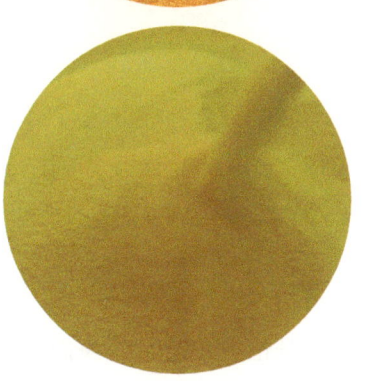

4. 市场销售采购信息

扎兰屯市满都拉农产品开发有限责任公司　　联系人：张德生　电话：13947029153

扎兰屯市达斡尔鸿巍农畜产品有限公司　　联系人：张　威　电话：13747034679

十五 扎兰屯黑猪肉 CAQS-MTYX-20200516

1. 营养指标

参数	蛋白质（%）	胆固醇（mg/100g）	多不饱和脂肪酸（% 总脂肪酸）	亚油酸（% 总脂肪酸）	铁（mg/100g）
测定值	16.3	50.5	16.29	14.2	4.84
参照值	15.1	86.0	7.90	5.7	1.30

2. 产品外在特征及独特营养品质特征评价鉴定

扎兰屯黑猪头中等大，面直长、耳大下垂，体躯扁平，背腰狭窄，臀部倾斜，四肢粗壮，体质强健，抗寒能力强。肌肉色为鲜红色，有光泽，脂肪呈乳白色，无霉点；肌肉截面有大理石花纹，肉质紧密，有坚实感，外表及切面湿润，不黏手；具有猪肉正常气味，无异味，煮沸后，肉汤澄清透明，具有猪肉的香味。其蛋白质、天冬氨酸、赖氨酸、异亮氨酸、钙、铁、锌、多不饱和脂肪酸、亚油酸含量均高于参照值，胆固醇、脂肪含量均优于参照值，剪切力、蒸煮损失均优于参照值。

3. 评价鉴定依据

《中国食物成分表（第6版／第二册）》（北京大学医学出版社），GB/T 9959.1—2019《鲜、冻猪肉及猪副产品 第1部分：片猪肉》，NY/T 632—2002《冷却猪肉》，NY/T 1759—2009《猪肉等级规格》，NY/T 2793—2015《肉的食用品质客观评价方法》。

4. 市场销售采购信息

呼伦贝尔哈日嘎海肉业有限责任公司　　　联系人：韩雪峰　电话：13354703888
扎兰屯市卧牛河孔贤养殖农民专业合作社　联系人：于金珍　电话：18748489409

十六 牙克石马铃薯 CAQS-MTYX-20200517

1. 营养指标

参数	硒 (μg/100g)	锌 (mg/kg)	铁 (mg/kg)
测定值	0.70	6.04	13.14
参照值	0.47	3.00	4.00

2. 产品外在特征及独特营养品质特征评价鉴定

牙克石马铃薯外皮颜色为黄色，个头均匀，成熟度好，外观新鲜，单薯质量约160 g。外部表皮无变绿，无二次生长，无畸形，无病斑和腐烂，内部无空心，无黑色心腐，无薯肉变色，芽眼数量较少，芽眼较浅且便于削皮。其铁、锌、硒含量均高于参照值，粗纤维含量优于参照值。

3. 评价鉴定依据

《中国食物成分表（第6版／第一册）》（北京大学医学出版社），《马铃薯营养特性及产业化发展的前景》收录于2019年12期《食品安全导刊》，《真空包装处理对鲜切马铃薯品质的影响》收录于2018年10期《现代园艺》。

4. 市场销售采购信息

内蒙古兴佳薯业有限责任公司	联系人：刘 平	电话：13394811777
牙克石市森峰薯业有限责任公司	联系人：李瑞廷	电话：13347019903
呼伦贝尔丰源马铃薯科技开发有限责任公司	联系人：李延峰	电话：13501265987
牙克石市刘晓彬马铃薯种植农民专业合作社	联系人：刘晓彬	电话：13734705757
牙克石市乾程马铃薯发展有限公司	联系人：董玉荣	电话：15204998666

十七 根河灵芝 CAQS-MTYX-20200518

1. 营养指标

参数	多糖(%)	浸出物(%)	三萜及甾醇（以干燥品计）(%)
测定值	1.03	12.8	1.26
参照值	≥ 0.90	≥ 3.0	≥ 0.50

2. 产品外在特征及独特营养品质特征评价鉴定

该产品在根河市范围内，在其独特的生长环境下，外形呈伞状，菌盖为肾形，外观为半圆形或近圆形，褐色有光泽，坚硬，菌肉白色至淡棕色，菌柄圆柱形，气微香，味苦涩。其灰分、水分含量均低于参照值，多糖、三萜+甾醇、浸出物含量均高于参照值。

3. 评价鉴定依据

《中国药典》2015 年版第一部。

4. 市场销售采购信息

根河市阳光食用菌专业合作社

联系人：王长卿　　电话：13015116564

十八 呼伦贝尔农垦芥花油 CAQS-MTYX-20200519

1. 营养指标

参数	不饱和脂肪酸（% 总脂肪酸）	亚油酸（%）	亚麻酸（%）	铁（mg/100g）	锌（mg/100g）
测定值	92.97	18.12	9	12.17	1.24
参照值	90.90	18.00～30.00	6～14	3.70	0.54

2. 产品外在特征及独特营养品质特征评价鉴定

呼伦贝尔农垦芥花油呈淡黄色，澄清透明无杂质，无异味，无沉淀物，无结晶，折光指数低，轻轻晃动后会产生细微气泡，流动性好，涂抹在皮肤上易于吸收，具有芥花油固有气味和滋味。其不饱和脂肪酸、铁、锌含量均高于参照值，亚油酸、亚麻酸含量及折光指数均满足标准范围要求，过氧化值优于参照值，硒含量符合富硒食品分类标准范围。

3. 评价鉴定依据

《中国食物成分表（第6版/第一册）》（北京大学医学出版社），NY/T 416—2000《低芥酸菜籽油》，DB61/24.01—2010《富硒食品硒含量分类标准》。

4. 市场销售采购信息

呼伦贝尔农垦食品集团有限公司　联系人：颜莲子　电话：15048093128

十九 莫力达瓦旗大豆 CAQS-MTYX-20200520

1. 营养指标

参数	亚油酸（% 总脂肪酸）	多不饱和脂肪酸（%）	脂肪（%）	酪氨酸（mg/100g）	组氨酸（mg/100g）
测定值	53.52	11.23	16.1	1 270	1 110
参照值	52.90	9.10	16.0	1 169	968

2. 产品外在特征及独特营养品质特征评价鉴定

莫力达瓦旗大豆外观色泽鲜亮，无明显感官色差，表面光滑，颗粒饱满、坚硬，散发着大豆固有的自然清香气味，百粒重约19.0 g。其亚油酸、多不饱和脂肪酸、脂肪、酪氨酸、组氨酸、粗纤维、可溶性糖、铁、锌含量均高于参照值，水分含量优于参照值。

3. 评价鉴定依据

《中国食物成分表（第 6 版 / 第一册）》（北京大学医学出版社），《国产和进口大豆常规化学成分的综合分析》收录于 2020 年 07 期《饲料工业》，《大豆籽粒可溶性糖和淀粉含量的初步研究》2018 年 06 期《福建农学学报》。

4. 市场销售采购信息

呼伦贝尔塞北食品有限公司　联系人：张明峰　电话：13848040588

二十 莫力达瓦旗大鹅 CAQS-MTYX-20200521

1. 营养指标

参数	蛋白质(%)	多不饱和脂肪酸(% 总脂肪酸)	天冬氨酸(mg/100g)	赖氨酸(mg/100g)	亮氨酸(mg/100g)
测定值	21.9	16.97	1 910	1 770	1 730
参照值	17.9	16.49	1 520	1 420	1 390

2. 产品外在特征及独特营养品质特征评价鉴定

莫力达瓦旗大鹅胴体表皮呈乳白色且湿润紧致，皮下脂肪层为黄色，内部肉质红润，肌纤维致密有韧性，肌肉弹性好，指压后凹陷立刻回弹，单只重约 2.8 kg。其蛋白质、多不饱和脂肪酸、天冬氨酸、赖氨酸、亮氨酸、铁、锌、硒含量均高于参照值，胆固醇含量优于参照值。

3. 评价鉴定依据

《中国食物成分表（第 6 版 / 第二册）》（北京大学医学出版社）。

4. 市场销售采购信息

内蒙古蒙鹅工贸有限公司　联系人：李文生　电话：13947037135

二十一 鄂伦春紫苑 CAQS-MTYX-20200522

1. 营养指标

参数	紫菀酮（%）	水分（%）	灰分（%）	酸不溶性灰分（%）
测定值	0.36	6.2	6.65	0.59
参照值	≥ 0.15	≤ 15.0	≤ 15.00	≤ 8.00

2. 产品外在特征及独特营养品质特征评价鉴定

鄂伦春紫苑为干燥整株植物，植株高 80～130 cm，其表面有浅沟，上部有分枝，疏生短毛，下部无毛，质稍硬，气味微香，味微苦。其灰分、水分、酸不溶性灰分、紫菀酮含量均符合参照范围。

3. 评价鉴定依据

《中华人民共和国药典》2015 年版第一部。

4. 市场销售采购信息

鄂伦春自治旗百合盛世中草药有限公司

联系人：崔小琼　电话：15848011521

鄂伦春自治旗大杨树北方药业科技开发有限责任公司

联系人：孟祥玲　电话：13848082918

鄂伦春自治旗广诚种植农民专业合作社

联系人：陈广诚　电话：15204579994

二十二 鄂伦春滑子菇 CAQS-MTYX-20200523

1. 营养指标

参数	蛋白质(%)	多糖(%)	膳食纤维(%)	亮氨酸(mg/100g)	谷氨酸(mg/100g)	天冬氨酸(mg/100g)	磷(mg/100g)
测定值	18.00	7.44	35.50	820	2 070	1 150	582
参照值	16.53	3.80	22.45	759	1 502	1 031	523

2. 产品外在特征及独特营养品质特征评价鉴定

鄂伦春滑子菇菌盖为伞形，菌杆为柱形，菌柄长 6～7 cm，菌盖直径约 2 cm；菌盖呈淡黄色，菌柄为白色，伴有香味。其蛋白质、多糖、谷氨酸、亮氨酸、天冬氨酸、膳食纤维、磷含量均高于参照值。

3. 评价鉴定依据

《中国食物成分表（第 6 版／第二册）》（北京大学医学出版社），《不同潮期滑子菇营养成分的比较》收录于 2017 年 08 期《中国食品学报》，《火焰原子吸收光谱法测定滑子菇中的元素》收录于 2012 年 21 期《赤峰学院学报》，《滑子菇营养成分分析与评价》收录于 2013 年 06 期《食品科学》。

4. 市场销售采购信息

大兴安岭诺敏绿业有限责任公司

联系人：刘秀霞　电话：13947073247

鄂伦春自治旗宜里镇亚江种植农民专业合作社

联系人：刘亚江　电话：15149225999

鄂伦春自治旗明鼎食用菌种植农民专业合作社

联系人：姜明鼎　电话：13514705859

二十三 西旗羊肉 CAQS-MTYX-20200524

1. 营养指标

参数	蛋白质(%)	钙(mg/100g)	硒(μg/100g)	铁(mg/100g)	锌(mg/100g)
测定值	20.6	97.62	6.50	10.43	4.11
参照值	18.5	16.00	5.95	3.90	3.52

2. 产品外在特征及独特营养品质特征评价鉴定

西旗羊肉肌肉呈浅红色，脂肪呈乳白色，肌纤维致密结实，有韧性富有弹性，指压后凹陷立即恢复。煮沸后肉汤透明澄清，具有羊肉特有的香味，无肉眼可见杂质。其蛋白质、异亮氨酸、蛋氨酸、苯丙氨酸、多不饱和脂肪酸、亚油酸、钙、铁、锌、硒含量均高于参照值，胆固醇、脂肪含量均优于参照值，剪切力、蒸煮损失、水分含量优于参照值。

3. 评价鉴定依据

《中国食物成分表（第6版/第二册）》（北京大学医学出版社），GB/T 9961—2008《鲜、冻胴体羊肉》，NY/T 2793—2015《肉的食用品质客观评价方法》，NY/T 630—2002《羊肉质量分级》。

4. 市场销售采购信息

新巴尔虎右旗草原行肉类食品有限责任公司　联系人：刘伟剑　电话：15149013777
新巴尔虎右旗先达食品有限责任公司　　　　联系人：郑全生　电话：15247018611
呼伦贝尔小肥羊西旗羊肉有限公司　　　　　联系人：希日木　电话：15047111116
新巴尔虎右旗广大食品有限责任公司　　　　联系人：马　强　电话：13304700049
新巴尔虎右旗缘隆肉类食品有限责任公司　　联系人：其其格　电话：13722106957

二十四 扎兰屯黑麦面粉 CAQS-MTYX-20210242

1. 营养指标

参数	湿面筋(%)	淀粉(%)	必需氨基酸(% 总氨基酸)	硒(μg/100g)
测定值	31.5	66.8	32.13	4.4
参照值	29.9	64.2	31.80	3.0

2. 产品外在特征及独特营养品质特征评价鉴定

扎兰屯黑麦面粉色泽发黑，有黑褐色小麦麸皮颗粒，颗粒度较小，筋度大，具有小麦粉固有的色泽和清香气味。其必需氨基酸、淀粉、湿面筋、硒含量均高于参照值。

3. 评价鉴定依据

《中国食物成分表（第6版/第一册）》（北京大学医学出版社），《小黑麦营养、加工品质及抗病性研究》江苏大学硕士学位论文，《黑麦的营养特性及黑麦面包的制作研究》河南工业大学硕士学位论文。

4. 市场销售采购信息

呼伦贝尔市蒙古牧香生态农业有限责任公司

联系人：刘洪志　电话：18804704166

扎兰屯市达斡尔鸿巍农畜有限责任公司

联系人：张　威　电话：13704704679

二十五 扎兰屯沙果干 CAQS-MTYX-20210243

1. 营养指标

参数	总糖（%）	水分（%）	维生素C（mg/100g）	可溶性固形物（%）
测定值	71.5	16.8	39.5	74.2
参照值	50.0	≤ 35.0	2.0	57.8

2. 产品外在特征及独特营养品质特征评价鉴定

扎兰屯沙果干外皮呈红色，果肉为金黄色，果干平均直径约 3 cm，果干肉质柔韧，有嚼劲，具有淡淡的果香味，口感酸甜可口，红里透黄，色泽鲜艳诱人。其可溶性固形物、维生素 C、总糖含量均高于参照值，水分含量优于参照值。

3. 评价鉴定依据

《中国食物成分表（第 6 版／第一册）》（北京大学医学出版社），GB/T 23352—2009《苹果干技术规格和试验方法》，GB/T 10782—2021《蜜饯质量通则》，《不同品种沙果果实品质评价》收录于 2012 年 06 期《林业科技开发》，《干燥方式对苹果幼果干酚类物质及其抗氧化性的影响》收录于 2015 年 05 期《食品科学》，《低糖果脯加工技术研究及营养成分分析》收录于 1999 年 02 期《塔里木大学学报》。

4. 市场销售采购信息

扎兰屯市珍果食品有限责任公司　联系人：李静伟　电话：13948806663

呼伦贝尔成源食品有限责任公司　联系人：陈修成　电话：13354816566

二十六 扎兰屯白菜 CAQS-MTYX-20210244

1. 营养指标

参数	维生素 C (mg/100g)	可溶性糖 (%)	硒 (μg/100g)	水分 (%)
测定值	21.5	1.79	0.62	95.63
参照值	19.0	1.70	0.57	94.40

2. 产品外在特征及独特营养品质特征评价鉴定

扎兰屯白菜单体重约 2.5 kg，外观新鲜，外叶形状为宽倒卵圆形，颜色浓绿，内叶鲜黄，口感鲜嫩；白菜结球结实，整修良好。其可溶性糖、硒、维生素 C、水分含量均高于参照值，粗纤维含量优于参照值。

3. 评价鉴定依据

《中国食物成分表（第 6 版 / 第一册）》（北京大学医学出版社），NY/T 943—2006《大白菜等级规格》，《氮肥及有机肥对大白菜产量和品质的影响》山东农业大学硕士学位论文，《白菜营养品质性状的遗传效应研究》收录于 2019 年 03 期《西南农业学报》，《防蛾灯照射对大白菜生长及营养品质的影响》收录于 2020 年 02 期《南方农业学报》。

4. 市场销售采购信息

扎兰屯市达斡尔满都红果蔬种植农民专业合作社

联系人：徐继霞　电话：13722025551

呼伦贝尔喜润现代农业发展公司

联系人：刘善意　电话：15705088388

二十七 扎兰屯蜂蜜 CAQS-MTYX-20210616

1. 营养指标

参数	维生素C (mg/100g)	淀粉酶活性 [mL/(g·h)]	天冬氨酸 (mg/100g)	总糖 (%)	总黄酮 (mg/100g)
测定值	13.80	10.4	20.0	80.6	2.00
参照值	2.32	≥8.0	8.9	75.0	0.97

2. 产品外在特征及独特营养品质特征评价鉴定

扎兰屯蜂蜜常温下呈淡黄色黏稠流体状，且有少部分结晶，具有很浓的花草香味，其味道甜润，口感爽口柔和。其维生素C、总黄酮、天冬氨酸、总糖含量均高于参照值，淀粉酶活性高于参照值。

3. 评价鉴定依据

GB 14963—2011《食品安全国家标准 蜂蜜》，GH/T 18796—2012《蜂蜜》，GB/T 19330—2008《地理标志产品 饶河（东北黑蜂）蜂蜜、蜂王浆、蜂胶、蜂花粉》，《蜂蜜中功能营养成分及特征研究进展》收录于2020年04期《农产品质量与安全》，《三个蜂种百花蜜的主要成分比较分析》收录于2019年03期《塔里木大学学报》，《大蜜蜂和黑大蜜蜂蜂蜜的理化指标及抗氧化活性分析》收录于2021年09期《食品与发酵工业》。

4. 市场销售采购信息

扎兰屯市远大蜂业农民专业合作社 联系人：马宝龙 电话：15049526868

二十八 牙克石小麦米 CAQS-MTYX-20210617

1. 营养指标

参数	蛋白质(%)	赖氨酸(mg/100g)	谷氨酸(mg/100g)	锌(mg/100g)
测定值	16.4	380	5 100	3.18
参照值	11.9	271	4 074	2.33

2. 产品外在特征及独特营养品质特征评价鉴定

牙克石小麦米颗粒呈卵形，饱满整齐，粒质坚硬，粒色为绿色，籽粒腹沟较深，百粒重约3.64 g。其蛋白质、谷氨酸含量均高于参照值，锌、赖氨酸含量较高。

3. 评价鉴定依据

《中国食物成分表（第6版/第一册）》（北京大学医学出版社），《"绿色小麦"的化学组成分析》收录于2010年1月《食品工业科技》，《不同麦区小麦籽粒蛋白质与氨基酸含量及评价》收录于2015年06期《作物学报》，GB 1351—2008《小麦》。

4. 市场销售采购信息

呼伦贝尔市蒙业农业科技集团有限责任公司

联系人：杨福业　电话：15049050985

二十九 根河卜留克 CAQS-MTYX-20210618

1. 营养指标

参数	可溶性糖（%）	锌（mg/100g）	总酸（%）	维生素C（mg/100g）
测定值	4.20	0.21	0.09	34.2
参照值	3.64	0.17	0.18	34.0

2. 产品外在特征及独特营养品质特征评价鉴定

根河卜留克外形呈圆形，单颗重约1.5 kg，表皮呈黄绿色；其肉质坚实，口感爽脆，无辣味，略微带甜；表面无刮痕、无压痕。其可溶性糖、锌、维生素C均含量高于参照值，总酸含量优于参照值。

3. 评价鉴定依据

《中国食物成分表（第6版/第一册）》（北京大学医学出版社），《以西藏芜菁为主成分的抗缺氧功能食品研究》浙江大学硕士学位论文，《干旱区芜菁种质资源营养品质特性评价》收录于2017年07期《新疆农业科学》，《贵州山区芜菁甘蓝的多用途利用及产业发展建议》收录于2020年07期《蔬菜》。

4. 市场销售采购信息

根河市绿野生态食品有限公司

联系人：张旭然　电话：13304708015

三十 额尔古纳黑木耳 CAQS-MTYX-20210619

1. 营养指标

参数	蛋白质(%)	脂肪(%)	膳食纤维(%)	硒(μg/100g)
测定值	15.2	2.6	54.45	5.20
参照值	7.0	0.4	29.90	3.72

2. 产品外在特征及独特营养品质特征评价鉴定

额尔古纳黑木耳耳瓣自然卷曲，完整均匀，长4～5 cm，正背面分明，耳片正面黑褐色，背面暗灰色，有光亮感，握之耳片不碎，有弹性。其蛋白质、脂肪、膳食纤维、硒含量均高于参照值；灰分含量优于参照值。

3. 评价鉴定依据

《中国食物成分表（第6版/第一册）》（北京大学医学出版社），NY/T 1838—2010《黑木耳等级规格》，GB/T 6192—2019《黑木耳》，《黑木耳品质评价初步研究》东北林业大学硕士学位论文，《不同品种黑木耳多糖含量差异的研究》收录于2009年05期《浙江食用菌》。

4. 市场销售采购信息

额尔古纳市赛野食用菌种植专业合作社

联系人：蔡文丛　电话：13624704729

三十一 阿荣旗大米 CAQS-MTYX-20210620

1. 营养指标

参数	胶稠度(mm)	直链淀粉(%)	碱消值(级)	锌(mg/100g)
测定值	102	19	5.67	1.59
参照值	≥80	13～20	3.97	1.54

2. 产品外在特征及独特营养品质特征评价鉴定

阿荣旗大米整体颜色呈白色，半透明状，米粒呈半纺锤形或长形，百粒重约2.01 g。具有表面光滑，洁净度好，涨性大，口感软糯，米饭香气浓郁的特征。其碱消值及脂肪、锌、硒含量均高于参照值，直链淀粉含量处于优质粳米范围，胶稠度优于参照值。

3. 评价鉴定依据

《中国食物成分表（第6版/第一册）》（北京大学医学出版社），《大米胶稠度测定的影响因素研究》收录于2017年12月16期《湖北农业科学》，GB/T 1354—2018《大米》。

4. 市场销售采购信息

阿荣旗新发米业有限公司　联系人：彭旭忠　电话：13347001555

三十二 莫力达瓦大米 CAQS-MTYX-20210621

1. 营养指标

参数	胶稠度(mm)	锌(mg/100g)	碱消值(级)	硒(μg/100g)
测定值	97	1.70	6.08	4.30
参照值	≥ 80	1.54	3.97	2.83

2. 产品外在特征及独特营养品质特征评价鉴定

莫力达瓦大米整体颜色呈白色半透明状，米粒呈半纺锤形或长形，百粒重约 2.1 g。具有表面光滑，洁净度好，米质坚实，耐压性好，涨性大，米饭口感软糯，香气浓郁的特征。其碱消值及硒、锌含量均高于参照值，直链淀粉含量处于优质粳米范围，胶稠度优于参照值。

3. 评价鉴定依据

《中国食物成分表（第 6 版／第一册）》（北京大学医学出版社），《大米胶稠度测定的影响因素研究》收录于 2017 年 23 期《湖北农业科学》，GB/T 1354—2018《大米》。

4. 市场销售采购信息

莫力达瓦达斡尔族自治旗武坤水稻种植专业合作社

联系人：杨庚伟　电话：15249458888

莫力达瓦达斡尔族自治旗富方米业有限责任公司

联系人：陈德富　电话：13947066118

三十三 莫力达瓦猪肉 CAQS-MTYX-20210622

1. 营养指标

参数	蛋白质（%）	胆固醇（mg/100g）	剪切力（N）	赖氨酸（mg/100g）
测定值	24.8	33.1	38.68	1 710
参照值	15.1	86.0	＜45.00	1 322

2. 产品外在特征及独特营养品质特征评价鉴定

莫力达瓦猪肉外表及切面湿润，不黏手，肌肉色为鲜红色，有光泽，脂肪呈乳白色。其肌肉质地坚实，纹理致密，有坚实感。煮熟后，肉汤透明澄清，肉质柔嫩，味道鲜美。其蛋白质、赖氨酸、多不饱和脂肪酸含量均高于参照值，胆固醇含量、剪切力均优于参照值。

3. 评价鉴定依据

《中国食物成分表（第6版／第二册）》（北京大学医学出版社），GB/T 9959.1—2019《鲜、冻猪肉及猪副产品 第1部分：片猪肉》，NY/T 632—2002《冷却猪肉》，NY/T 1759—2009《猪肉等级规格》，NY/T 2793—2015《肉的食用品质客观评价方法》。

4. 市场销售采购信息

莫力达瓦达斡尔族自治旗吕实先经贸有限责任公司

联系人：吕晓东　电话：17614972888

呼伦贝尔大红门肉类食品有限公司

联系人：陈　辉　电话：15369171717

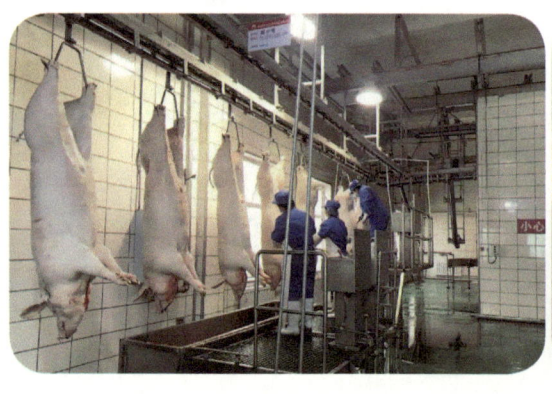

三十四 鄂伦春赤芍 CAQS-MTYX-20210623

1. 营养指标

参数	水分(%)	灰分(%)	水溶性浸出物(%)	芍药苷(mg/kg)
测定值	5.74	5.94	44.2	31 400
参照值	≤ 13.00	≤ 10.30	≥ 17.4	≥ 18 000

2. 产品外在特征及独特营养品质特征评价鉴定

鄂伦春赤芍呈圆柱形，稍弯曲，长 30～40 cm，直径 1.0～2.5 cm；其表面为棕褐色，表面粗糙有纵沟皱纹，质硬而脆，易折断，断面粉白色或粉红色；味微苦，有酸涩味。其灰分、水分含量优于参照值，水溶性浸出物含量高于参照值，芍药苷含量高于参照值。

3. 评价鉴定依据

《中华人民共和国药典》2020 年版第一部，《东北地区野生赤芍质量的分析评价》收录于 2014 年 02 期《人参研究》，《2014 年吉林省市场赤芍及其饮片质量分析和检验标准评价》收录于 2015 年 04 期《中国药品标准》。

4. 市场销售采购信息

鄂伦春自治旗百合盛世中草药有限公司

联系人：崔小琼　电话：15848011521

鄂伦春自治旗大杨树北方药业科技开发有限责任公司

联系人：孟祥玲　电话：13848082918

鄂伦春自治旗广诚种植农民专业合作社

联系人：陈广诚　电话：15204579994

三十五 鄂伦春防风 CAQS-MTYX-20210624

1. 营养指标

参数	水分（%）	灰分（%）	酸不溶性灰分（%）	醇溶性浸出物（%）	升麻素苷+5-O-甲基维斯阿米醇苷（%）
测定值	9.8	6.24	0.4	21.8	0.62
参照值	≤10.0	≤6.50	≤1.5	≥13.0	0.24

2. 产品外在特征及独特营养品质特征评价鉴定

鄂伦春防风呈长圆柱形，下部渐细，长18～25 cm，直径0.8～1.8 cm。具有表面为棕黄色，粗糙有皱纹，质地较松、易折断，断面为黄色，有裂隙，味微甘的特性。其水分、灰分、酸不溶性灰分含量优于参照值，升麻素苷+5-O-甲基维斯阿米醇苷、醇溶性浸出物含量高于参照值。

3. 评价鉴定依据

《中华人民共和国药典》2020年版第一部。

4. 市场销售采购信息

鄂伦春自治旗大杨树北方药业科技开发有限责任公司

联系人：孟祥玲　电话：13848082918

鄂伦春自治旗百合盛世中草药有限公司

联系人：崔小琼　电话：15848011521

鄂伦春自治旗蒙鑫中药材有限公司

联系人：赵光宏　电话：13732863777

鄂伦春自治旗广诚种植农民专业合作社

联系人：陈广诚　电话：15204579994

三十六 鄂伦春金莲花 CAQS-MTYX-20210644

1. 营养指标

参数	水分(%)	灰分(%)	杂质(%)	牡荆苷(%)
测定值	6.6	8.3	0	0.18
参照值	≤12.0	≤10.0	≤2	≥0.10

2. 产品外在特征及独特营养品质特征评价鉴定

鄂伦春金莲花外观呈金黄色，香气浓郁，味微苦。花形完整，呈不规则皱缩状，萼片呈花瓣状，卵圆形或倒卵形，近基部有蜜槽。其水分、灰分、杂质含量均优于参照值，牡荆苷含量高于参照值。

3. 评价鉴定依据

DB64/T 790—2012《金莲花》。

4. 市场销售采购信息

鄂伦春自治旗蒙鑫中药材有限公司

联系人：赵光宏　电话：13732863777

鄂伦春自治旗瑞腾种植专业合作社

联系人：邓香燕　电话：13236724900

鄂伦春自治旗百合盛世中草药有限公司

联系人：崔小琼　电话：15848011521

三十七 扎兰屯玉米碴 CAQS-M-MTYX-20220246

1. 营养指标

参数	总淀粉(%)	脂肪(%)	维生素 B_2 (mg/100g)	硒 (μg/100g)	直链淀粉(%)
测定值	75.20	0.6	0.12	1.80	30.2
参照值	69.27	≤2.0	0.03	1.09	25.0

2. 产品外在特征及独特营养品质特征评价鉴定

扎兰屯玉米碴外观为黄色颗粒状，颗粒大小均匀，口感酥糯，具有玉米淡淡的香味。其总淀粉、直链淀粉含量高于参照值，脂肪含量优于参照值，且含有较高的维生素 B_2 和硒含量。

3. 评价鉴定依据

《中国食物成分表（第6版／第一册）》（北京大学医学出版社），GB/T 22496—2008《玉米糁》，GB 1353—2018《玉米》。

4. 市场销售采购信息

扎兰屯市满都拉农产品开发有限责任公司

联系人：张德生　电话：13947029153

扎兰屯市达斡尔鸿巍农畜有限责任公司

联系人：张　威　电话：13704704679

三十八 扎兰屯马铃薯 CAQS-MTYX-20220247

1. 营养指标

参数	维生素 C (mg/100g)	蛋白质 (%)	锌 (mg/100g)	粗纤维 (%)	还原糖（以葡萄糖计）(%)
测定值	39.1	1.66	0.507	0.30	0.15
参照值	14.0	1.50	0.300	0.60	0.38

2. 产品外在特征及独特营养品质特征评价鉴定

扎兰屯马铃薯外皮颜色为黄色，个头均匀，外观新鲜，成熟度好，单薯重约 200 g。蒸熟后薯香浓郁，口感沙甜而滑润。其维生素 C、蛋白质、锌含量均高于参照值，粗纤维、还原糖含量优于参照值。

3. 评价鉴定依据

《中国食物成分表（第 6 版／第一册）》（北京大学医学出版社），《马铃薯营养特性及产业化发展的前景》收录于 2019 年 12 期《食品安全导刊》，《真空包装处理对鲜切马铃薯品质的影响》收录于 2018 年 10 期《现代园艺》，NY/T 1490—2007《农作物品种审定规范 马铃薯》。

4. 市场销售采购信息

扎兰屯市达斡尔满都红果蔬农民专业农民专业合作社

联系人：徐继霞　电话：13722025551

三十九 扎兰屯鲤鱼 CAQS-MTYX-20220248

1. 营养指标

参数	钙 (mg/100g)	鲜味氨基酸 (% 总氨基酸)	不饱和脂肪酸 (% 总脂肪酸)	必需氨基酸 (% 总氨基酸)
测定值	66.6	26.86	76.21	38.74
参照值	50.0	23.36	63.89	36.07

2. 产品外在特征及独特营养品质特征评价鉴定

扎兰屯鲤鱼鱼鳞颜色为金色，鳞片紧密有光泽，肉质紧实，有弹性，个体重约 2.2 kg。清炖后肉质细嫩，纹理清晰，味道鲜美。其钙、鲜味氨基酸、不饱和脂肪酸、必需氨基酸含量均高于参照值。

3. 评价鉴定依据

《中国食物成分表（第 6 版 / 第二册）》（北京大学医学出版社）。

4. 市场销售采购信息

扎兰屯市卧牛河敬朋养鱼农民专业合作社

联系人：于金珍　电话：18748489409

四十 额尔古纳沙棘果原浆 CAQS-MTYX-20220249

1. 营养指标

参数	总酸(%)	总黄酮(mg/100g)	维生素C(mg/100g)	可溶性固形物(%)	总糖(%)
测定值	1.88	50	36.1	12.50	8.4
参照值	2.15	14	35.9	7.75	3.6

2. 产品外在特征及独特营养品质特征评价鉴定

额尔古纳沙棘果原浆呈橘黄色，色泽纯正均一，口感酸甜爽口，有沙棘果特有的清香。其总黄酮、可溶性固形物、总糖、维生素C含量均高于参照值，总酸含量优于参照值。

3. 评价鉴定依据

《12个沙棘品种的果实可溶性糖和有机酸组分研究》收录于2016年04期《西北林学院学报》，《沙棘营养价值及产业发展概况》收录于2021年11期《食品研究与开发》，《新疆大果沙棘果实营养成分分析研究》收录于2019年22期《现代农业科技》。

4. 市场销售采购信息

额尔古纳市蓝鑫蓝莓种植专业合作社

联系人：徐 霞　电话：13947007857

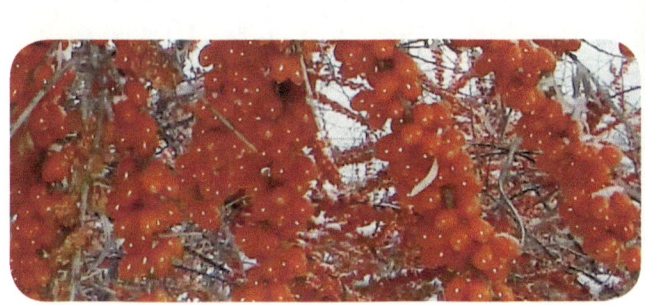

四十一 额尔古纳蓝靛果原浆 CAQS-MTYX-20220250

1. 营养指标

参数	总酸(%)	铁(mg/100g)	钙(mg/100g)	可溶性固形物(%)	总糖(%)
测定值	1.826	0.62	37.2	10.10	13.40
参照值	2.970	0.51	31.5	6.47	9.28

2. 产品外在特征及独特营养品质特征评价鉴定

额尔古纳蓝靛果原浆呈紫红色，果汁均匀黏稠，口感酸甜适宜，味道清香。其总糖、铁、钙、可溶性固形物含量均高于参照值，总酸含量优于参照值。

3. 评价鉴定依据

《不同地区蓝靛果野生与栽培果实营养成分比较》收录于2015年43期《安徽农业科学》，《不同种源蓝靛果忍冬营养成分比较》收录于2015年10期《防护林科技》，《蓝靛果品种'蓝精灵'在天津3个地区引种的生长适应性评价》天津农学院硕士学位论文。

4. 市场销售采购信息

额尔古纳市蓝鑫蓝莓种植专业合作社　联系人：徐　霞　电话：13947007857

四十二 额尔古纳树莓果原浆 CAQS-MTYX-20220251

1. 营养指标

参数	总酸(%)	维生素C(mg/100g)	总黄酮(mg/100g)	锌(mg/100g)	总糖(%)
测定值	1.59	4.8	26.0	0.4	6.70
参照值	1.79	3.5	22.8	0.3	4.92

2. 产品外在特征及独特营养品质特征评价鉴定

额尔古纳树莓果原浆呈深红色，色泽均匀，果汁黏稠，酸甜适口，芳香浓郁。其维生素C、总黄酮、锌、总糖含量均高于参照值，总酸含量优于参照值。

3. 评价鉴定依据

《中国食物成分表(第6版/第一册)》(北京大学医学出版社)，《越橘等3种小浆果的品质评价及重金属元素分析》吉林农业大学硕士学位论文，《天然红树莓果汁饮料研制》收录于1996年01期《软饮料工业》，《树莓和黑莓引种品种果实营养成分分析》收录于2004年01期《西北林学院学报》，《树莓叶果中黄酮类化合物含量及其生理活性研究》东北农业大学硕士学位论文。

4. 市场销售采购信息

额尔古纳市蓝鑫蓝莓种植专业合作社

联系人：徐　霞　电话：13947007857

四十三 鄂伦春马铃薯精淀粉 CAQS-MTYX-20220252

1. 营养指标

参数	蛋白质（%）	水分（%）	灰分（%）	电导率（μS/cm）	粗细度（100目）
测定值	0.14	19.2	0.17	71	99.98
参照值	≤ 0.15	≤ 20.0	≤ 0.30	≤ 100	≥ 99.90

2. 产品外在特征及独特营养品质特征评价鉴定

鄂伦春马铃薯精淀粉具有色泽洁白，吸水性好，细度高，透明度高的特性。该产品具有较低含量的蛋白质、水分、灰分，且含有较低的电导率和较高的细度。

3. 评价鉴定依据

《中国食物成分表（第6版／第一册）》（北京大学医学出版社），GB/T 8884—2017《食用马铃薯淀粉》。

4. 市场销售采购信息

鄂伦春自治旗中科丽雪淀粉有限公司

联系人：陈明君　电话：13948099995

鄂伦春自治旗吉丽马铃薯种植农民专业合作社

联系人：刘喜良　电话：13314816288

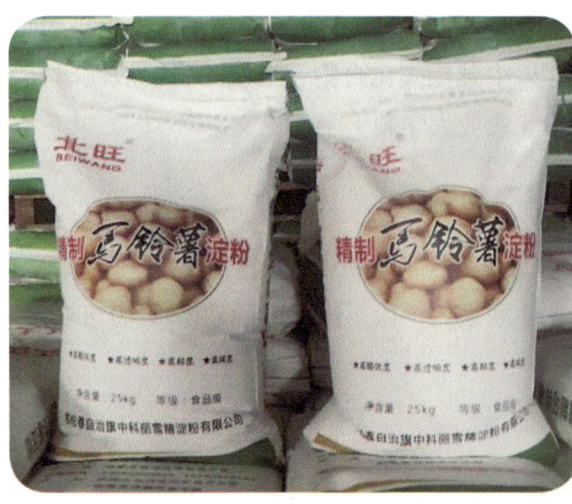

四十四 陈巴尔虎旗红头羊 CAQS-MTYX-20220253

1. 营养指标

参数	胆固醇 (mg/100g)	肌间脂肪 (%)	蛋白质 (%)	鲜味氨基酸 (% 总氨基酸)	不饱和脂肪酸 (% 总脂肪酸)
测定值	46.6	3.00	20.8	27.34	49.53
参照值	82.0	0.83	18.5	25.98	43.20

2. 产品外在特征及独特营养品质特征评价鉴定

陈巴尔虎旗红头羊样品为新鲜羊肉，其肌肉色泽鲜艳，肉色为暗红色，肉质紧密，富有弹性，指压后凹陷立即恢复，无膻味。其蛋白质、肌间脂肪、鲜味氨基酸、不饱和脂肪酸含量高，胆固醇含量低。

3. 评价鉴定依据

《中国食物成分表（第 6 版／第二册）》（北京大学医学出版社），GB/T 9961—2008《鲜、冻胴体羊肉》，NY/T 2793—2015《肉的食用品质客观评价方法》，NY/T 630—2002《羊肉质量分级》，NY/T 633—2002《冷却羊肉》，《龙陵黄山羊屠宰性能及肉质研究》收录于 1996 年 03 期《云南农业大学学报》。

4. 市场销售采购信息

陈巴尔虎旗巴彦哈达苏木哈林呼伦贝尔羊扩繁场

联系人：李松斌　电话：13347036666

陈巴尔虎旗巴彦哈达苏木呼和道布嘎查萨利家庭牧场

联系人：萨其日拉图　电话：13722006111

四十五 陈巴尔虎旗牛 CAQS-MTYX-20220254

1. 营养指标

参数	肌间脂肪（%）	胆固醇（mg/100g）	鲜味氨基酸（% 总氨基酸）	多不饱和脂肪酸（% 总脂肪酸）
测定值	4.8	48.7	27.56	4.27
参照值	0.6	60.0	22.79	3.75

2. 产品外在特征及独特营养品质特征评价鉴定

陈巴尔虎旗牛肉质富有弹性，肌纤维韧性强，结构紧密。其具有肌间脂肪、鲜味氨基酸、多不饱和脂肪酸含量高，胆固醇含量低等特点。

3. 评价鉴定依据

《中国食物成分表（第6版／第二册）》（北京大学医学出版社），GB/T 9960—2008《鲜、冻四分体牛肉》，NY/T 676—2010《牛肉等级规格》，NY/T 2793—2015《肉的食用品质客观评价方法》。

4. 市场销售采购信息

陈巴尔虎鑫祥农牧发展有限责任公司　　联系人：张秀萍　电话：13947098811
呼伦贝尔诺敏阿拉塔牧业有限公司　　　联系人：王　静　电话：13902089818

四十六 阿荣旗大豆油 CAQS-MTYX-20220659

1. 营养指标

参数	多不饱和脂肪酸(%)	亚油酸(%)	亚麻酸(%)	酸价(mg/g)	过氧化值(%)
测定值	63.99	53.29	10.54	0.08	0.014
参照值	55.40	48.00～59.00	4.20～11.00	≤ 0.50	≤ 0.250

2. 产品外在特征及独特营养品质特征评价鉴定

阿荣旗大豆油外观颜色呈浅黄色，澄清透明，气味纯正，香味浓郁。其亚油酸、亚麻酸含量满足标准范围要求，酸价、过氧化值优于参照值，多不饱和脂肪酸含量高于参照值。

3. 评价鉴定依据

《中国食物成分表（第 6 版／第一册）》（北京大学医学出版社），GB/T 1535—2017《大豆油》，GB 2716—2018《食品安全国家标准　植物油》。

4. 市场销售采购信息

阿荣旗亿隆粮油加工有限公司

联系人：张玉林　电话：15547068567

兴安盟

内蒙古名特优新农产品

扎赉特大米 CAQS-MTYX-20190291

1. 营养指标

参数	蛋白质（%）	胶稠度（mm）	碱消值（级）	直链淀粉（%）	硒（μg/100g）
测定值	7.76	88	5.4	20.8	3.40
参照值	7.20	≥80	≥5.0	13.0～22.0	2.83

2. 产品外在特征及独特营养品质特征评价鉴定

扎赉特大米米粒呈半纺锤形，百粒重约 2.07 g，具有大小均匀，米粒表面光滑，晶莹油亮，有光泽，质地坚韧，洁净度好，米粒涨性大，口感软糯，米饭香气浓郁的特性，其蛋白质含量、胶稠度、碱消值均高于参照值，直链淀粉含量符合参照范围，且锌、硒含量也高于参照值。

3. 评价鉴定依据

《中国食物成分表（第 6 版 / 第一册）》（北京大学医学出版社），GB/T 1354—2018《大米》，《大米胶稠度测定的影响因素研究》收录于 2017 年 23 期《湖北农业科学》，NY/T 595—22《食用籼米》。

4. 市场销售采购信息

扎赉特旗蒙源粮食贸易有限责任公司	联系人：吴洪全	电话：15334866800
扎赉特旗雨森农牧业有限责任公司	联系人：姜会红	电话：15284506668
内蒙古谷语现代农业科技有限公司	联系人：胡可欣	电话：18748236445
扎赉特旗绰勒银珠米业有限公司	联系人：朴哲君	电话：15104843111
龙鼎（内蒙古）农业股份有限公司	联系人：赵冬梅	电话：13948998520
扎赉特旗水田高壹米业有限责任公司	联系人：高　壹	电话：18304846888
扎赉特旗富老乡亲家庭农场	联系人：李志新	电话：13948287985

二 科右前旗小米 CAQS-MTYX-20200206

1. 营养指标

参数	蛋白质(%)	脂肪(%)	淀粉(%)	粗纤维(%)
测定值	10.4	7.2	77.90	0.82
参照值	8.9	3.1	73.99	0.66

2. 产品外在特征及独特营养品质特征评价鉴定

科右前旗小米色泽呈金黄色，米粒大小均匀，粒形饱满；外观鲜黄明亮，无明显感官色差，无其他异味；无虫蚀粒、病斑粒、生霉粒。属于高直链淀粉小米，黏性小，易回生。其粗纤维、蛋白质、脂肪、淀粉、铁、锌含量均高于参照值，是优质的粗粮谷物。

3. 评价鉴定依据

《中国食物成分表（第6版/第一册）》（北京大学医学出版社），《黑龙江省小米主栽品种理化特性与感官品质的相关性研究》黑龙江八一农垦大学硕士学位论文，《呼和浩特市售不同品种小米的品质特性比较研究》内蒙古农业大学硕士学位论文，《小米营养价值及其烘焙产品的开发》收录于2017年05期《晋城职业技术学院学报》。

4. 市场销售采购信息

科右前旗巴拉格歹绿雨稻米种植加工农民专业合作社

联系人：史利军　电话：15048263739

科右前旗会和种植专业合作社

联系人：刘会和　电话：13664823664

三、科右前旗黑豆 CAQS-MTYX-20200207

1. 营养指标

参数	蛋白质(%)	脂肪(%)	谷氨酸(mg/100g)	锌(mg/100g)
测定值	42.3	18.3	7 270	4.91
参照值	36.0	15.9	6 004	4.18

2. 产品外在特征及独特营养品质特征评价鉴定

科右前旗黑豆种皮为亮黑色，形状为椭圆形；其直径 0.6～0.7 cm，颗粒大而饱满，籽粒均匀，百粒重约 15 g；气味正常，无发霉，无变质。其蛋白质、脂肪、淀粉、谷氨酸、赖氨酸、缬氨酸、锌含量均高于参照值。

3. 评价鉴定依据

《中国食物成分表（第 6 版／第一册）》（北京大学医学出版社），T/SAGS 006—2020《陕西好粮油　陕北黑豆》、DB22/T 2970—2019《地理标志产品　炭泉黑豆》，《黑豆新品种——黑美仁 2 号》收录于 2011 年 23 期《农村百事通》。

4. 市场销售采购信息

科右前旗巴拉格歹绿雨稻米种植加工农民专业合作社

联系人：史利军　电话：15048263739

四 科右前旗沙果干 CAQS-MTYX-20200208

1. 营养指标

参数	总糖（%）	维生素C（mg/100g）	可溶性固形物（%）	铁（mg/100g）
测定值	82.7	28.2	78.4	6.0
参照值	≤ 85.0	2.0	57.8	0.4

2. 产品外在特征及独特营养品质特征评价鉴定

科右前旗沙果干外表颜色为金黄色，果干直径为 2.5 ~ 3.0 cm；其表面无糖霜析出，味道香甜可口，肉质柔韧，甜而微酸；无异味、无霉变、无杂质。其可溶性固形物、维生素 C、铁含量均高于参照值，总酸含量优于参照值，总糖、水分含量优于参照值。

3. 评价鉴定依据

《中国食物成分表（第 6 版 / 第一册）》（北京大学医学出版社），GB/T 23352—2009《苹果干技术规格和试验方法》，GB/T 10782—2021《蜜饯质量通则》，《不同品种沙果果实品质评价》收录于 2012 年 06 期《林业科技开发》。

4. 市场销售采购信息

科右前旗恒佳果业有限公司

联系人：季玉成　电话：15704810011

科右前旗金口味食品有限公司

联系人：李东杰　电话：13948221113

五 科右前旗奶豆腐 CAQS-MTYX-20200209

1. 营养指标

参数	蛋白质（%）	苯丙氨酸（mg/100g）	赖氨酸（mg/100g）
测定值	50.0	2 840	4 230
参照值	46.2	2 823	4 135

2. 产品外在特征及独特营养品质特征评价鉴定

科右前旗奶豆腐呈乳黄色，具有清香的乳香味和淡淡的酸味，无异味；其质地均匀，组织细腻，味道爽口，无可见外来异物和霉斑。其蛋白质、脂肪、苯丙氨酸、赖氨酸、蛋氨酸、铁、锌、硒、亚油酸、多不饱和脂肪酸含量均高于参照值，胆固醇、水分含量优于参照值。

3. 评价鉴定依据

《中国食物成分表（第6版/第二册）》（北京大学医学出版社），DB S15/001.3—2017《食品安全地方标准 蒙古族传统乳制品 第3部分：奶豆腐》，《蒙古族奶豆腐的制作及营养价值》收录于1997年03期《中国乳品工业》。

4. 市场销售采购信息

科尔沁右翼前旗特润奶制品加工合作社　联系人：金　花　电话：15104849866
科右前旗爱日克奶食品专业合作社　联系人：达胡巴雅尔　电话：13948262096

六 科右前旗黄油 CAQS-MTYX-20200210

1. 营养指标

参数	亚麻酸 （% 总脂肪酸）	胆固醇 （mg/100g）	总糖 （%）	锌 （mg/100g）
测定值	1.42	203	0.1	0.38
参照值	1.30	296	0.0	0.11

2. 产品外在特征及独特营养品质特征评价鉴定

科右前旗黄油是一种牛奶黄油，其色泽金黄，常温下呈蜡状固体，带有光泽；该黄油可塑性好，带有黄油特有的香味。其亚麻酸、总糖、铁、锌、硒含量均高于参照值，胆固醇含量优于参照值。

3. 评价鉴定依据

《中国食物成分表（第6版/第二册）》（北京大学医学出版社），《内蒙古锡盟地区蒙古族传统黄油的加工及营养分析》收录于2017年19期《农产品加工》。

4. 市场销售采购信息

科尔沁右翼前旗特润奶制品加工合作社

联系人：金　　花　电话：15104849866

科右前旗爱日克奶食品专业合作社

联系人：达胡巴雅尔　电话：13948262096

七 科右前旗草地羊 CAQS-MTYX-20200211

1. 营养指标

参数	蛋白质(%)	脂肪(%)	维生素A(μg/100g)	胆固醇(mg/100g)	硒(μg/100g)
测定值	21.7	2.2	0.37	51.4	2.00
参照值	18.5	6.5	8.00	82.0	5.95

2. 产品外在特征及独特营养品质特征评价鉴定

科右前旗草地羊为新鲜羊肉,其肌肉呈鲜红色,有光泽,脂肪呈乳白色;肌纤维致密,有弹性,指压后凹陷立即恢复;外表及切面湿润,不黏手;具有羊肉固有气味,无异味;煮沸后,肉汤透明澄清,无肉眼可见杂质。其蛋白质、天冬氨酸、亮氨酸、赖氨酸、亚油酸、钙、铁含量均高于参照值,胆固醇、脂肪含量均优于参照值,剪切力、蒸煮损失均优于参照值,水分含量优于参照值。

3. 评价鉴定依据

《中国食物成分表(第 6 版／第二册)》(北京大学医学出版社),GB/T 9961—2008《鲜、冻胴体羊肉》,NY/T 2793—2015《肉的食用品质客观评价方法》,NY/T 630—2002《羊肉质量分级》,DB22/T 1003—2018《优质羊肉品质要求》。

4. 市场销售采购信息

科右前旗鑫祥圆养殖专业合作社	联系人:王国祥	电话:18748220666
科右前旗阿力得尔牧场百吉纳农牧营销专业合作社	联系人:颜世军	电话:15849803558
兴安盟绿源肉类加工有限公司	联系人:李长江	电话:18248218906
科右前旗乌兰图雅牲畜养殖专业合作社	联系人:双 河	电话:18204840555
科右前旗绿兴肉食品加工有限公司	联系人:张贵华	电话:13171391999

八 五家户小米 CAQS-MTYX-20200212

1. 营养指标

参数	蛋白质(%)	直链淀粉(%)	粗纤维(%)	淀粉(%)	锌(mg/100g)
测定值	10.0	21.8	0.82	70.10	2.03
参照值	8.9	18.0	0.66	73.99	1.87

2. 产品外在特征及独特营养品质特征评价鉴定

五家户小米色泽呈金黄色，米粒大小均匀，粒形饱满；外观鲜黄明亮，无明显感官色差；散发着小米固有的自然清香气味，无其他异味；无虫蚀粒、病斑粒、生霉粒。属于高直链淀粉小米，黏性小，易回生。其粗纤维、蛋白质、锌含量均高于参照值，是优质的粗粮谷物。

3. 评价鉴定依据

《中国食物成分表（第6版／第一册）》（北京大学医学出版社），《黑龙江省小米主栽品种理化特性与感官品质的相关性研究》黑龙江八一农垦大学硕士学位论文，《呼和浩特市售不同品种小米的品质特性比较研究》内蒙古农业大学硕士学位论文，《小米营养价值及其烘焙产品的开发》收录于2017年05期《晋城职业技术学院学报》。

4. 市场销售采购信息

扎赉特旗雨森农牧业有限责任公司　　联系人：姜会红　电话：15248506668

内蒙古新谷园食品科技股份有限公司　　联系人：孟　杰　电话：13804796483

九 阿尔山卜留克 CAQS-MTYX-20200525

1. 营养指标

参数	蛋白质(%)	可溶性糖(%)	淀粉(%)	锌(mg/100g)	干物质(%)
测定值	5.04	5.81	12.5	5.00	14.0
参照值	1.30	3.64	10.5	0.17	9.2

2. 产品外在特征及独特营养品质特征评价鉴定

阿尔山卜留克外形呈扁圆形或纺锤形，表皮呈棕黄色，顶部灰绿色，单颗重约1.76kg；其肉质坚实，口感爽脆，无辣味，略微带甜；表面无刮痕、平滑、无压痕。其蛋白质、可溶性糖、淀粉、铁、硒、干物质含量均高于参照值。

3. 评价鉴定依据

《中国食物成分表（第6版/第一册）》（北京大学医学出版社），《以西藏芜菁为主成分的抗缺氧功能食品研究》浙江大学硕士学位论文，《干旱区芜菁种质资源营养品质特性评价》收录于2017年07期《新疆农业科学》。

4. 市场销售采购信息

阿尔山市丰润卜留克专业合作社　联系人：张志刚　电话：15048227141

十 阿尔山黑木耳 CAQS-MTYX-20200526

1. 营养指标

参数	蛋白质(%)	膳食纤维(%)	钙(mg/100g)	锌(mg/100g)	脂肪(%)
测定值	10.4	61.32	562.43	5.00	0.9
参照值	≥7.0	29.90	247.00	3.18	≥0.4

2. 产品外在特征及独特营养品质特征评价鉴定

阿尔山黑木耳耳片较大，长约4.5～5.5 cm，耳瓣自然卷曲，正背面分明，耳片正面黑褐色，有光亮感，背面暗灰色；握之耳片不碎，有弹性；干燥后急剧收缩成角质，且硬而脆，朵大肉厚，膨胀性大，肉质坚韧。其多糖、膳食纤维、钙、锌、硒含量均高于参照值；蛋白质、水分、灰分、脂肪含量均优于参照值。

3. 评价鉴定依据

《中国食物成分表（第6版／第二册）》（北京大学医学出版社），NY/T 1838—2010《黑木耳等级规格》，GB/T 6192—2019《黑木耳》，《黑木耳品质评价初步研究》东北林业大学硕士学位论文，《不同品种黑木耳多糖含量差异的研究》收录于2009年05期《浙江食用菌》，《不同产区黑木耳中营养成分比较分析》收录于2020年05期《北方园艺》。

4. 市场销售采购信息

阿尔山市白狼天原林产有限责任公司　　联系人：钱富贵　电话：15048230950

阿尔山市天润农牧业扶贫发展有限公司　　联系人：李秀慧　电话：16574662666

阿尔山市白狼浩岫林产有限责任公司　　联系人：王学文　电话：13948257755

十一 科右前旗粉条 CAQS-MTYX-20200527

1. 营养指标

参数	淀粉(%)	水分(%)	灰分(%)	酸度(mL/kg)	脂肪(%)
测定值	78.7	14.0	0.55	203	0.1
参照值	≥70.0	≤14.3	≤0.80	273	0.1

2. 产品外在特征及独特营养品质特征评价鉴定

科右前旗粉条为干粉条，呈圆柱形细粉条，粉条长约32 cm，其外观为半透明状，带有光泽；粉条柔韧，弹性良好，无肉眼可见外来杂质、无碎条、无发霉条。其淀粉、水分、灰分含量均优于参照值，满足标准要求，铁、硒含量均高于参照值，酸度优于参照值。

3. 评价鉴定依据

《中国食物成分表（第6版/第一册）》（北京大学医学出版社），GB/T 23587—2009《粉条》，《鲜湿米粉条保鲜及品质改良研究》武汉轻工大学硕士学位论文。

4. 市场销售采购信息

科右前旗天甲粉业专业合作社

联系人：李　慧　电话：15248532401

十二 科右前旗甜粘玉米 CAQS-MTYX-20200528

1. 营养指标

参数	蛋白质(%)	脂肪(%)	直链淀粉(%)
测定值	4.33	1.6	2.3
参照值	4.00	1.2	≤ 3.0

2. 产品外在特征及独特营养品质特征评价鉴定

科右前旗甜粘玉米长 16～17 cm，外观呈金黄色，其颗粒完整、饱满、口感软糯、香甜；具有玉米固有的气味，无异味，无生霉粒、无生芽粒、无虫蚀粒。其蛋白质、脂肪、锌、铁含量均高于参照值，直链淀粉含量满足二级标准，粗纤维含量优于参照值。

3. 评价鉴定依据

《中国食物成分表（第6版/第一册）》（北京大学医学出版社），《四个糯玉米品种加工后的品质比较》收录于2016年07期《山东农业科学》，《特用糯玉米杂交种主要农艺性状及籽粒营养成分的研究》收录于2001年03期《莱阳农学院学报》，GB/T 22326—2008《糯玉米》。

4. 市场销售采购信息

科右前旗昌隆玉朱种畜专业合作社

联系人：郭丽丽　电话：15705003232

十三 科右前旗大豆油 CAQS-MTYX-20200529

1. 营养指标

参数	总不饱和脂肪酸 (%)	亚油酸 (%)	亚麻酸 (%)	铁 (mg/100g)	硒 (mg/100g)
测定值	80.32	48.69	6.29	18.1	0.020
参照值	78.10	48.00～59.00	4.20～11.00	2.0	0.005～0.500

2. 产品外在特征及独特营养品质特征评价鉴定

科右前旗大豆油外观颜色呈淡黄色。具有澄清透明，无任何悬浮物、无杂质、无沉淀物、无结晶的特性。其总不饱和脂肪酸、铁含量均高于参照值；亚油酸、亚麻酸含量及折光指数满足标准要求；酸价、过氧化值优于参照值；硒含量符合富硒食品分类标准。

3. 评价鉴定依据

《中国食物成分表（第6版／第一册）》（北京大学医学出版社），GB/T 1535—2017《大豆油》，NY/T 286—1995《绿色食品 大豆油》，DB61/24.01—2010《富硒食品硒含量分类标准》。

4. 市场销售采购信息

内蒙古蒙佳粮油集团有限公司　联系人：宁　涛　电话：17548243111　0482-8370151

十四 科右前旗菜籽油 CAQS-MTYX-20200530

1. 营养指标

参数	多不饱和脂肪酸（%）	亚油酸（%）	亚麻酸（%）
测定值	26.5	24.3	6.72
参照值	25.7	15.0～30.0	5.00～14.00

2. 产品外在特征及独特营养品质特征评价鉴定

科右前旗菜籽油外观呈金黄色。具有澄清透明，无任何悬浮物，无杂质，无沉淀物，无结晶的特性。其多不饱和脂肪酸、铁含量均高于参照值，亚油酸、亚麻酸含量及折光指数满足标准要求，酸价优于参照值，满足一级标准要求，过氧化值优于参照值，硒含量符合富硒食品分类标准范围。

3. 评价鉴定依据

《中国食物成分表（第6版/第一册）》（北京大学医学出版社），NY/T 416—2000《低芥酸菜籽油》，GB/T 1536—2004《菜籽油》，DB61/T 556—2018《富硒含硒食品与相关产品硒含量标准》。

4. 市场销售采购信息

内蒙古蒙佳粮油集团有限公司　联系人：宁　涛　电话：17548243111　0482-8370151

十五 科右前旗原麦粉 CAQS-MTYX-20200531

1. 营养指标

参数	蛋白质(%)	淀粉(%)	谷氨酸(mg/100g)	亮氨酸(mg/100g)	缬氨酸(mg/100g)
测定值	13.5	76.4	4 792	917	579
参照值	12.4	67.3	4 074	837	510

2. 产品外在特征及独特营养品质特征评价鉴定

科右前旗原麦粉色泽白净，颗粒度小，筋度大，具有小麦粉固有的色泽和气味的特性。其蛋白质、淀粉、铁、锌、谷氨酸、亮氨酸、缬氨酸含量均高于参照值，湿面筋含量高于参照值，属于高筋小麦粉。

3. 评价鉴定依据

《中国食物成分表（第 6 版 / 第一册）》（北京大学医学出版社），《不同面筋含量小麦淀粉及蛋白质特性分析》河南工业大学硕士学位论文，GB/T 8607—1988《高筋小麦粉》。

4. 市场销售采购信息

内蒙古北峰岭面粉加工有限公司　　联系人：王　一　电话：18947820309
科右前旗赢丰农机专业合作社　　联系人：张凤山　电话：13948272175
兴安盟索伦河谷兴垦食品有限责任公司　　联系人：李　佳　电话：18104828618

十六 突泉小米 CAQS-MTYX-20200532

1. 营养指标

参数	蛋白质（%）	多不饱和脂肪酸（%）	谷氨酸（mg/100g）	α-维生素 E（mg/100g）	铁（mg/100g）
测定值	10.6	1.17	2 470	1.39	7.85
参照值	9.0	0.50	1 871	0.24	5.10

2. 产品外在特征及独特营养品质特征评价鉴定

突泉小米米粒大小较均匀，粒形饱满，外观鲜黄明亮，无明显感官色差，千粒重约 2.25 g，有小米特有的自然清香气味。属于高直链淀粉小米，黏性小，易回生。其蛋白质、多不饱和脂肪酸、谷氨酸、亮氨酸、缬氨酸、α-维生素 E、铁、锌含量均高于参照值；粗纤维含量高于参照值，是优质的粗粮谷物。

3. 评价鉴定依据

《中国食物成分表（第 6 版／第一册）》（北京大学医学出版社），《黑龙江省小米主栽品种理化特性与感官品质的相关性研究》黑龙江八一农垦大学硕士学位论文，《呼和浩特市售不同品种小米的品质特性比较研究》内蒙古农业大学硕士学位论文，《小米营养价值及其烘焙产品的开发》收录于 2017 年 05 期《晋城职业技术学院学报》，《基于主成分分析的不同品种小米品质评价》收录于 2019 年 09 期《食品工业科技》。

4. 市场销售采购信息

突泉县太和米业有限公司	联系人：丁俊言	电话：18748212567
突泉县金农农作物机械化种植专业合作社	联系人：宫小朋	电话：13948999569
突泉县国艳家庭农场	联系人：高国艳	电话：18804825333
突泉县兴隆山农业机械化种植专业合作社	联系人：刘 付	电话：15149042628
突泉县常青家庭农场	联系人：曲文武	电话：13948895631

十七 科右前旗苍术 CAQS-MTYX-20210245

1. 营养指标

参数	水分（%）	灰分（%）	苍术素（$C_{13}H_{10}O$）（按干燥品计）（%）
测定值	10.9	6.2	0.45
参照值	≤ 13.0	≤ 7.0	≥ 0.30

2. 产品外在特征及独特营养品质特征评价鉴定

科右前旗苍术呈不规则块状或结节状圆柱形，表面为棕灰色，内部为棕黄色；直径 1～4 cm，断面散有黄棕色油室；味微辛、苦，香气较淡。其灰分、水分含量均优于参照值，满足《中华人民共和国药典》要求，苍术素含量高于参照值，满足《中华人民共和国药典》要求。

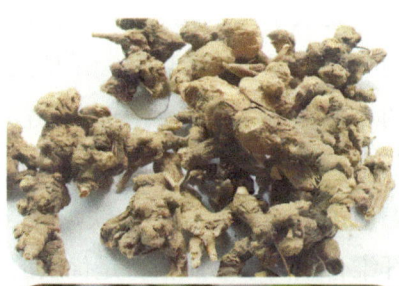

3. 评价鉴定依据

《中华人民共和国药典》2020 年版第一部。

4. 市场销售采购信息

内蒙古优智农农业开发有限公司

联系人：马 熠　电话：15144822454

科右前旗勇鑫源种植专业合作社

联系人：翟武平　电话：13948273508

十八 科右前旗绿豆 CAQS-MTYX-20210246

1. 营养指标

参数	蛋白质（干基）(%)	总淀粉（干基）(%)	锌 (mg/100g)	膳食纤维 (%)	天冬氨酸 (% 总氨基酸)
测定值	26.1	62.9	3.13	10.2	12.42
参照值	≥ 25.0	≥ 54.0	2.18	6.4	12.36

2. 产品外在特征及独特营养品质特征评价鉴定

科右前旗绿豆为圆形，籽粒表面光滑，颗粒整体呈绿色，且有光泽，百粒重约 5.1 g。具有大小均匀，质地坚实，耐压性好的特性。其蛋白质、总淀粉、天冬氨酸含量比较高，且锌和膳食纤维含量高于参照值。

3. 评价鉴定依据

《中国食物成分表（第 6 版 / 第一册）》（北京大学医学出版社），《不同储藏条件对绿豆淀粉含量及糊化特性的影响》收录于 2016 年 05 期《河南工业大学学报》，《绿豆的品质特性及综合利用研究进展》收录于 2016 年 09 期《中国农学通报》，GB/T 10462—2008《绿豆》，NY/T 598—2002《食用绿豆》。

4. 市场销售采购信息

科右前旗巴拉格歹绿雨稻米种植加工农民专业合作社

联系人：史利军　电话：15048263739

科右前旗蒙良经贸有限公司

联系人：石金丽　电话：15004830006

十九 科右前旗红小豆 CAQS-MTYX-20210247

1. 营养指标

参数	蛋白质(%)	钙(mg/100g)	膳食纤维(%)	总淀粉(%)	谷氨酸(mg/100g)
测定值	20.8	127	14.4	52.20	3 330
参照值	20.2	74	7.7	35.31	3 000

2. 产品外在特征及独特营养品质特征评价鉴定

科右前旗红小豆呈长腰形，籽粒长度为 5～7 mm，皮色为暗红色，内肉呈乳白色，百粒重约 12.9 g。具有颗粒饱满、大小均匀的特性。其蛋白质、总淀粉、钙含量较高，且膳食纤维和谷氨酸含量高于参照值。

3. 评价鉴定依据

《中国食物成分表（第 6 版／第一册）》（北京大学医学出版社），《红小豆老年食品配方优化及营养评价》收录于 2021 年 42 期《食品研究与开发》，《氯化钠对不同品种红小豆淀粉特性的影响》收录于 2020 年 36 期《食品与机械》，《不同品种红小豆的品质评价研究》收录于 2011 年 09 期《中国粮油学报》。

4. 市场销售采购信息

科右前旗蒙良经贸有限公司　　联系人：石金丽　　电话：15004830006

二十 科右前旗大黄米 CAQS-MTYX-20210248

1. 营养指标

参数	脂肪(%)	锌(mg/100g)	硒(μg/100g)	谷氨酸(mg/100g)	直链淀粉(%)
测定值	3.4	2.56	3.20	1 960	7.4
参照值	1.5	2.07	2.31	1 518	6.1

2. 产品外在特征及独特营养品质特征评价鉴定

科右前旗大黄米色泽金黄，米粒大小较均匀，粒形饱满，千粒重约 5.64 g，散发着黄米固有的自然清香气味。其脂肪、直链淀粉含量较高，且谷氨酸、硒、锌含量均高于参照值。

3. 评价鉴定依据

《中国食物成分表（第 6 版／第一册）》（北京大学医学出版社），《黄米淀粉的制备及流变学特性的研究》收录于 2011 年 05 期《食品科技》，《黄米营养成分分析》2006 年 02 期《食品工业科技》，《黄米淀粉理化特性的研究》西南大学硕士学位论文。

4. 市场销售采购信息

科右前旗大石寨连喜粗粮加工厂　　联系人：王喜忠　　电话：15144923275

二十一 科右前旗大豆 CAQS-MTYX-20210249

1. 营养指标

参数	α-维生素E (mg/100g)	多不饱和脂肪酸（%）	亚油酸（% 总脂肪酸）	大豆异黄酮 (mg/100g)
测定值	1.78	9.45	54.3	123.00
参照值	0.90	9.10	52.9	61.56

2. 产品外在特征及独特营养品质特征评价鉴定

科右前旗大豆外观色泽鲜亮，种皮呈淡黄色，表面光滑，颗粒饱满、坚硬，百粒重约18.9 g。其亚油酸、多不饱和脂肪酸、α-维生素E、大豆异黄酮含量均高于参照值。

3. 评价鉴定依据

《中国食物成分表（第6版/第一册）》（北京大学医学出版社）。

4. 市场销售采购信息

科右前旗蒙良经贸有限公司

联系人：石金丽　电话：15004830006

二十二 科右前旗大米 CAQS-MTYX-20210250

1. 营养指标

参数	直链淀粉(%)	胶稠度(mm)	碱消值(级)	硒(μg/100g)
测定值	19.8	105	5.50	3.20
参照值	13.0～20.0	≥ 80	3.97	2.83

2. 产品外在特征及独特营养品质特征评价鉴定

科右前旗大米呈半纺锤形，米粒表面光滑，洁净度好，整体颜色呈白色半透明状，百粒重约 2.14 g。具有米粒涨性大，口感软糯，米饭香气浓郁的特性。其碱消值、硒含量均高于参照值，直链淀粉含量处于优质粳米范围，胶稠度优于参照值。

3. 评价鉴定依据

《中国食物成分表（第 6 版 / 第一册）》（北京大学医学出版社），《大米胶稠度测定的影响因素研究》收录于 2017 年 23 期《湖北农业科学》，GB/T 1354—2018《大米》。

4. 市场销售采购信息

兴安盟家禾米业有限公司　　联系人：郑洪波　电话：15598992856
科右前旗蒙良经贸有限公司　联系人：石金丽　电话：15004830006
科右前旗金昌粮食有限公司　联系人：梁　冰　电话：17684827770

二十三 科右前旗奶皮子 CAQS-MTYX-20210251

1. 营养指标

参数	蛋白质(%)	脂肪(%)	硒(μg/100g)	亚油酸(% 总脂肪酸)	必需氨基酸(%)
测定值	18.6	43.7	15.0	2.08	5.79
参照值	12.2	42.9	4.6	1.07	5.17

2. 产品外在特征及独特营养品质特征评价鉴定

科右前旗奶皮子为乳黄色奶饼，色泽均匀，厚度 0.2～0.4 cm，重量约 130 g，其表面似蜂窝状，硬度适中，不油不腻，味道鲜美，带有淡淡的奶香味。其蛋白质、脂肪、硒、亚油酸、必需氨基酸、多不饱和脂肪酸含量均高于参照值。

3. 评价鉴定依据

《中国食物成分表（第6版/第二册）》（北京大学医学出版社），《传统发酵奶皮子营养、品质及分离乳酸菌的抑菌特性研究》内蒙古农业大学硕士学位论文。

4. 市场销售采购信息

科尔沁右翼前旗特润奶制品加工合作社

联系人：金　花　电话：15104849866

二十四 科右前旗白鲢 CAQS-MTYX-20210252

1. 营养指标

参数	钙 (mg/100g)	赖氨酸 (mg/100g)	鲜味氨基酸 (% 总氨基酸)	多不饱和脂肪酸 (% 总脂肪酸)
测定值	71.2	1 530	27.62	20.43
参照值	53.0	1 523	25.83	20.00

2. 产品外在特征及独特营养品质特征评价鉴定

科右前旗白鲢鳞片呈银白色，鳞片细小、鳞片紧密、有光泽、肌肉组织紧密有弹性，全长约 63 cm，单体重约 3.0 kg。其钙、赖氨酸、鲜味氨基酸、多不饱和脂肪酸含量均高于参照值。

3. 评价鉴定依据

《中国食物成分表（第 6 版／第二册）》（北京大学医学出版社），《长丰鲢各部位主要营养成分分析及比较》收录于 2015 年 01 期《中国农业大学学报》。

4. 市场销售采购信息

科右前旗森淼水产有限公司

联系人：杨文超　电话：15034868531

科右前旗鱼米香水产养殖专业合作社

联系人：高德军　电话：15148975558

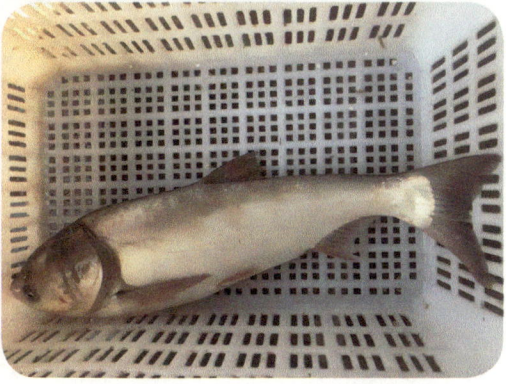

二十五 科右前旗鳙鱼 CAQS-MTYX-20210253

1. 营养指标

参数	脂肪（%）	钙（mg/100g）	蛋白质（%）	鲜味氨基酸（% 总氨基酸）	多不饱和脂肪酸（% 总脂肪酸）
测定值	0.7	89.7	15.4	27.74	24.75
参照值	2.2	82.0	15.3	23.72	20.00

2. 产品外在特征及独特营养品质特征评价鉴定

科右前旗鳙鱼背面为暗褐色，有黑色细斑；鱼鳞颜色为金色，其鳞片较小且紧密；腹部为灰白色，有光泽，全长约 60 cm，单体重约 3.0 kg。其蛋白质、钙、鲜味氨基酸、多不饱和脂肪酸含量均高于参照值，且其低脂肪形成原因可能与科右前旗鳙鱼口粮中碳水化合物含量较低有关。

3. 评价鉴定依据

《中国食物成分表（第 6 版／第二册）》（北京大学医学出版社）。

4. 市场销售采购信息

科右前旗森淼水产有限公司

联系人：杨文超　电话：15034868531

科右前旗鱼米香水产养殖专业合作社

联系人：高德军　电话：15148975558

二十六 阿尔山寒地沙棘 CAQS-MTYX-20210625

1. 营养指标

参数	总黄酮 (mg/100g)	总酸 (%)	可溶性固形物 (%)	硒 (μg/100g)
测定值	40.0	1.844	7.90	1.6
参照值	15.2	2.153	7.75	0.9

2. 产品外在特征及独特营养品质特征评价鉴定

阿尔山寒地沙棘果外观为椭圆形，颜色呈橘黄色，果肉新鲜多汁，酸甜爽口，具有沙棘果特有气味，无异味，直径4～6 mm，与豌豆粒大小相当。其可溶性固形物、总黄酮、硒含量均高于参照值，总酸含量优于参照值。

3. 评价鉴定依据

《中国食物成分表（第6版/第一册）》（北京大学医学出版社），《12个沙棘品种的果实可溶性糖和有机酸组分研究》收录于2016年04期《西北林学院学报》，《沙棘营养价值及产业发展概况》收录于2021年11期《食品研究与开发》，《新疆大果沙棘果实营养成分分析研究》收录于2019年22期《现代农业科技》。

4. 市场销售采购信息

阿尔山寒地沙棘协会

联系人：洪　涛　电话：15034876666

阿尔山锴岳农业旅游发展有限公司

联系人：李　静　电话：15648244539

二十七 科右前旗黄芩 CAQS-MTYX-20210626

1. 营养指标

参数	水分（%）	灰分（%）	醇溶性浸出物（%）	黄芩苷 [($C_{21}H_{18}O_{11}$) （按干燥品计）]（%）
测定值	8.4	4.8	40.1	11.2
参照值	≤ 12.0	< 6.0	≥ 40.0	≥ 9.0

2. 产品外在特征及独特营养品质特征评价鉴定

科右前旗黄芩呈圆锥形，扭曲，表面为棕黄色，长约 15 cm，直径约 1.5 cm。上部较粗糙，下部有顺纹，质硬而脆，易折断，断面为黄色，味微苦。其黄芩苷、醇溶性浸出物含量均高于参照值，灰分、水分含量均优于参照值，满足《中华人民共和国药典》要求。

3. 评价鉴定依据

《中华人民共和国药典》2020 年版第一部。

4. 市场销售采购信息

内蒙古优智农农业开发有限公司

联系人：马　熠　电话：15144822454

内蒙古远东中药物流有限公司

联系人：王守东　电话：13335551000

二十八 科右中旗小米 CAQS-MTYX-20210627

1. 营养指标

参数	锌 (mg/100g)	蛋白质 (%)	直链淀粉 (%)	赖氨基 (mg/100g)
测定值	3.24	9.55	21.2	180
参照值	1.87	8.90	18.0	176

2. 产品外在特征及独特营养品质特征评价鉴定

科右中旗小米色泽金黄，千粒重约 2.19 g。具有外观鲜黄明亮，米粒大小均匀，粒形饱满完整；蒸后，米粒完整，软而不黏结，食味好；煮后，米、汤融合，汤色纯正。其蛋白质、直链淀粉含量较高，且赖氨酸和锌含量高于参照值。

3. 评价鉴定依据

《中国食物成分表（第 6 版 / 第一册）》（北京大学医学出版社），《基于主成分分析的不同品种小米品质评价》收录于 2019 年 09 期《食品工业科技》。

4. 市场销售采购信息

科右中旗山虎种养殖专业合作社

联系人：祁山虎　电话：15849828387

内蒙古二龙屯有机农业有限责任公司

联系人：付雅玲　电话：15548891333

二十九 杜尔基大米 CAQS-MTYX-20210628

1. 营养指标

参数	胶稠度(mm)	直链淀粉(%)	碱消值(级)	锌(mg/100g)
测定值	90	19.8	5.58	1.66
参照值	≥80	13.0～20.0	3.97	1.54

2. 产品外在特征及独特营养品质特征评价鉴定

杜尔基大米米粒呈半纺锤形或长形，整体颜色呈白色，呈不透明状，百粒重1.94 g。具有表面光滑，洁净度好，米粒涨性大，口感软糯，米饭香气浓郁的特性，其碱消值、锌含量均高于参照值，直链淀粉含量处于优质粳米范围，胶稠度优于参照值。

3. 评价鉴定依据

《中国食物成分表（第6版/第一册）》（北京大学医学出版社），《大米胶稠度测定的影响因素研究》收录于2017年23期《湖北农业科学》，GB/T 1354—2018《大米》。

4. 市场销售采购信息

科右中旗塔拉艾里农牧林业专业合作社	联系人：白娜木汗	电话：18747920297
	联系人：巴特尔	电话：15248284736
科右中旗义农种养殖专业合作社	联系人：吴天虎	电话：15144924088
科右中旗双鑫种养殖专业合作社	联系人：韩玉亭	电话：13451394829
科右中旗裴南福水稻种植专业合作社	联系人：裴南福	电话：15148940972

三十 翰嘎利大银鱼 CAQS-MTYX-20210629

1. 营养指标

参数	脂肪（%）	钙（mg/100g）	硒（μg/100g）	天冬氨酸（% 总氨基酸）	谷氨酸（% 总氨基酸）
测定值	0.7	155	10.00	10.14	16.94
参照值	4.0	46	9.54	7.07	10.38

2. 产品外在特征及独特营养品质特征评价鉴定

翰嘎利大银鱼体长而身扁，全身呈银白色，半透明状，无鳞片，鳍呈灰白色，长8～10 cm，个体重约10 g。具有低脂肪，肌肉组织紧密有弹性，熟制后肉质细嫩、味道鲜美的特性。其钙、硒、谷氨酸、天冬氨酸、亚油酸含量均高于参照值。

3. 评价鉴定依据

《中国食物成分表（第6版/第二册）》（北京大学医学出版社），《巢湖太湖新银鱼营养成分分析及营养评价》收录于2018年08期《科学养鱼》。

4. 市场销售采购信息

科尔沁右翼中旗翰嘎利水库事务服务中心

联系人：白海英　电话：13451394490

三十一 突泉绿豆 CAQS-MTYX-20210630

1. 营养指标

参数	蛋白质（干基）(%)	淀粉(%)	膳食纤维(%)	灰分(%)	鲜味氨基酸(mg/100g)
测定值	27.0	52.3	7.98	3.1	6 880
参照值	≥25.0	≥52.0	6.40	3.3	6 859

2. 产品外在特征及独特营养品质特征评价鉴定

突泉绿豆为圆形，大小均匀、颗粒饱满、质地坚实、耐压性好，百粒重约 8.42 g。籽粒表面光滑，颗粒整体呈绿色，有光泽，易保存。其蛋白质、总淀粉含量较高，且膳食纤维、鲜味氨基酸含量高于参照值，灰分含量优于参照值。

3. 评价鉴定依据

《中国食物成分表（第 6 版 / 第一册）》（北京大学医学出版社），《不同储藏条件对绿豆淀粉含量及糊化特性的影响》收录于 2016 年 05 期《河南工业大学学报》，《绿豆的品质特性及综合利用研究进展》收录于 2016 年 09 期《中国农学通报》，GB/T 10462—2008《绿豆》，NY/T 598—2002《食用绿豆》。

4. 市场销售采购信息

突泉县洪源粮油贸易有限公司　　　　联系人：刘　磊　电话：18004829779

内蒙古金辉粮油贸易有限公司　　　　联系人：徐鸿菲　电话：18648229789

突泉县鑫丰农副产品购销专业合作社　联系人：徐长福　电话：13804795848

三十二 突泉紫皮蒜 CAQS-MTYX-20210631

1. 营养指标

参数	维生素 C (mg/100g)	蛋白质 (%)	赖氨酸 (mg/100g)	大蒜素 (mg/kg)	鲜味氨基酸 (mg/100g)
测定值	14.1	6.6	200	509	1 270
参照值	7.0	5.2	194	330	1 107

2. 产品外在特征及独特营养品质特征评价鉴定

突泉紫皮蒜蒜皮为紫色，蒜头横径 3～4 cm；蒜头外皮完整，形状规则，坚实饱满；去皮后呈白色蒜瓣，蒜头有 5～7 个蒜瓣，蒜瓣肥厚，味道辛辣；品质好，宜久存。其维生素 C、蛋白质、赖氨酸、大蒜素、鲜味氨基酸含量均高于参照值。

3. 评价鉴定依据

《中国食物成分表（第 6 版 / 第一册）》（北京大学医学出版社），NY/T 1791—2009《大蒜等级规格》，DB13/T 1493—2011《地理标志产品　永年大蒜》，《3 种金乡大蒜中营养活性成分的含量比较》收录于 2016 年 32 期《安徽农业科学》，《5 种大蒜制备黑蒜的品质比较》收录于 2019 年 01 期《中国调味品》，《高效液相色谱法测定大蒜愈伤组织中大蒜素的含量》收录于 2019 年 02 期《中国调味品》，《大蒜可溶性糖积累与分配特性研究》收录于 2014 年 04 期《浙江农业学报》，《大蒜中大蒜素含量的质量研究》收录于 2013 年 04 期《药学研究》，《蚓粪对大蒜中蒜氨酸和大蒜素含量及大蒜精油抗菌活性的影响》收录于 2021 年 10 期《中国瓜菜》。

4. 市场销售采购信息

突泉县溪柳紫皮蒜专业合作社　　　　联系人：李艳军　电话：13847985859

突泉县金农农作物机械化种植专业合作社　联系人：宫小朋　电话：13948999569

突泉县国艳家庭农场　　　　　　　　联系人：高国艳　电话：18804825333

突泉县城郊设施农业合作社　　　　　联系人：王贵臣　电话：13624797536

突泉县艳宝农业机械化种植专业合作社　联系人：陈德泉　电话：15174755552

三十三 阿尔山赤松茸 CAQS-MTYX-20220255

1. 营养指标

参数	蛋白质（%）	钾（mg/100g）	膳食纤维（%）	麦角硫因（mg/kg）	鲜味氨基酸（mg/100g）
测定值	27.3	3 400	27.7	440	6 890
参照值	20.3	2 402	22.3	420	1 810

2. 产品外在特征及独特营养品质特征评价鉴定

阿尔山赤松茸外形呈伞状，菌盖呈黑色，菌柄为白色；菌盖表面光滑，质地细密；菌高 6 ~ 8 cm，干样单颗重 1.6 ~ 2.1 g。具有口感甜嫩爽滑有弹性，肉质细嫩，清香可口的特征。其蛋白质、钾、膳食纤维、鲜味氨基酸、麦角硫因、多糖含量均高于参照值。

3. 评价鉴定依据

《中国食物成分表（第 6 版／第一册）》（北京大学医学出版社），《仿生态野生栽培姬松茸的营养品质分析试验》福建农林大学硕士学位论文，《超高效液相色谱法测定食用菌中 L- 麦角硫因及质谱确证》收录于 2022 年 05 期《分析实验室》。

4. 市场销售采购信息

阿尔山市白狼浩岫林产有限责任公司

联系人：王文学　电话：13948257755

三十四 科右前旗酸马奶 CAQS-MTYX-20220256

1. 营养指标表

参数	钙 (mg/kg)	蛋白质 (%)	鲜味氨基酸 (% 总氨基酸)	维生素A (μg/100g)	亚油酸 (% 总脂肪酸)
测定值	754	1.82	30.10	63.50	8.16
参照值	611	1.78	28.89	5.77	5.33

2. 产品外在特征及独特营养品质特征评价鉴定

科右前旗酸马奶外观为淡青色流动状液体，味道微酸略带甜，酸甜适口，具有酸马奶固有的香味，无异味。其亚油酸、鲜味氨基酸、钙、维生素A、蛋白质含量均高于参照值。

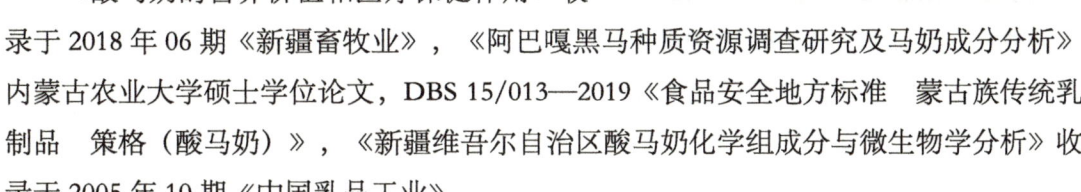

3. 评价鉴定依据

《酸马奶的营养价值和医疗保健作用》收录于2018年06期《新疆畜牧业》，《阿巴嘎黑马种质资源调查研究及马奶成分分析》内蒙古农业大学硕士学位论文，DBS 15/013—2019《食品安全地方标准 蒙古族传统乳制品 策格（酸马奶）》，《新疆维吾尔自治区酸马奶化学组成分与微生物学分析》收录于2005年10期《中国乳品工业》。

4. 市场销售采购信息

科右前旗阿拉坦特吉格乐养殖专业合作社

联系人：舍楞那木拉　电话：17304871118

三十五 科右前旗草地牛 CAQS-MTYX-20220257

1. 营养指标

参数	肌间脂肪（%）	蛋白质（%）	剪切力（N）	不饱和脂肪酸（% 总脂肪酸）	鲜味氨基酸（% 总氨基酸）
测定值	0.50	23.4	49.37	71.6	26.96
参照值	0.36	20.0	<60.00	47.5	22.79

2. 产品外在特征及独特营养品质特征评价鉴定

科右前旗草地牛肉色为鲜红色，有光泽，脂肪呈乳白色。外表微干，切面湿润，不黏手，富有弹性，指压后凹陷立即恢复。煮熟后肉质紧实，吃起来有嚼劲，肉香浓郁。其蛋白质、肌间脂肪、不饱和脂肪酸、鲜味氨基酸含量高，剪切力含量低等。

3. 评价鉴定依据

《中国食物成分表（第6版/第二册）》（北京大学医学出版社），GB/T 17238—2022《鲜、冻分割牛肉》，NY/T 676—2010《牛肉等级规格》，《大通牦牛肉质特性研究》甘肃农业大学硕士学位论文。

4. 市场销售采购信息

科右前旗科源肉类食品有限公司　联系人：颜志宏　电话：15004856669

三十六 吐列毛杜小麦粉 CAQS-MTYX-20220258

1. 营养指标

参数	谷氨酸 (mg/100g)	蛋白质 (%)	锌 (mg/100g)	淀粉 (%)	亮氨酸 (mg/100g)
测定值	4 020	13.2	1.16	70.6	740
参照值	3 625	12.4	0.69	67.3	718

2. 产品外在特征及独特营养品质特征评价鉴定

吐列毛杜小麦粉色泽白净，颗粒度小，粉质细腻，流散性好，吸水率高，筋度大，有麦香味。其蛋白质、湿面筋、淀粉、锌含量较高，且亮氨酸、谷氨酸含量高于参照值。

3. 评价鉴定依据

《中国食物成分表（第 6 版 / 第一册）》（北京大学医学出版社），《不同面筋含量小麦淀粉及蛋白质特性分析》河南工业大学硕士学位论文，GB/T 1355—2021《小麦粉》。

4. 市场销售采购信息

内蒙古兴安盟农垦粮油有限责任公司　　联系人：敖　洋　电话：15034880488
兴安农垦集团吐列毛杜分公司　　　　　联系人：白德才　电话：13847984664

三十七 科右中旗玉米面 CAQS-MTYX-20220259

1. 营养指标

参数	蛋白质(%)	脂肪(%)	硒(μg/100g)	维生素 B_2(mg/100g)	谷氨酸(mg/100g)
测定值	9.18	2.3	2.00	0.086	1 700
参照值	8.50	≤5.0	1.58	0.060	1 650

2. 产品外在特征及独特营养品质特征评价鉴定

科右中旗玉米面色泽呈白色，颗粒度小，粉质细腻，流散性好，具有玉米面淡淡的香味。其蛋白质、总淀粉、谷氨酸含量均高于参照值，脂肪含量优于参照值，且维生素 B_2、硒含量也高于参照值。

3. 评价鉴定依据

《中国食物成分表（第 6 版 / 第一册）》（北京大学医学出版社），GB/T 22326—2008《糯玉米》，GB/T 10463—2008《玉米粉》。

4. 市场销售采购信息

科右中旗山虎种养殖专业合作社　　　联系人：高　　娃　电话：15248262216
科右中旗白音塔拉种养殖专业合作社　联系人：包白音塔拉　电话：13664084088

三十八 科右中旗奶豆腐 CAQS-MTYX-20220260

1. 营养指标

参数	亚油酸 (% 总脂肪酸)	脂肪 (%)	鲜味氨基酸 (mg/100g)	硒 (μg/100g)	多不饱和脂肪酸 (% 总脂肪酸)
测定值	1.9	15.2	10.28	18.0	2.35
参照值	1.1	7.8	10.18	11.6	1.35

2. 产品外在特征及独特营养品质特征评价鉴定

科右中旗奶豆腐外观呈乳白色，其质地均匀、细腻，味道爽口，有清香的乳香味和淡淡的酸味，每块重约 300 g。其脂肪、硒、鲜味氨基酸、亚油酸、多不饱和脂肪酸含量均高于参照值。

3. 评价鉴定依据

《中国食物成分表（第 6 版／第二册）》（北京大学医学出版社），DBS 15/001.3— 2017《食品安全地方标准 蒙古族传统乳制品 第 3 部分：奶豆腐》，《蒙古族奶豆腐的制作及营养价值》收录于 1997 年 03 期《中国乳品工业》。

4. 市场销售采购信息

内蒙古巴图查干奶制品有限公司

联系人：刘坤鹏 电话：15149041993

科尔沁右翼中旗塔林艾里奶制品加工厂

联系人：包金莲 电话：15148904030

兴安盟科右中旗希牧肽奶制品加工有限责任公司

联系人：徐福林 电话：13634794533

三十九 扎赉特大豆 CAQS-MTYX-20220261

1. 营养指标

参数	蛋白质（%）	脂肪（%）	可溶性糖（%）	单不饱和脂肪酸（% 总脂肪酸）	鲜味氨基酸（mg/100g）
测定值	38.8	16.8	12.14	32.93	10 650
参照值	35.0	16.0	5.06	23.40	10 255

2. 产品外在特征及独特营养品质特征评价鉴定

扎赉特大豆种皮呈黄色，其表皮光滑，色泽鲜亮，无明显感官色差，颗粒饱满、坚硬，百粒重约 27.3 g。其蛋白质、脂肪、可溶性糖、单不饱和脂肪酸、鲜味氨基酸含量均高于参照值。

3. 评价鉴定依据

《中国食物成分表（第 6 版 / 第一册）》（北京大学医学出版社），《大豆籽粒可溶性糖和淀粉含量的初步研究》收录于 2018 年 06 期《福建农业学报》。

4. 市场销售采购信息

扎赉特旗成源农业专业合作社	联系人：丛大成	电话：13847996432
扎赉特旗安保农牧专业合作社	联系人：刘利有	电话：13847946531
扎赉特旗五道河子农牧专业合作社	联系人：杜　岗	电话：13847996766
扎赉特旗王连生农牧业专业合作社	联系人：王连生	电话：13224833666

四十 扎赉特羊肉 CAQS-MTYX-20220262

1. 营养指标

参数	胆固醇(mg/100g)	肌间脂肪(%)	赖氨酸(mg/100g)	不饱和脂肪酸(% 总脂肪酸)	鲜味氨基酸(% 总氨基酸)
测定值	58.7	3.20	2 270	59.7	27.74
参照值	82.0	0.83	1 713	43.2	25.98

2. 产品外在特征及独特营养品质特征评价鉴定

扎赉特羊肉肌肉色泽为暗红色，脂肪呈乳白色。肉质紧密，有坚实感，肌纤维有韧性；肉质表面微湿润，不黏手。其肌间脂肪、赖氨酸、鲜味氨基酸、不饱和脂肪酸含量高，胆固醇含量低。

3. 评价鉴定依据

《中国食物成分表（第 6 版 / 第二册）》（北京大学医学出版社），GB/T 9961—2008《鲜、冻酮体羊肉》，NY/T 2793—2015《羊肉的食用品质客观评价方法》，NY/T 630—2002《羊肉质量分级》，NY/T 633—2002《冷却羊肉》，《龙陵黄山羊屠宰性能及肉质研究》收录于 1998 年 03 期《云南农业大学学报》。

4. 市场销售采购信息

扎赉特旗广益肉联食品有限责任公司

联系人：张凤贵　电话：13804796181

四十一 突泉县安格斯肉牛 CAQS-MTYX-20220263

1. 营养指标

参数	胆固醇 (mg/100g)	钙 (mg/100g)	鲜味氨基酸 (% 总氨基酸)	不饱和脂肪酸 (% 总脂肪酸)	肌间脂肪 (%)
测定值	35.4	61.7	27.41	49.3	0.80
参照值	48.0	5.0	22.79	47.5	0.36

2. 产品外在特征及独特营养品质特征评价鉴定

突泉县安格斯肉牛肉色为暗红色，有光泽，大理石花纹均匀。外表微干，切面湿润不黏手，肉质富有弹性，指压后凹陷立即恢复，煮沸后肉汤澄清透明，具有特有的香味。其肌间脂肪、鲜味氨基酸、不饱和脂肪酸、钙含量高，胆固醇含量、剪切力低。

3. 评价鉴定依据

《中国食物成分表（第6版/第二册）》（北京大学医学出版社），GB/T 9960—2008《鲜、冻四分体牛肉》，NY/T 676—2010《牛肉等级规格》，NY/T 2793—2015《肉的食用品质客观评价方法》，《大通牦牛肉质特性研究》甘肃农业大学硕士学位论文。

4. 市场销售采购信息

内蒙古绿丰泉农牧业科技有限公司　　联系人：宋圆圆　　电话：15204825669

四十二 科右前旗鸡蛋 CAQS-MTYX-20220660

1. 营养指标

参数	卵磷脂（%）	蛋氨酸（mg/100g）	蛋白质（%）	必需氨基酸（% 总氨基酸）
测定值	5.66	410	14.0	41.2
参照值	2.17	327	13.1	39.4

2. 产品外在特征及独特营养品质特征评价鉴定

科右前旗鸡蛋蛋壳呈浅褐色，单个重约 60 g。蛋白黏稠透明，蛋黄居中轮廓清晰；煮熟后，蛋白光滑弹嫩，蛋黄颜色金黄，口感绵密。其卵磷脂、蛋氨酸、蛋白质、必需氨基酸含量高。

3. 评价鉴定依据

《中国食物成分表（第 6 版／第二册）》（北京大学医学出版社），《固原地区朝那鸡鸡蛋的品质分析》收录于 2022 年 01 期《饲料博览》。

4. 市场销售采购信息

科右前旗远祥养殖专业合作社　　　联系人：纪红泽　电话：13030439646

科右前旗源本养殖专业合作社　　　联系人：郭洪平　电话：18804822262

科右前旗明蓉养鸡场　　　　　　　联系人：王志生　电话：13654829193

科尔沁右翼前旗元元蛋鸡养殖场　　联系人：张智慧　电话：13654823144

通辽市
内蒙古名特优新农产品

科尔沁左翼中旗葵花籽 CAQS-MTYX-20190135

1. 营养指标

参数	蛋白质(%)	钙(mg/100g)	铁(mg/100g)	锌(mg/100g)	镁(mg/100g)
测定值	23.14	144.46	16.32	4.63	439.15
参照值	19.10	115.00	2.90	0.50	287.00

2. 产品外在特征及独特营养品质特征评价鉴定

科尔沁左翼中旗葵花籽主色为黑色，边缘有白色条纹，籽实较长，为长卵形，形状均匀，颗粒饱满。其蛋白质、钙、锌、镁、铁、锰含量均优于参照值。

3. 评价鉴定依据

《中国食物成分表（第6版/第一册）》（北京大学医学出版社），国家农作物种质资源平台国家作物科学数据中心《向日葵种质资源描述规范》。

4. 市场销售采购信息

科左中旗英军种植专业合作社

联系人：王英军　电话：13947584957

二 科尔沁左翼中旗小麦粉 CAQS-MTYX-20190136

1. 营养指标

参数	蛋白质(%)	钙(mg/100g)	铁(mg/100g)	锌(mg/100g)	锰(mg/100g)
测定值	13.89	37.11	24.79	0.96	0.69
参照值	12.40	28.00	1.40	0.69	0.37

2. 产品外在特征及独特营养品质特征评价鉴定

科尔沁左翼中旗小麦粉色泽白净，颗粒度小，粉质细腻，吸水率高，面粉筋度大，具有麦香味。其蛋白质、钙、铁、锰、锌、钠含量均高于参照值。

3. 评价鉴定依据

《中国食物成分表（第6版/第一册）》（北京大学医学出版社），国家农作物种质资源平台国家作物科学数据中心《小麦种质资源描述规范》。

4. 市场销售采购信息

科尔沁左翼中旗金家种植专业合作社

联系人：金永喜　电话：18747859888

科左中旗依生粮食加工有限公司

联系人：钱京生　电话：13739940866

科左中旗红绿蓝种植专业合作社

联系人：徐文明　电话：15149957788

三 库伦荞麦 CAQS-MTYX-20190137

1. 营养指标

参数	蛋白质(%)	苏氨酸(mg/100g)	缬氨酸(mg/100g)	组氨酸(mg/100g)	丙氨酸(mg/100g)
测定值	11.67	457	541	679.5	444.5
参照值	9.30	299	427	222.0	407.0

2. 产品外在特征及独特营养品质特征评价鉴定

库伦荞麦籽粒呈棕灰色，为饱满的三棱形，表面光滑，有凹陷的沟痕，有荞麦固有的气味和光泽。其蛋白质、缬氨酸、组氨酸、丙氨酸、苏氨酸、水分、钾含量均高于参照值。

3. 评价鉴定依据

《中国食物成分表（第6版/第一册）》（北京大学医学出版社），NY/T 894—2014《绿色食品 荞麦及荞麦粉》，《荞麦营养品质及流变学特性研究》西北农林科技大学硕士学位论文。

4. 市场销售采购信息

库伦旗谷龙塔商贸有限公司

联系人：乌云高娃　电话：15304751565

内蒙古弘达盛茂农牧科技发展有限公司

联系人：于晓弘　电话：13948853555

库伦旗库伦镇丰顺有机杂粮农民专业合作社

联系人：海桂霞　电话：13947539495

库伦旗神田原生态食品有限公司

联系人：青格乐图　电话：18647536199

四 扎鲁特草原羊 CAQS-MTYX-20190138

1. 营养指标

参数	蛋白质（%）	铁（mg/100g）	锌（mg/100g）	水分（%）
测定值	23.41	26.1	25.10	63.79
参照值	20.60	4.0	3.07	78.00

2. 产品外在特征及独特营养品质特征评价鉴定

扎鲁特草原羊肉肌肉表面有光泽，呈均匀鲜红色，脂肪呈白色，具有鲜羊肉特有香气。肉质紧密有韧性，切面平整，触摸不黏手。煮熟后汤汁澄清，脂肪团聚于表面，味香其蛋白质、水分、铁、锌含量均优于同类产品。

3. 评价鉴定依据

《中国食物成分表（第6版/第二册）》（北京大学医学出版社），NY 1165—2006《羔羊肉》。

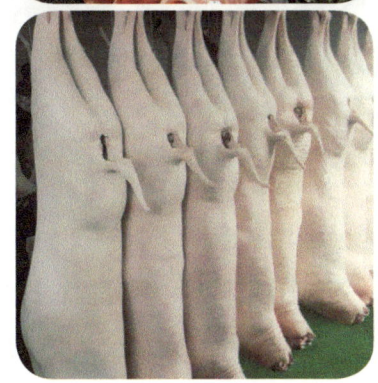

4. 市场销售采购信息

扎鲁特旗芒哈吐肉羊养殖专业合作社

联系人：李喜利　电话：18804751877

扎鲁特旗海底捞食品有限公司

联系人：王海娟　电话：13804714786

扎鲁特旗罕山肉业有限责任公司

联系人：张明红　电话：13848851356

五 科尔沁区塞外红苹果 CAQS-MTYX-20190259

1. 营养指标

参数	维生素C（%）	可溶性糖（%）	铁（mg/100g）	锌（mg/100g）
测定值	20.17	12.03	0.63	0.14
参照值	3.00	5.34	0.30	0.04

通辽市

2. 产品外在特征及独特营养品质特征评价鉴定

科尔沁区塞外红苹果果形为阔梨形，外形端正，果色为鲜红色，色泽艳丽，果面光洁无茸毛，果皮较薄；果肉为淡黄色，甜脆、汁多、酸甜适口，有清香味。其维生素C、可溶性糖、铁、锌含量均优于参照值。

3. 评价鉴定依据

《中国食物成分表（第6版/第一册）》（北京大学医学出版社），《苹果果肉可溶性固形物、可溶性糖与光学性质的关联》收录于2019年18期《食品科学》。

4. 市场销售采购信息

通辽市科尔沁区孙恒农牧业专业合作社	联系人：孙　恒	电话：13847568226
内蒙古通辽市科尔沁区泽华种植农机专业合作社	联系人：叶泽华	电话：13614852555
通辽市科尔沁区兆瑞种植养殖专业合作社	联系人：徐兆玉	电话：18747858770

六 科尔沁黄芪 CAQS-MTYX-20190260

1. 营养指标

参数	毛蕊异黄酮葡萄糖苷 (%)	黄芪甲苷 (%)	黄芪浸出物 (%)	总灰分 (mg/100g)	多糖 (%)
测定值	0.071	0.059	18.4	2.7	3.120
参照值	0.020	0.040	17.0	＜5.0	3.046

2. 产品外在特征及独特营养品质特征评价鉴定

科尔沁黄芪呈淡棕黄色，根呈圆柱形，表面有不规则纵沟；直径 0.8～1.0 cm，干燥、坚韧、无根须、老皮、虫蛀和霉变；断面外层为白色，中部为淡黄色，有放射状纹理，有粉性，味甘。其多糖、黄芪甲苷、总灰分、毛蕊异黄酮葡萄糖苷、黄芪浸出物含量均优于参照值。

3. 评价鉴定依据

《中华人民共和国药典》2020 年版，《黄芪原植物的鉴别研究》中国中医科学院硕士学位论文，《不同种类黄芪中多糖含量的比较》收录于 2006 年 06 期《黑龙江医药》。

4. 市场销售采购信息

通辽市科尔沁区兆瑞种植养殖专业合作社

联系人：徐兆玉　电话：18747858770

通辽市科尔沁区志国种植专业合作社

联系人：姚志国　电话：13948559882

通辽市科尔沁区云起种植专业合作社

联系人：贾东波　电话：18904755321

七 科尔沁区沙地葡萄 CAQS-MTYX-20190261

1. 营养指标

参数	维生素C (mg/100g)	铁 (mg/100g)	锌 (mg/100g)	可溶性糖 (%)
测定值	1 471	0.60	0.18	15.62
参照值	4	0.40	0.16	11.88

2. 产品外在特征及独特营养品质特征评价鉴定

科尔沁区沙地葡萄外形为圆形，果皮色泽呈紫色，果粒饱满，果面洁净，富有光泽，葡萄紧密度适中，大小均匀，整齐度好，皮薄肉厚，酸甜适口。其维生素C、铁、锌、可溶性糖含量均优于参照值。

3. 评价鉴定依据

《中国食物成分表（第6版／第一册）》（北京大学医学出版社），《葡萄贮藏期间糖酸等含量的变化》收录于2017年01期《中国园艺文摘》，《冰温贮藏条件下不同保鲜剂对巨峰葡萄保鲜效果的比较》收录于2015年08期《浙江农业科学》。

4. 市场销售采购信息

通辽市科尔沁区莫力庙种羊场思勤沙地葡萄专业合作社

联系人：白思琴　电话：13948757508

通辽市科尔沁区鑫全种植专业合作社

联系人：韩雅丽　电话：13847529646

通辽市科尔沁区绿之源种植专业合作社

联系人：付晓龙　电话：13190889588

八 小三合兴圆葱 CAQS-MTYX-20190262

1. 营养指标

参数	维生素C (mg/100g)	丙氨酸 (mg/100g)	苏氨酸 (mg/100g)	锌 (mg/100g)	蛋白质 (%)
测定值	17.51	514.58	412.31	0.24	0.7
参照值	8.00	407.00	299.00	0.23	1.1

2. 产品外在特征及独特营养品质特征评价鉴定

小三合兴圆葱鳞茎粗大，近似球状，外形和颜色完好，大小均匀，鳞片紧密硬实，内皮肥厚，组织致密，外层鳞片光滑有光泽，辣味浓。其维生素C、丙氨酸、苏氨酸、锌含量均优于参照值。

3. 评价鉴定依据

《中国食物成分表（第6版／第一册）》（北京大学医学出版社），NY/T 1584—2008《洋葱等级规格》，《不同贮藏温度对红皮洋葱鳞茎生化指标的影响》收录于2013年16期《湖北农业科学》，《三种洋葱营养成分分析》收录于2010年05期《食品工业》。

4. 市场销售采购信息

通辽市科尔沁区育新镇小三合兴村圆葱种植专业合作社

联系人：李树祥　电话：13190884043

九 科尔沁左翼中旗高粱 CAQS-MTYX-20190263

1. 营养指标

参数	蛋白质（%）	单宁（%）	铁（mg/100g）	锌（mg/100g）	硒（mg/100g）
测定值	10.67	1.51	16.53	3.21	2.88
参照值	10.40	0.45～1.87	6.30	1.64	2.83

2. 产品外在特征及独特营养品质特征评价鉴定

科尔沁左翼中旗高粱种皮外观呈红色，籽粒饱满，粒形为椭圆形和卵形，有高粱固有的气味。其蛋白质、铁、锌、硒含量均优于同类产品，单宁含量优于同类产品平均值。

3. 评价鉴定依据

《中国食物成分表（第6版/第一册）》（北京大学医学出版社），国家农作物种质资源平台国家作物科学数据中心《高粱种质资源数据标准》，《高粱的使用价值及其营养成分》收录于2019年05期《粮食加工》，《不同品种高粱淀粉、赖氨酸和单宁含量的比较》收录于2019年03期《陕西农业科学》。

4. 市场销售采购信息

科左中旗依生粮食加工有限公司

联系人：钱 京 生 电话：13739940866

科左中旗红绿蓝种植专业合作社

联系人：徐 文 明 电话：15149957788

科尔沁左翼中旗哈民艾勒有机绿色种植专业合作社

联系人：康萨仁图雅 电话：15374969404

开鲁红干椒 CAQS-MTYX-20190264

1. 营养指标

参数	维生素C (mg/100g)	钙 (mg/100g)	铁 (mg/100g)	铜 (mg/100g)	蛋白质 (%)
测定值	83.12	58.18	8.94	1.49	12.7
参照值	49.20～97.50	12.00	6.00	0.31	15.0

2. 产品外在特征及独特营养品质特征评价鉴定

开鲁红干椒果形为长锥形，呈鲜红色，有光泽，表面光滑洁净有光泽，形状均一，尾部微凹，果顶细尖，果实横切面形状近三角形，果实部分长10～12 cm；果梗和萼片均为黄褐色，有特有的辛辣味。其钙、铁、铜含量均优于参照值，维生素C含量优于同类产品平均值。

3. 评价鉴定依据

《中国食物成分表（第6版/第一册）》（北京大学医学出版社），NY/T 944—2006《辣椒等级规格》，《辣椒不同品种果实维生素C含量与果实相关性状的分析》收录于2017年14期《江苏农业科学》，《不同生态环境辣椒品种辣椒素维生素C和干物质含量差异研究》收录于1992年06期《种子》。

4. 市场销售采购信息

开鲁县蒙椒都农业科技发展有限公司	联系人：崔志杰	电话：0475-2362583
内蒙古晶山食品有限责任公司	联系人：马 丹	电话：0475-6886666
开鲁县顺亿商贸有限责任公司	联系人：王树伟	电话：13804751035
开鲁县天意辣椒产销专业合作社	联系人：刘成祥	电话：13604758143

十一 扎鲁特旗珍珠油杏 CAQS-MTYX-20190265

1. 营养指标

参数	维生素C (mg/100g)	水分 (%)	铁 (mg/100g)	硒 (μg/100g)	锌 (mg/100g)
测定值	21.34	86.17	1.27	1.37	0.46
参照值	4.00	89.40	0.60	0.20	0.20

2. 产品外在特征及独特营养品质特征评价鉴定

扎鲁特旗珍珠油杏果形端正，近圆形，梗洼较深，果实对称，果皮光滑，着色均匀，果皮底色为橙色；果肉颜色为橙色，果肉细腻脆韧，风味脆甜，核易剥离，香气较浓。其维生素C、水分、铁、锌、硒含量均优于参照值。

3. 评价鉴定依据

《中国食物成分表（第6版/第一册）》（北京大学医学出版社），国家农作物种质资源平台国家作物科学数据中心《杏种质资源描述规范》，《杏果实着色的生理生化特性研究》西北农林科技大学硕士学位论文。

4. 市场销售采购信息

扎鲁特旗神山杏谷现代农业有限公司

联系人：黄秉瑞　电话：15647550066

十二 扎鲁特绿豆 CAQS-MTYX-20190266

1. 营养指标

参数	蛋白质(%)	钙(mg/100g)	钠(%)	钾(mg/100g)
测定值	22.37	97.79	23.54	1 164.37
参照值	21.60	81.00	3.20	787.00

2. 产品外在特征及独特营养品质特征评价鉴定

扎鲁特绿豆籽粒为长圆柱形，大小均匀，颗粒饱满，质地坚实，耐压性好，籽粒表面光滑，呈绿色，有光泽。其蛋白质、钙、铁、钾、钠含量均优于参照值。

3. 评价鉴定依据

《中国食物成分表（第6版/第一册）》（北京大学医学出版社），国家农作物种质资源平台国家作物科学数据中心《绿豆种质资源描述规范》。

4. 市场销售采购信息

扎鲁特旗正达粮油贸易有限公司	联系人：郝国良	电话：13904757158
扎鲁特旗秋丰商贸有限责任公司	联系人：焦海英	电话：13804751716
扎鲁特旗金启粮食购销有限责任公司	联系人：何胜军	电话：13947504699

十三 科尔沁玉米油 CAQS-MTYX-20200192

1. 营养指标

参数	脂肪(%)	酸价(mg/g)	亚麻酸(%)	钙(mg/100g)	过氧化值(%)
测定值	99.6	0.22	0.5	1.51	0.020
参照值	99.2	≤ 0.50	≤ 2.0	1.00	≤ 0.025

2. 产品外在特征及独特营养品质特征评价鉴定

科尔沁玉米油呈淡黄色，澄清透明无杂质；具有玉米油固有气味和滋味，无异味、无沉淀物、无结晶。其脂肪、钙含量均高于参照值，酸价满足一级油质量标准，过氧化值及亚油酸、油酸、亚麻酸含量均优于参照值。

3. 评价鉴定依据

《中国食物成分表（第 6 版 / 第一册）》（北京大学医学出版社），GB 19111—2017《玉米油》，NY/ T 1272—2007《玉米油》。

4. 市场销售采购信息

通辽市德瑞玉米工业有限公司　联系人：赵　冰　电话：13947511788

十四 科尔沁沙葱 CAQS-MTYX-20200193

1. 营养指标

参数	维生素 C (mg/110g)	蛋白质 (%)	组氨酸 (mg/100g)	硒 (μg/100g)	铁 (mg/100g)
测定值	27.2	2.2	76.0	7.10	5.7
参照值	21.0	1.6	48.6	1.06	1.3

2. 产品外在特征及独特营养品质特征评价鉴定

科尔沁沙葱鳞茎呈半圆柱状至圆柱状，粗 1.0～2.0 mm，高 15～18 cm；其外表清洁、整齐、直立、松紧适度、质嫩，具有沙葱特有的色泽和气味。其维生素 C、蛋白质、组氨酸、膳食纤维、铁、锌、硒含量均高于参照值。

3. 评价鉴定依据

《中国食物成分表（第 6 版／第一册）》（北京大学医学出版社），《沙葱营养成分分析》收录于 2002 年 04 期《内蒙古农业大学学报（自然科学版）》。

4. 市场销售采购信息

通辽市敕勒川生态科技发展有限公司　联系人：王　平　电话：18848005555

十五 哈民黄米 CAQS-MTYX-20200194

1. 营养指标

参数	脂肪(%)	蛋白质(%)	淀粉(%)	天冬氨酸(%)	谷氨酸(%)	亮氨酸(%)
测定值	1.9	11.82	70.84	0.74	2.91	1.55
参照值	1.5	9.70	67.05	0.66	2.28	1.35

2. 产品外在特征及独特营养品质特征评价鉴定

哈民黄米色泽金黄，粒形饱满完整，大小均匀，散发着黄米特有的自然清香气味，黏性较大，适口性好，属于低直链淀粉黄米，千粒重约 5.32 g。其蛋白质、脂肪、淀粉、钙、谷氨酸、亮氨酸、天冬氨酸含量均高于参照值，粗纤维含量低于参照值。

3. 评价鉴定依据

《中国食物成分表（第 6 版 / 第一册）》（北京大学医学出版社），《黄米淀粉的制备及流变学特性的研究》收录于 2011 年 05 期《食品科技》，《黄米营养成分分析》收录于 2006 年 02 期《食品工业科技》，《黄米淀粉理化特性的研究》西南大学硕士学位论文。

4. 市场销售采购信息

科尔沁左翼中旗哈民艾勒有机绿色种植专业合作社

联系人：康萨仁图雅　电话：15374969404

内蒙古蒙深良牧生态农发展有限责任公司

联系人：朱　新　军　电话：15714755888

科左中旗原生种植专业合作社

联系人：钱　京　生　电话：13739940866

十六 哈民小米 CAQS-MTYX-20200195

1. 营养指标

参数	蛋白质(%)	铁(mg/100g)	淀粉(%)	粗纤维(%)	直链淀粉(%)
测定值	9.45	3.9	74.40	0.80	21.20
参照值	8.90	1.6	73.99	0.66	18.00

2. 产品外在特征及独特营养品质特征评价鉴定

哈民小米色泽金黄，无明显感官色差，粒形饱满，大小均匀，有小米特有的自然清香气味，黏性小，易回生，属于高直链淀粉小米。其蛋白质、淀粉、铁含量均高于参照值，粗纤维含量高于参照值，是优质的粗粮谷物。

3. 评价鉴定依据

《中国食物成分表（第6版／第一册）》（北京大学医学出版社），《黑龙江省小米主栽品种理化特性与感官品质的相关性研究》黑龙江八一农垦大学硕士学位论文，《呼和浩特市售不同品种小米的品质特性比较研究》内蒙古农业大学硕士学位论文，《小米营养价值及其烘焙产品的开发》收录于2017年05期《晋城职业技术学院学报》。

4. 市场销售采购信息

科尔沁左翼中旗哈民艾勒有机绿色种植专业合作社

联系人：康萨仁图雅　电话：15374969404

科尔沁左翼中旗金家种植专业合作社

联系人：金　永　喜　电话：18747859888

科左中旗红绿蓝种植专业合作社

联系人：徐　文　明　电话：15149957788

十七 胜利血麦 CAQS-MTYX-20200196

1. 营养指标

参数	脂肪 (%)	总不饱和脂肪酸 (%)	淀粉 (%)	湿面筋 (%)	谷氨酸 (%)
测定值	3.2	1.61	64.20	25.30	3.82
参照值	1.2	0.70	62.40	16.00	3.28

2. 产品外在特征及独特营养品质特征评价鉴定

胜利血麦表皮呈黑褐色，米粒均匀、饱满、质地较硬、完整度好，长条形近似小麦米，直径约 2.5 mm，千粒重约 32.8 g。其淀粉、脂肪、谷氨酸、总不饱和脂肪酸、膳食纤维、湿面筋含量均高于参照值。

3. 评价鉴定依据

《高铁锌小麦特异新种质"秦黑 1 号"的营养成分分析》收录于 2003 年 03 期《西北农林科技大学学报（自然科学版）》，《小麦膳食纤维含量研究及优异资源筛选》收录于 2019 年 04 期《麦类作物学报》。

4. 市场销售采购信息

科左中旗原生种植专业合作社　　联系人：钱京生　电话：13739940866
科尔沁左翼中旗金家种植专业合作社　联系人：金永喜　电话：18747859888

十八 门达大米 CAQS-MTYX-20200197

1. 营养指标

参数	直链淀粉（%）	胶稠度（mm）	锌（mg/100g）	铁（mg/100g）	垩白度（%）
测定值	18.3	88	1.66	7.1	0.8
参照值	13.0～20.0	≥80	1.54	1.1	≤2.0

2. 产品外在特征及独特营养品质特征评价鉴定

门达大米整体颜色呈白色、不透明或半透明状；米粒呈半纺锤形或长形、表面光滑、洁净度好；米质坚实、耐压性好，涨性大；煮后口感软糯，香气浓郁。其铁、锌含量均高于参照值，直链淀粉含量处于优质粳米范围，胶稠度、垩白度均优于参照值。

3. 评价鉴定依据

《中国食物成分表（第6版/第一册）》（北京大学医学出版社），《大米胶稠度测定的影响因素研究》收录于2017年23期《湖北农业科学》，GB/T 1354—2018《大米》。

4. 市场销售采购信息

科左中旗门达镇鹏程稻米加工厂	联系人：崔海岚	电话：15147597111
内蒙古蒙深良牧生态农发展有限责任公司	联系人：朱新军	电话：15714755888
科左中旗红绿蓝种植专业合作社	联系人：徐文明	电话：15149957788

十九 科尔沁左翼后旗大米 CAQS-MTYX-20200198

1. 营养指标

参数	蛋白质(%)	脂肪(%)	直链淀粉(%)	铁(mg/100g)	锌(mg/100g)
测定值	6.98	0.7	15.7	3.74	1.97
参照值	7.90	0.9	13.0～20.0	1.10	1.54

2. 产品外在特征及独特营养品质特征评价鉴定

科尔沁左翼后旗大米米粒整齐均匀，色泽清白光泽，半透明，粒形细长，长度为 5.0～5.5 mm。蒸煮后可嗅到浓郁的饭香味，入口后绵软柔糯，香浓郁适口性强，饭粒表面有光，大小均匀，米质坚实，米粒表面光滑，颗粒饱满，冷后仍能保持良好口感。其铁、锌、硒含量均高于参照值，胶稠度、垩白度均优于参照值。

3. 评价鉴定依据

GB/T 1354—2018《大米》，《中国食物成分表（第 6 版 / 第一册）》（北京大学医学出版社），《大米胶稠度测定的影响因素研究》收录于 2017 年 23 期《湖北农业科学》。

4. 市场销售采购信息

科左后旗禾丰粮食购销有限责任公司　　联系人：陈连喜　电话：13604757074

内蒙古添翼米业有限公司　　联系人：石丽娟　电话：15848579788

内蒙古漠旺农牧产品有限责任公司　　联系人：包海燕　电话：15204849888

内蒙古洪升农业生产资料有限公司　　联系人：刘凤芝　电话：13804752377

二十 奈曼甘草 CAQS-MTYX-20200199

1. 营养指标

参数	水分(%)	总灰分(%)	甘草苷(%)	甘草酸(%)
测定值	5.5	5.62	1.5	2.8
参照值	< 12.0	< 7.00	> 0.5	> 2.0

2. 产品外在特征及独特营养品质特征评价鉴定

奈曼甘草形状为圆柱状，直径约 0.6～1.5 cm，单枝条较顺直；外皮较松、呈红棕色，表面褶皱粗糙；断面为黄白色、坚韧、纤维较多，有粉性，形成层环明显，为射线放射状，中间有髓，味甜而特殊。其水分、总灰分、甘草苷、甘草酸含量符合参照范围，满足《中华人民共和国药典》要求。

3. 评价鉴定依据

《中华人民共和国药典》2015年版第一部，GB/T 19618—2004《甘草》。

4. 市场销售采购信息

奈曼旗国安农业开发有限公司	联系人：刘国安	电话：13154751989
欧投（通辽市）药材种植管理有限公司	联系人：张 慧	电话：15810093967
内蒙古达仁康药材种植有限公司	联系人：王玉海	电话：15332996777

二十一 奈曼小米 CAQS-MTYX-20200200

1. 营养指标

参数	蛋白质（%）	脂肪（%）	铁（mg/100g）	淀粉（%）	钙（mg/100g）
测定值	9.46	1.5	2.7	76.42	9.7
参照值	8.90	3.0	1.6	73.99	8.0

2. 产品外在特征及独特营养品质特征评价鉴定

奈曼小米米粒大小均匀，粒形饱满完整，外观鲜黄明亮，无明显感官色差，属于高直链淀粉小米，黏性小，易回生。其蛋白质、淀粉、钙、铁、谷氨酸、亮氨酸、天冬氨酸含量均高于参照值，粗纤维含量高于参照值，是优质的粗粮谷物。

3. 评价鉴定依据

《中国食物成分表（第6版／第一册）》（北京大学医学出版社），《黑龙江省小米主栽品种理化特性与感官品质的相关性研究》黑龙江八一农垦大学硕士学位论文，《呼和浩特市售不同品种小米的品质特性比较研究》内蒙古农业大学硕士学位论文，《小米营养价值及其烘焙产品的开发》收录于2017年05期《晋城职业技术学院学报》，《基于主成分分析的不同品种小米品质评价》收录于2019年09期《食品工业科技》。

4. 市场销售采购信息

内蒙古老哈河粮油工业有限公司	联系人：郑凤坤	电话：13904759036
奈曼旗玉粟米业有限公司	联系人：王 伟	电话：15204753298
奈曼旗凯宏蔬菜专业合作社	联系人：刘晓亮	电话：13488581919
奈曼旗香满坡种植专业合作社	联系人：张丽军	电话：13624759572

二十二 奈曼甘薯 CAQS-MTYX-20200201

1. 营养指标

参数	维生素 C (mg/100g)	硒 (μg/kg)	水分 (%)	蛋白质 (%)	锌 (mg/100g)
测定值	20.0	2.05	74.0	1.67	0.45
参照值	4.0	0.22	83.4	0.70	0.15

2. 产品外在特征及独特营养品质特征评价鉴定

奈曼甘薯外形呈纺锤形，薯皮红色，大小均匀，表皮完整光滑，无须根，外皮红色，肉质黄白，坚实，基本无杣筋。其蛋白质、淀粉、脂肪、维生素 C、锌、硒、还原糖含量均高于参照值，总酸含量优于参照值，其维生素 C 含量高于参照值 5 倍。

3. 评价鉴定依据

《中国食物成分表（第 6 版 / 第一册）》（北京大学医学出版社），《红薯的营养价值与保健功能》收录于 2018 年 05 期《科技视界》，《红薯营养价值及综合开发利用研究进展》收录于 2015 年 20 期《食品研究与开发》，《适合加工浓缩汁的红薯品种筛选》收录于 2017 年 12 期《食品研究与开发》，NY/T 2642—2014《甘薯等级规格》，《不同品种甘薯制汁特性的比较》收录于 2018 年 24 期《食品工业科技》。

4. 市场销售采购信息

内蒙古沃禾农产品有限公司　　　　联系人：付永久　电话：13337047999
奈曼旗高家湾子扶贫种植专业合作社　联系人：路显民　电话：13948139279

二十三 科尔沁牛肉干 CAQS-MTYX-20200491

1. 营养指标

参数	蛋白质（%）	赖氨酸（mg/100g）	亮氨酸（mg/100g）	不饱和脂肪酸（% 总脂肪酸）	锌（mg/100g）
测定值	52.2	3 990	3 670	62.80	11.41
参照值	41.8	2 627	120	48.98	5.51

2. 产品外在特征及独特营养品质特征评价鉴定

科尔沁牛肉干呈条形，其长度 7～8 cm，单个重约 10～18 g，外观呈棕黄色，有很浓香味；其肉质紧实，吃起来有嚼劲，肉香浓郁。其蛋白质、不饱和脂肪酸、亚麻酸、赖氨酸、天冬氨酸、亮氨酸、铁、锌含量均高于参照值，胆固醇含量优于参照值。

3. 评价鉴定依据

《中国食物成分表（第 6 版 / 第一册）》（北京大学出版社），GB/T 25734—2010《牦牛肉干》。

4. 市场销售采购信息

通辽市广发草原食品有限责任公司

联系人：辛宝山　电话：13754156263

通辽市明清肉制品有限公司

联系人：靳淑芬　电话：15147036166

二十四 库伦小米 CAQS-MTYX-20200492

1. 营养指标

参数	多不饱和脂肪酸（%）	a-维生素E（mg/100g）	脂肪（%）	淀粉（%）	锌（mg/100g）
测定值	0.88	1.05	1.3	74.90	3.26
参照值	0.50	0.24	3.0	73.99	1.87

2. 产品外在特征及独特营养品质特征评价鉴定

库伦小米米粒大小较均匀，粒形饱满，外观鲜黄明亮，无明显感官色差，千粒重约2.33g，属于高直链淀粉小米，黏性小，易回生。其淀粉、α-维生素E、多不饱和脂肪酸、谷氨酸、亮氨酸、异亮氨酸、锌含量均高于参照值。

3. 评价鉴定依据

《中国食物成分表（第6版/第一册）》（北京大学医学出版社），《黑龙江省小米主栽品种理化特性与感官品质的相关性研究》黑龙江八一农垦大学硕士学位论文，《呼和浩特市售不同品种小米的品质

特性比较研究》内蒙古农业大学硕士学位论文，《小米营养价值及其烘焙产品的开发》收录于2017年05期《晋城职业技术学院学报》，《基于主成分分析的不同品种小米品质评价》收录于2019年09期《食品工业科技》。

4. 市场销售采购信息

内蒙古弘达盛茂农牧科技发展有限公司　　　联系人：于晓弘　电话：13948853555
库伦旗库伦镇丰顺有机杂粮农民专业合作社　联系人：海桂霞　电话：13947539495

二十五 库伦胡萝卜 CAQS-MTYX-20200493

1. 营养指标

参数	β-胡萝卜素（μg/100g）	可溶性糖（%）	锌（mg/100g）	总酸（%）	硒（μg/100g）
测定值	7 404	2.11	0.61	0.046	0.80
参照值	4 130	0.03	0.20	0.375	0.60

2. 产品外在特征及独特营养品质特征评价鉴定

库伦胡萝卜呈长筒状，单根重275～290 g，长21～27 cm，外观颜色为橙色，顶部无绿色或紫色，表皮完整光滑，新鲜不萎蔫；其肉质脆嫩无裂缝，无歧根、根毛及裂根，无机械损伤。其可溶性糖、β-胡萝卜素、维生素C、锌、硒含量均高于参照值，总酸含量优于参照值。

3. 评价鉴定依据

《中国食物成分表（第6版/第一册）》（北京大学医学出版社），NY/T 493—2002《胡萝卜》，NY/T 1983—2011《胡萝卜等级规格》，《彩色胡萝卜品质性状综合分析》收录于2020年10期《现代农业研究》。

4. 市场销售采购信息

内蒙古绿洲食品有限公司　联系人：王丽霞　电话：15863182880

二十六 扎鲁特葵花籽 CAQS-MTYX-20200494

1. 营养指标

参数	蛋白质（%）	不饱和脂肪酸（%）	硒（μg/100g）	铁（mg/100g）	锌（mg/100g）
测定值	26.9	48.9	12.30	10.9	4.59
参照值	19.1	46.3	5.78	2.9	0.50

2. 产品外在特征及独特营养品质特征评价鉴定

扎鲁特葵花籽籽实长 2.5～2.8 cm，百粒重约 25 g，其外形为长卵形，顶端稍尖，基部较宽；籽实主色为黑色，籽实条纹在边缘，条纹颜色为白色。其蛋白质、不饱和脂肪酸、亚油酸、赖氨酸、亮氨酸、天冬氨酸、钙、铁、锌、硒含量均高于参照值，水分、粗纤维含量优于参照值。

3. 评价鉴定依据

《中国食物成分表（第 6 版／第一册）》（北京大学医学出版社），国家农作物种质资源平台国家作物科学数据中心《向日葵种质资源描述规范》，GB/T 11764—2022《葵花籽》，《关于降低葵花粕中含壳（粗纤维）的研究与试验》收录于 1986 年 04 期《中国油脂》。

4. 市场销售采购信息

扎鲁特旗纳奇农副产品有限公司	联系人：李　莉	电话：15147552801
扎鲁特旗金源葵花加工有限责任公司	联系人：商素贤	电话：18804751877
扎鲁特旗众鑫粮食购销专业合作社	联系人：李　虎	电话：15547546699

二十七 扎鲁特高粱 CAQS-MTYX-20200495

1. 营养指标

参数	淀粉（%）	单宁（%）	直链淀粉（%）	脂肪（%）	蛋白质（%）
测定值	64.9	1.08	21.70	3.0	9.44
参照值	64.3	0.50～1.50	14.58	3.1	10.40

2. 产品外在特征及独特营养品质特征评价鉴定

扎鲁特高粱种皮色泽为红色，籽粒饱满，粒形为椭圆形和卵形，千粒重约 28.8 g，属于粳高粱及高直链淀粉高粱。其淀粉、锌含量均高于参照值，粗纤维含量优于参照值，单宁含量符合用于酿造清香型白酒要求。

3. 评价鉴定依据

《中国食物成分表（第 6 版 / 第一册）》（北京大学医学出版社），GB/T 8231—2007《高粱》，LS/T 3215—1985《高粱米》，DB14/T 1187—2016《清香型白酒酿造用高粱》，《辽宁省地方高粱品种食用品质性状研究》收录于 2019 年 04 期《中国农业科学》，《高粱的使用价值及其营养成分》收录于 2019 年 05 期《粮食加工》，《不同品种高粱淀粉、赖氨酸和单宁含量的比较》收录于 2019 年 03 期《陕西农业科学》。

4. 市场销售采购信息

扎鲁特旗友刚粮食种植专业合作社	联系人：冯友刚	电话：13947500570
扎鲁特旗双盈粮食种植专业合作社	联系人：张　海	电话：13940425966
扎鲁特旗正达粮油贸易有限公司	联系人：郝国良	电话：13904757158
扎鲁特旗秋丰商贸有限责任公司	联系人：焦海英	电话：13804751716

二十八 科尔沁高粱酒 CAQS-MTYX-20210241

1. 营养指标

参数	酒精度（%）	总酸（以乙酸计）(g/L)	总酯（以乙酸乙酯计）(g/L)	固形物(g/L)	乙酸乙酯(g/L)
测定值	52	1.84	3.4	0.06	1.64
参照值	41～68	≥0.40	≥1.0	≤0.40	0.60～2.60

2. 产品外在特征及独特营养品质特征评价鉴定

科尔沁高粱酒为无色透明液体，无悬浮物、无沉淀物，味道清香纯正，醇香柔和，回味悠长。其总酸、总酯、固形物含量均优于参照值，酒精度、乙酸乙酯含量均符合参照范围。

3. 评价鉴定依据

GB/T 10781.2—2022《白酒质量要求 第2部分：清香型白酒》。

4. 市场销售采购信息

通辽市酒龙酒业有限公司　　　联系人：陈　琪　电话：15047549979

内蒙古蒙古王实业股份有限公司　　联系人：王洪英　电话：13347050038

二十九 宝龙山炒米 CAQS-MTYX-20210602

1. 营养指标

参数	蛋白质 (%)	淀粉 (%)	直链淀粉 (%)	锌 (mg/100g)	谷氨酸 (mg/100g)
测定值	12.2	80.9	24.5	3.41	2 880
参照值	8.1	71.4	15.7	1.89	2 872

2. 产品外在特征及独特营养品质特征评价鉴定

宝龙山炒米色泽呈金黄色，米粒直径 1.5～1.9 mm，千粒重约 4.12 g，米粒大小均匀，粒形饱满，无明显感官色差，散发着炒米固有的香味，属于高直链淀粉炒米，糯性小。其亚油酸、淀粉、蛋白质、谷氨酸、蛋氨酸、锌含量均高于参照值，粗纤维含量优于参照值。

3. 评价鉴定依据

《中国食物成分表（第 6 版 / 第一册）》（北京大学医学出版社），《糜米营养价值的研究》收录于 1995 年 03 期《内蒙古农牧业学院学报》，《糜子淀粉理化性质的分析》收录于 2009 年 09 期《中国粮油学报》，《河北省主要杂粮营养成分分析及评价》收录于 2017 年 10 期《食品工业科技》。

4. 市场销售采购信息

科左中旗苏力德民族食品有限公司　　　　联系人：包格日乐　电话：13948142629
科左中旗蒙达炒米有限责任公司　　　　　联系人：何七十三　电话：13847952629
科左中旗蒙达炒米有限责任公司中卫分公司　联系人：包格日乐　电话：13948142629

三十 科左中旗塞外红苹果 CAQS-MTYX-20210603

1. 营养指标

参数	可溶性固形物(%)	总酸(%)	维生素C(mg/100g)	硒(μg/100g)
测定值	16.0	0.58	20.3	0.21
参照值	13.5	0.63	2.3	0.10

2. 产品外在特征及独特营养品质特征评价鉴定

科左中旗塞外红苹果果形端正，呈纺锤形，大小均匀，平均单果质量约80 g，果皮表面呈深红色且伴有浓郁的果香味，果皮薄、果肉呈浅黄色，肉质鲜嫩、酸甜可口。其可溶性固形物、维生素C、硒含量均高于参照值，总酸含量优于参照值。

3. 评价鉴定依据

《中国食物成分表（第6版／第一册）》（北京大学医学出版社），《苹果果肉可溶性固形物、可溶性糖与光学性质的关联》收录于2019年18期《食品科学》，《不同苹果品种果实糖酸组分特征研究》收录于2021年11期《果树学报》。

4. 市场销售采购信息

科尔沁左翼中旗锦绣海棠种植专业合作社　　联系人：霍庆信　电话：15847531612
内蒙古蒙深良牧生态农业发展有限责任公司　　联系人：朱新军　电话：15714755888

三十一 科左中旗肉牛 CAQS-MTYX-20210604

1. 营养指标

参数	不饱和脂肪酸（% 总脂肪酸）	蛋白质（%）	肌间脂肪（%）	剪切力（N）	胆固醇（mg/100g）
测定值	52.1	21.8	3.20	49.02	32.7
参照值	47.5	20.0	0.36	< 60.00	58.0

2. 产品外在特征及独特营养品质特征评价鉴定

科左中旗肉牛颜色深红（7级），肌肉有光泽；脂肪呈乳白色（2级），有大理石花纹；外表微干，不黏手，指压后的凹陷可恢复；煮熟后肉汤澄清透明，肉质松软可口，滋味鲜美。其不饱和脂肪酸、蛋白质、肌间脂肪含量均高于参照值，剪切力和胆固醇含量均优于参照值。

3. 评价鉴定依据

《中国食物成分表（第6版／第二册）》（北京大学医学出版社），GB/T 17238—2022《鲜、冻分割牛肉》，NY/T 676—2010《牛肉等级规格》，《大通牦牛肉质特性研究》甘肃农业大学硕士学位论文。

4. 市场销售采购信息

通辽市科左中旗澳丰粮油食品有限责任公司　　联系人：闫　莉　电话：15947443999

通辽市哈林肉业有限公司　　　　　　　　　　联系人：黄　俊　电话：13301320926

三十二 开鲁塞外红苹果 CAQS-MTYX-20210605

1. 营养指标

参数	维生素C (mg/100g)	总糖 (%)	可溶性固形物 (%)	总酸 (%)
测定值	14.6	14.4	17.08	0.707
参照值	12.9	13.6	16.90	0.875

2. 产品外在特征及独特营养品质特征评价鉴定

开鲁塞外红苹果又名锦绣海棠，属小苹果鸡心果，果实呈阔圆锥形，果面光洁，全部着色，颜色为深红色。具有香味浓郁，酸甜适口，果肉呈淡黄色，果肉紧脆，多汁的特性。其维生素C、可溶性总糖、可溶性固形物含量均高于参照值，总酸含量低于参照值。

3. 评价鉴定依据

GB/T 10651—2008《鲜苹果》，《中国食物成分表（第6版/第一册）》（北京大学医学出版社），《优质小苹果——"塞外红"的选育》收录于2014年04期《果树学报》，《5个小苹果品种在沈阳地区的试栽表现》收录于2018年05期《北方果树》，《塞外红——林木良种证》（国家林业局林木品种审定委员会审定编号S-SV-MP-009—2017）。

4. 市场销售采购信息

开鲁县盛隆果树培育专业合作社	联系人：陶占富	电话：18604756291
开鲁县荣山果蔬种植专业合作社	联系人：纪凤山	电话：13789750500
开鲁县鑫华生态果树种植专业合作社	联系人：刘春艳	电话：15149929525
内蒙古赛上红农业技术开发有限公司	联系人：庄丽媛	电话：15771504666
内蒙古他拉干绿色农业发展有限公司	联系人：马凤清	电话：15661678811

三十三 奈曼沙地无籽西瓜 CAQS-MTYX-20210606

1. 营养指标

参数	钾 (mg/100g)	可溶性固形物 (%)	维生素 C (mg/100g)	总酸 (%)
测定值	132.1	8.4	8.86	0.089
参照值	97.0	≥ 8.0	7.00	0.200

2. 产品外在特征及独特营养品质特征评价鉴定

奈曼沙地无籽西瓜瓜形硕大，其单瓜重约 11.5 kg，外观呈圆形，瓜皮呈青绿色，有明显深绿色条纹，瓜皮表面圆润光滑，皮薄肉厚，瓜瓤呈深红色，肉质沙绵多汁，甘甜爽口。其可溶性固形物、维生素 C、钾含量均高于参照值，总酸含量优于参照值。

3. 评价鉴定依据

《中国食物成分表（第 6 版／第一册）》（北京大学医学出版社），GH/T 1153—2017《西瓜》。

4. 市场销售采购信息

奈曼旗鑫泉无籽西瓜种植专业合作社　联系人：姜晓磊　电话：18804756693

三十四 扎鲁特小米 CAQS-MTYX-20210607

1. 营养指标

参数	蛋白质（%）	总淀粉（%）	直链淀粉（%）	谷氨酸（mg/100g）	苯丙氨酸（mg/100g）
测定值	9.64	75.30	21.6	1 920	520
参照值	8.90	73.99	18.0	1 871	494

2. 产品外在特征及独特营养品质特征评价鉴定

扎鲁特小米色泽呈金黄色，米粒大小均匀，粒形饱满；蒸后米粒完整，软而不黏结，香味浓郁；煮后米、汤融合，汤色淡黄纯正，有香味。其蛋白质、总淀粉、直链淀粉含量较高，谷氨酸和苯丙氨酸的含量高于参照值。

3. 评价鉴定依据

《中国食物成分表（第6版/第一册）》（北京大学医学出版社），《黑龙江省小米主栽品种理化特性与感官品质的相关性研究》黑龙江八一农垦大学硕士学位论文，《呼和浩特市售不同品种小米的品质特性比较研究》内蒙古农业大学硕士学位论文。

4. 市场销售采购信息

扎鲁特旗友刚粮食种植专业合作社	联系人：冯友刚	电话：13947500570
扎鲁特旗双盈粮食种植专业合作社	联系人：张　海	电话：13940425966
扎鲁特旗青旺种植专业合作社	联系人：贾宝柱	电话：13948754968
扎鲁特旗秋丰农贸有限责任公司	联系人：焦海英	电话：13804751716
扎鲁特旗金启粮食购销有限责任公司	联系人：何胜军	电话：13947504699

三十五 科左中旗玉米粉 CAQS-MTYX-20220643

1. 营养指标

参数	蛋白质（%）	脂肪（%）	谷氨酸（mg/100g）
测定值	9.35	2.1	1 720
参照值	8.50	≤ 5.0	1 650

2. 产品外在特征及独特营养品质特征评价鉴定

科左中旗玉米粉色泽呈金黄色，粉质细腻，流散性好，具有玉米面固有的色泽和气味。其蛋白质、脂肪、谷氨酸含量均优于参照值。

3. 评价鉴定依据

《中国食物成分表（第6版/第一册）》（北京大学医学出版社），GB/T 10463—2008《玉米粉》。

4. 市场销售采购信息

内蒙古粮行天下生态农业有限公司

联系人：曹玉妹　电话：15849518788

三十六 科左中旗牛肉干 CAQS-MTYX-20220644

1. 营养指标

参数	蛋白质 (%)	锌 (mg/100g)	天冬氨酸 (mg/100g)	苏氨酸 (mg/100g)	亮氨酸 (mg/100g)
测定值	49.93	9.16	3 481	2 137	3 827
参照值	40.10	5.80	2 896	1 463	2 627

2. 产品外在特征及独特营养品质特征评价鉴定

科左中旗牛肉干呈条形，其长度5～7 cm，单个重10～18 g，外观呈棕褐色，香味浓郁；其肉质紧实，不柴不腻有嚼劲，口感醇厚鲜香。其蛋白质、锌、亮氨酸、苏氨酸、天冬氨酸含量均优于参照值。

3. 评价鉴定依据

《中国食物成分表（第6版/第二册）》（北京大学医学出版社）。

4. 市场销售采购信息

科左中旗哈斯尔食品有限公司

联系人：刘晓刚　电话：13948859922

科尔沁左翼中旗哈撒尔手工坊

联系人：白彩霞　电话：13722158822

三十七 开鲁沙果 CAQS-MTYX-20220645

1. 营养指标

参数	维生素 (mg/100g)	可溶性糖 (%)	钾 (%)	可溶性固形物 (%)
测定值	18.23	10.58	123.31	13.3
参照值	3.00	10.32	115.00	11.0～14.8

2. 产品外在特征及独特营养品质特征评价鉴定

开鲁沙果果实果形端正，直径 3.5～4.5 cm，呈浅黄色附着鲜红色，果皮薄，果皮光滑无茸毛；果肉为淡黄色，质地细，肉质沙绵，酸甜适口，有清香味。其维生素C、可溶性糖、钾含量均优于参照值，可溶性固形物含量优于同类产品平均值。

3. 评价鉴定依据

《中国食物成分表（第6版/第一册）》（北京大学医学出版社），《沙果新品种——晋谷》收录于2016年08期《中国果业信息》，《不同品种沙果果实品质评价》2012年06期《林业科技开发》。

4. 市场销售采购信息

开鲁县荣山果蔬种植专业合作社

联系人：纪凤山　电话：13789750500

开鲁县林发村依果兴农综合农业专业合作社

联系人：赵洪波　电话：13848853660

三十八 库伦黄芪 CAQS-MTYX-20220646

1. 营养指标

参数	毛蕊异黄酮葡萄糖苷（%）	黄芪甲苷（%）	水分（%）	水溶性浸出物（%）	灰分（%）
测定值	0.026	0.10	4.3	42.0	3.2
参照值	≥ 0.020	≥ 0.08	≤ 10.0	≥ 17.0	≤ 5.0

2. 产品外在特征及独特营养品质特征评价鉴定

库伦黄芪为片状，直径约 1.0 cm，其表面呈淡黄色，外表有褐色斑点，断面外层为白色，中部为淡黄色，有放射状纹理，味甘，有生豆气。其水分、灰分含量优于参照值，水溶性浸出物、毛蕊异黄酮葡萄糖苷、黄芪甲苷含量高于参照值。

3. 评价鉴定依据

《中华人民共和国药典》2020 年版第一部。

4. 市场销售采购信息

库伦旗六家子镇长伟农机种植专业合作社　　联系人：孙长伟　电话：15144810840
库伦旗六家子镇田园绿野家庭农场　　　　　联系人：孙贵臣　电话：13947584429

三十九 库伦六家子葵花 CAQS-MTYX-20220647

1. 营养指标

参数	蛋白质(%)	天冬氨酸(mg/100g)	缬氨酸(mg/100g)	铁(mg/100g)	锌(mg/100g)	亮氨酸(mg/100g)
测定值	21.45	2 089	1 388	11.16	4.01	1 556
参照值	19.10	1 800	1 068	2.90	0.50	1 081

2. 产品外在特征及独特营养品质特征评价鉴定

库伦六家子葵花籽籽实扁而长，为长卵形，形状均匀，颗粒饱满。籽实主色为黑色，有白色条纹。其蛋白质、天冬氨酸、缬氨酸、亮氨酸、铁、锌含量均优于参照值。

3. 评价鉴定依据

《中国食物成分表（第6版/第一册）》（北京大学医学出版社），国家农作物种质资源平台国家作物科学数据中心《向日葵种质资源描述规范》。

4. 市场销售采购信息

库伦旗春耕西葫芦种植专业合作社

联系人：李庆彪 电话：13614751101

四十 库伦红苹果 CAQS-MTYX-20220648

1. 营养指标

参数	维生素C (mg/100g)	可溶性糖 (%)	铁 (mg/100g)
测定值	17.89	9.76	0.74
参照值	3.00	5.43	0.30

2. 产品外在特征及独特营养品质特征评价鉴定

库伦红苹果果形端正，果面光滑无茸毛，呈鲜红色，果皮薄，果肉淡黄，质地细腻，口感松脆多汁，酸甜适口，有清香味。其维生素C、可溶性糖、铁含量均优于参照值。

3. 评价鉴定依据

《中国食物成分表（第6版/第一册）》（北京大学医学出版社），《苹果果肉可溶性固形物、可溶性糖与光学性质的关联》收录于2019年18期《食品科学》。

4. 市场销售采购信息

库伦旗库伦镇利达丰养殖专业合作社

联系人：赵国东　电话：13947599391

国营库伦旗先进林场

联系人：张玉宝　电话：13847595626

四十一 奈曼荞麦 CAQS-MTYX-20220649

1. 营养指标

参数	锌（mg/100g）	淀粉（%）	总膳食纤维（%）
测定值	2.02	70.01	6.59
参照值	1.94	69.02	6.50

2. 产品外在特征及独特营养品质特征评价鉴定

奈曼荞麦面粉浅灰白色，粉质细腻，具有荞麦粉固有的色泽和气味。其锌、淀粉、膳食纤维含量均优于参照值。

3. 评价鉴定依据

《中国食物成分表（第6版／第一册）》（北京大学医学出版社），《荞麦营养品质及流变学特性研究》西北农林科技大学硕士学位论文，《玉米杂粮馒头与荞麦面杂粮馒头的营养对比》收录于2018年01期《现代食品》，《荞麦淀粉的加工工艺、特性及其改性研究》西北农林科技大学硕士学位论文。

4. 市场销售采购信息

内蒙古山咀农产品有限公司	联系人：姚松辉	电话：18347547111
奈曼旗香满坡种植专业合作社	联系人：张丽军	电话：13624759572
内蒙古老哈河粮油工业有限责任公司	联系人：郑凤坤	电话：13904759036

四十二 奈曼塞外红苹果 CAQS-MTYX-20220650

1. 营养指标

参数	维生素 C (mg/100g)	可溶性糖 (%)	锌 (mg/100g)
测定值	19.62	13.36	0.12
参照值	3.00	5.34	0.04

2. 产品外在特征及独特营养品质特征评价鉴定

奈曼塞外红苹果果形端正，果面光滑，果色为鲜红色，果皮薄，果肉淡黄，质地细腻紧密，口感松脆多汁，酸甜适口，有清香味。内在品质维生素 C，可溶性糖、锌含量均优于参照值。

通辽市

3. 评价鉴定依据

《中国食物成分表(第6版/第一册)》（北京大学医学出版社），《苹果果肉可溶性固形物、可溶性糖与光学性质的关联》收录于2019年18期《食品科学》。

4. 市场销售采购信息

内蒙古帝华农牧业发展有限公司

联系人：武日春　电话：18647574376

奈曼旗蒙通兴隆果树种植专业合作社

联系人：谢文龙　电话：15648551240

四十三 扎鲁特草原牛 CAQS-MTYX-20220651

1. 营养指标

参数	蛋白质（%）	钙（mg/100g）	剪切力（N）	缬氨酸（mg/100g）	蛋氨酸（mg/100g）
测定值	21.27	40.03	40.13	1 031	532
参照值	20.00	5.00	＜60.00	936	248

2. 产品外在特征及独特营养品质特征评价鉴定

扎鲁特草原牛肉色为鲜红色，有光泽，切面湿润，不黏手；肌肉截面有大理石花纹，肉质富有弹性，指压后凹陷立即恢复；煮沸后肉汤澄清透明，具有特有的香味。其蛋白质、钙、缬氨酸、蛋氨酸含量及剪切力均优于参照值。

3. 评价鉴定依据

《中国食物成分表（第6版／第二册）》（北京大学医学出版社），GB/T 9960—2008《鲜、冻四分体牛肉》，NY/T 676—2010《牛肉等级规格》，NY/T 2793—2015《肉的食用品质客观评价方法》。

4. 市场销售采购信息

扎鲁特旗百顺养殖专业合作社　　联系人：邵晓艳　电话：13948581221

内蒙古蒙戈力食品有限责任公司　联系人：赵艳超　电话：15656561234

赤峰市

内蒙古名特优新农产品

夏家店大扁杏 CAQS-MTYX-20190134

1. 营养指标

参数	维生素 C (mg/100g)	锌 (mg/100g)	铁 (mg/100g)	脂肪 (mg/100g)	蛋白质 (%)
测定值	61.9	7.11	5.83	43.8	24.1
参照值	26.0	4.30	2.20	45.4	22.5

2. 产品外在特征及独特营养品质特征评价鉴定

夏家店大扁杏杏仁个头大，颗粒饱满，色泽均匀，整齐度好。杏仁外壳形状为扁心脏形，色泽黄褐色，成熟饱满，光滑无黑斑；仁肉白色纯正，杏仁味苦而酥脆可口，杏仁味浓。其蛋白质、锌、出仁率、鲜味氨基酸含量均高于参照值。

3. 评价鉴定依据

《中国食物成分表（第 6 版／第二册）》（北京大学医学出版社），DB13/T 882—2007《山杏（杏仁）质量》，GB/T 20452—2006《仁用杏杏仁质量等级》，《杏果核与种仁数量性状的遗传多样性分析》收录于 2023 年 02 期《果树学报》，《不同品种杏仁氨基酸组成分析及综合评价》收录于 2021 年 24 期《食品科学》。

4. 市场销售采购信息

赤峰市松山区夏家店林木果品农民专业合作社

联系人：李艳梅　电话：13847600032

二、赤峰小米 CAQS-MTYX-20190251

1. 营养指标

参数	硒 (μg/100g)	锌 (mg/100g)	铁 (mg/100g)	谷氨酸 (mg/100g)	酪氨酸 (mg/100g)
测定值	5.70	2.04	5.29	2 120	320
参照值	4.74	1.87	5.10	1 871	259

2. 产品外在特征及独特营养品质特征评价鉴定

赤峰小米外观鲜黄明亮，无明显感官色差，粒形饱满完整，大小均匀，千粒重约2.3 g。蒸后，米粒完整金黄，软而不黏结，米饭香味浓郁。其直链淀粉、谷氨酸、酪氨酸含量较高，且硒、必需氨基酸含量高于参照值。

3. 评价鉴定依据

《中国食物成分表（第6版/第一册）》（北京大学医学出版社），《黑龙江省小米主栽品种理化特性与感官品质的相关性研究》黑龙江八一农垦大学硕士学位论文，《呼和浩特市售不同品种小米的品质特性比较研究》内蒙古农业大学硕士学位论文。

4. 市场销售采购信息

内蒙古浩源农业科技发展有限公司	联系人：于永辉	电话：13847643671
翁牛特旗强宏农作物种植专业合作社	联系人：黄利强	电话：15147680888
巴林左旗大辽王府粮贸有限公司	联系人：贾　坤	电话：15148329666
巴林左旗德惠粮贸有限公司	联系人：张晓慧	电话：15848991539
内蒙古汇源农业开发有限公司	联系人：魏志刚	电话：13948693213
内蒙古金沟农业发展有限公司	联系人：李欣瑜	电话：15248660005
宁城县志永米业有限公司	联系人：孙志伟	电话：18686202333
敖汉旗惠隆杂粮种植农民专业合作社	联系人：魏登峰	电话：15949439508
内蒙古北斗星科技有限公司	联系人：张嘉溶	电话：15774999399
赤峰润财粮油购销有限公司	联系人：周　磊	电话：13904766383

三、夏家店大枣 CAQS-MTYX-20190252

1. 营养指标

参数	总酸（%）	蛋白质（%）	钙（mg/100g）	可溶性糖（mg/100g）	维生素C（mg/100g）
测定值	0.29	1.27	51.98	80.3	210
参照值	0.53	1.10	22.00	75.0～82.0	243

2. 产品外在特征及独特营养品质特征评价鉴定

夏家店大枣果形饱满，近圆形，表皮光滑，直径1.0～1.2 cm，长2.0～2.2 cm；果皮薄，鲜亮呈红褐色，果肉呈青绿色，枣核较小，口感清脆，味道香甜。其可溶性固形物、钾、硒、可溶性糖含量均高于参照值，总酸含量优于参照值。

3. 评价鉴定依据

《中国食物成分表（第6版/第一册）》（北京大学医学出版社），《太行山婆枣烘干技术研究》陕西师范大学硕士学位论文，《鲜枣品种和可溶性固形物含量近红外光谱检测》收录于2009年04期《农业机械学报》，《HPLC-ELSD法同时测定鲜枣果实中不同种类可溶性糖含量》收录于2017年38期《食品科学》。

4. 市场销售采购信息

赤峰市松山区夏家店林木果品农民专业合作社

联系人：李艳梅　电话：13847600032

四 阿鲁科尔沁旗炒米 CAQS-MTYX-20190253

1. 营养指标

参数	脂肪（%）	蛋白质（%）	淀粉（%）	锌（mg/100g）	氨基酸（mg/100g）
测定值	0.3	14.0	89.7	1.91	245
参照值	2.6	8.1	<75.1	1.89	220

2. 产品外在特征及独特营养品质特征评价鉴定

阿鲁科尔沁旗炒米色泽呈金黄色，米粒大小均匀，粒形饱满，无明显感官色差，米粒直径 1.8～2.0 mm，千粒重约 5.24 g。其蛋白质、直链淀粉、钙、维生素 A、蛋氨酸含量高，粗纤维含量低。

3. 评价鉴定依据

《中国食物成分表（第 6 版 / 第一册）》（北京大学医学出版社），《糜米营养价值的研究》收录于 1995 年 03 期《内蒙古农牧业学院学报》，《糜子淀粉理化性质的分析》收录于 2009 年 09 期《中国粮油学报》，《河北省主要杂粮营养成分分析及评价》收录于 2017 年 10 期《食品工业科技》。

4. 市场销售采购信息

阿鲁科尔沁旗额高娃传统绿色食品有限公司
联系人：额尔敦高娃　电话：13947647087

五 巴林羊肉 CAQS-MTYX-20190254

1. 营养指标

参数	不饱和脂肪酸（% 总脂肪酸）	水分（%）	蛋白质（%）	鲜味氨基酸（% 总氨基酸）	亮氨酸（mg/100g）
测定值	69.63	64.4	19.4	26.47	1 890
参照值	43.20	≤ 78.0	18.5	25.98	1 541

2. 产品外在特征及独特营养品质特征评价鉴定

巴林羊肉肌肉色泽鲜艳，脂肪和肌肉较硬实，有大理石花纹，肌纤维致密有韧性，富有弹性；有新鲜羊肉固有气味，无膻味；煮熟后，肉质细嫩，肉汤透明澄清，香味浓郁。其蛋白质、鲜味氨基酸、亮氨酸、不饱和脂肪酸含量高，水分含量低。

3. 评价鉴定依据

《中国食物成分表（第 6 版 / 第二册）》（北京大学医学出版社），GB/T 9961—2008《鲜、冻胴体羊肉》，NY/T 2793—2015《肉的食用品质客观评价方法》，NY/T 630—2002《羊肉质量分级》，NY/T 633—2002《冷却羊肉》，DB22/T 1003—2018《优质羊肉品质要求》。

4. 市场销售采购信息

内蒙古宏发巴林牧业有限责任公司

联系人：韩　凌　电话：13847693239

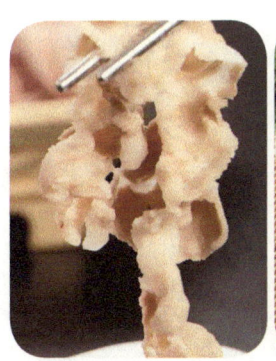

六 克旗香菇 CAQS-MTYX-20190255

1. 营养指标

参数	膳食纤维(%)	香菇素(mg/kg)	赖氨酸(mg/100g)	鲜味氨基酸(mg/100g)
测定值	5.96	12.40	160	900
参照值	3.44	10.16	68	427

2. 产品外在特征及独特营养品质特征评价鉴定

克旗香菇菌盖稍扁平，菇形规整，表面呈深褐色，菌褶呈乳白色；厚度 1.5～2.0 cm，菌盖直径 5.3～6.5 cm，开伞度小；菌柄与菌盖边缘有白色丝膜相连，伴有鲜香菇特有的沁人香气；菌肉紧实，口感弹韧。其香菇素、膳食纤维、鲜味氨基酸、赖氨酸含量均高于参照值。

3. 评价鉴定依据

《中国食物成分表（第 6 版 / 第一册）》（北京大学医学出版社），NY/T 1061—2006《香菇等级规定划分》，《不同干燥方法对生食香菇品质的影响》收录于 2014 年 02 期《食品科学技术学报》。

4. 市场销售采购信息

克什克腾旗宇润农业发展有限责任公司　　联系人：李志存　电话：17804768588
内蒙古美图生态旅游农业发展有限公司　　联系人：李　芬　电话：15774767777

七 克旗莜面 CAQS-MTYX-20190256

1. 营养指标

参数	直链淀粉（%）	β葡聚糖（%）	多不饱和脂肪酸（%）	必需氨基酸（% 总氨基酸）
测定值	22.9	1.34	1.3	31.71
参照值	18.5	1.20	0.9	26.28

2. 产品外在特征及独特营养品质特征评价鉴定

克旗莜面颜色为灰白色，粗粒感较强，手感略涩，面粉颗粒度较均匀，流散性好，有淡淡的莜麦香味。其直链淀粉、必需氨基酸含量高于参照值，且β葡聚糖、多不饱和脂肪酸含量也高于参照值。

3. 评价鉴定依据

《中国食物成分表（第6版/第一册）》（北京大学医学出版社），《莜麦面可溶性膳食纤维的研究》收录于1998年01期《中国粮油学报》。

4. 市场销售采购信息

克什克腾旗努其宫农牧业农民专业合作社　　联系人：肖成民　电话：13451368527

克什克腾旗康宏农产品有限责任公司　　联系人：牟永明　电话：13404863397

八 翁牛特大米 CAQS-MTYX-20190257

1. 营养指标

参数	碱消值（级）	胶稠度（mm）	硒（μg/100g）	锌（mg/100g）	直链淀粉（%）
测定值	6.8	98	3.00	1.24	21.9
参照值	≥ 6.0	≥ 80	2.83	0.93	13.0～22.0

2. 产品外在特征及独特营养品质特征评价鉴定

翁牛特大米米粒大小均匀，表面光滑，整体颜色呈白褐色，不透明状；米粒背沟和粒表面留皮程度小，近于无皮；米粒颗粒饱满，涨性大，出饭率高，晶莹油亮，质地坚韧，洁净度好，口感软糯，米饭香气浓郁。其胶稠度、碱消值均高于参照值，直链淀粉含量符合参考范围，且锌、硒含量也高于参照值。

3. 评价鉴定依据

《中国食物成分表（第6版/第一册）》（北京大学医学出版社），GB/T 1354—2018《大米》，《大米胶稠度测定的影响因素研究》收录于2017年23期《湖北农业科学》，NY/T 595—2022《食用籼米》。

4. 市场销售采购信息

翁牛特旗吴氏米业有限公司	联系人：吴 德 宝	电话：13274765457
翁牛特旗香泉农副产品购销有限公司	联系人：周 洋	电话：18247604321
翁牛特旗万福米业有限公司	联系人：周 大 伟	电话：18347661599
翁牛特旗金智农作物种植专业合作社	联系人：李 鑫	电话：13947630940
翁牛特旗弘腾米业有限责任公司	联系人：谷 金 雷	电话：15804869030
翁牛特旗天仓农业有限公司	联系人：杨 颖	电话：15804867765
翁牛特旗格日僧苏木才音家庭农牧场	联系人：才音白音	电话：13947643171
翁牛特旗大漠部落米业有限公司	联系人：芒 莱	电话：13074737784

九 宁城草原鸭 CAQS-MTYX-20190258

1. 营养指标

参数	蛋白质（%）	鲜味氨基酸（mg/100g）	锌（mg/100g）	多不饱和脂肪酸（% 总脂肪酸）	肌间脂肪（%）
测定值	18.65	4 940	1.87	27.7	0.90
参照值	15.50	3 767	1.33	19.5	0.66

2. 产品外在特征及独特营养品质特征评价鉴定

宁城草原鸭体形硕大丰满，挺拔美观，颈粗短，体躯椭圆，背宽平，胸部丰满，胸骨长而直，单只重约 2.5 kg。胴体新鲜完整匀称，无硬杆毛、无绒毛，肌肉呈鲜亮红色，切面有光泽且富有弹性。煮熟后，肉质细嫩，肉汤清澈鲜香。其蛋白质、鲜味氨基酸、赖氨酸、多不饱和脂肪酸、肌间脂肪含量高。

3. 评价鉴定依据

《中国食物成分表（第 6 版／第二册）》（北京大学医学出版社），NY/T 1760—2009《鸭肉等级规格》，《山东地方鸭与北京鸭的产肉性能及肉质特性研究》收录于 2001 年 01 期《山东农业大学学报（自然科学版）》。

4. 市场销售采购信息

内蒙古塞飞亚农业科技发展股份有限公司　联系人：赵秉和　电话：0476-4909889

红山圣女果 CAQS-MTYX-20200477

1. 营养指标

参数	维生素C (mg/100g)	可溶性固形物 (%)	可溶性糖 (%)	硒 (μg/100g)	锌 (mg/100g)
测定值	37.8	7.8	5.75	1.80	0.73
参照值	14.0	7.1	2.66	0.20	0.20

2. 产品外在特征及独特营养品质特征评价鉴定

红山圣女果果形圆润，果色为红色，果肉颜色为红色，果实坚实，富有弹性，果实甜而微酸，汁多。其维生素C、可溶性固形物、可溶性糖、硒、锌含量均高于参照值，总酸含量优于参照值。

3. 评价鉴定依据

《中国食物成分表（第6版/第一册）》（北京大学医学出版社），《三种樱桃番茄果实品质比较》收录于2020年2期《中国农业文摘》，《影响番茄可溶性固形物含量的相关因素研究》收录于2017年09期《江西农业学报》，《番茄果实可溶性糖含量遗传规律的研究及QTL定位》东北农业大学硕士学位论文。

4. 市场销售采购信息

赤峰市红山区利农蔬菜种植专业合作社　联系人：夏文贵　电话：13298002388

十一 松山甜糯玉米 CAQS-MTYX-20200478

1. 营养指标

参数	蛋白质（%）	可溶性糖（%）	锌（mg/100g）	铁（mg/100g）	粗纤维（%）
测定值	5.3	4.60	2.74	2.87	2.48
参照值	4.0	1.53	0.90	1.10	3.96

2. 产品外在特征及独特营养品质特征评价鉴定

松山甜糯玉米颗粒完整、饱满。胚呈白色，胚乳呈金黄色，具有玉米固有的气味，口感软糯、香甜。其蛋白质、可溶性糖、锌、铁含量均高于参照值，直链淀粉含量满足二级标准，粗纤维含量优于参照值。

3. 评价鉴定依据

《中国食物成分表（第6版／第一册）》（北京大学医学出版社），《四个糯玉米品种加工后的品质比较》收录于2016年07期《山东农业科学》，《特用糯玉米杂交种主要农艺性状及籽粒营养成分的研究》收录于2001年03期《莱阳农学院学报》，GB/T 22326—2008《糯玉米》。

4. 市场销售采购信息

赤峰龙盛农业科技发展有限公司　　联系人：苏艳华　电话：13947635651
赤峰五彩种养殖业专业农民合作社　联系人：王秀丽　电话：15847389650

十二 松山番茄 CAQS-MTYX-20200479

1. 营养指标

参数	番茄红素（mg/kg）	维生素C（mg/100g）	可溶性糖（%）	硒（μg/100g）	锌（mg/100g）
测定值	83.6	26.4	5.60	2.2	1.11
参照值	48.0	14.0	2.66	0.2	0.20

2. 产品外在特征及独特营养品质特征评价鉴定

　　松山番茄果实坚实，果形圆润无筋棱，果色为均匀红色；果面无茸毛，果顶形状圆平，果肩形状微凹；果实横切面为圆形，果肉颜色为红色，胎座胶状物质颜色为红色；果腔充实，果肉肉质口感沙，风味甜，有清香味。其番茄红素、维生素C、可溶性固形物、可溶性糖、锌、硒含量均高于参照值，其维生素C含量高于参照值近2倍。

3. 评价鉴定依据

　　《中国食物成分表（第6版/第一册）》（北京大学医学出版社），NY/T 940—2006《番茄等级规格》，《番茄果实可溶性糖含量遗传规律的研究及QTL定位》东北农业大学硕士学位论文，《影响番茄可溶性固形物含量的相关因素研究》收录于2017年09期《江西农业学报》，《改良型植物营养剂对番茄果实中番茄红素含量的影响》收录于2018年09期《湖北农业科学》，《不同种类番茄中番茄红素含量及油脂烹制作用》收录于2020年02期《中国调味品》。

4. 市场销售采购信息

赤峰绿苑种植专业合作社	联系人：王艳春	电话：15047580975
赤峰丰和日利种植专业合作社	联系人：王晓旭	电话：15648637373
赤峰众益丰种养殖专业合作社	联系人：郝振军	电话：15540641535
赤峰可可喜种植业农民专业合作社	联系人：李文军	电话：15174808786

十三 阿鲁科尔沁旗羊肉 CAQS-MTYX-20200480

1. 营养指标

参数	蛋白质（%）	维生素A（μg/100g）	胆固醇（mg/100g）	总不饱和脂肪酸（%）	蛋氨酸（mg/100g）
测定值	19.6	22.4	53.2	5.48	410
参照值	18.5	8.0	82.0	3.20	389

2. 产品外在特征及独特营养品质特征评价鉴定

阿鲁科尔沁旗羊肉肉质紧密，肉质偏肥，有大理石花纹，肌纤维有韧性，表面微湿润，有坚实感，不黏手；煮沸后，肉汤透明澄清，无异味。其蛋白质、维生素A、总不饱和脂肪酸、铁、蛋氨酸、组氨酸含量均高于参照值，脂肪含量高于参照值，胆固醇含量优于参照值，剪切力、蒸煮损失均优于参照值，水分含量优于参照值。

3. 评价鉴定依据

《中国食物成分表（第6版/第二册）》（北京大学医学出版社），GB/T 9961—2008《鲜、冻胴体羊肉》，DB22/T 1003—2018《优质羊肉品质要求》，NY/T 630—2002《羊肉质量分级》。

4. 市场销售采购信息

阿鲁科尔沁旗塔林花蒙古羊良种繁育中心

联系人：呼　都　特　电话：15847065549

阿鲁科尔沁旗塔林花牧业合作社

联系人：图门巴雅尔　电话：13847699123

阿鲁科尔沁旗塔林玛拉沁家庭牧场

联系人：敖 日 格 乐　电话：15104762122

内蒙古巴音罕绿色食品有限公司

联系人：青　　龙　电话：15049134007

内蒙古阿鲁科尔沁旗额高娃传统绿色食品有限公司

联系人：额尔敦高娃　电话：13947647087

十四　巴林左旗小苹果 CAQS-MTYX-20200481

1. 营养指标

参数	硒 （μg/100g）	维生素C （mg/100g）	铁 （mg/100g）	锌 （mg/100g）	可溶性糖 （%）
测定值	0.5	12.3	8.39	0.13	13.56
参照值	0.1	3.0	0.30	0.04	5.34

2. 产品外在特征及独特营养品质特征评价鉴定

巴林左旗小苹果果皮为深红色，果形端正，呈纺锤形，大小均匀；果肉呈浅黄色，细脆鲜嫩，味甜汁多，酸甜可口。其维生素C、可溶性固形物、可滴定酸、可溶性糖、铁、锌、硒含量均高于参照值。

3. 评价鉴定依据

《中国食物成分表（第6版/第一册）》（北京大学医学出版社），《苹果果肉可溶性固形物、可溶性糖与光学性质的关联》收录于2019年18期《食品科学》，《苹果果实发育过程中绿原酸和总黄酮含量的变化》收录于2013年01期《延边大学农学学报》，《天水花牛苹果品质评价指标研究》收录于2019年05期《中国果树》。

4. 市场销售采购信息

赤峰市老农乐果品有限公司　　　　　联系人：王学文　电话：15247670777
巴林左旗红格尔花卉种植专业合作社　联系人：韩艳慧　电话：15148359566

十五 巴林右旗炒米 CAQS-MTYX-20200482

1. 营养指标

参数	蛋白质（%）	锌（mg/100g）	直链淀粉（%）	脂肪（%）	粗纤维（%）
测定值	14.8	2.55	25.4	1.0	1.0
参照值	8.1	1.89	15.7	2.6	1.7

2. 产品外在特征及独特营养品质特征评价鉴定

巴林右旗炒米米粒大小均匀，粒形饱满，直径约1.5～2.0 mm；外观鲜黄明亮，无明显感官色差，散发着炒米固有香味。属于高直链淀粉炒米，糯性小，咀嚼有渣感。其蛋白质、淀粉、锌含量均高于参照值，粗纤维含量优于参照值。

3. 评价鉴定依据

《中国食物成分表（第6版/第一册）》（北京大学医学出版社），《糜米营养价值的研究》收录于1995年03期《内蒙古农牧业学院学报》，《糜子淀粉理化性质的分析》收录于2009年09期《中国粮油学报》，《河北省主要杂粮营养成分分析及评价》收录于2017年10期《食品工业科技》。

4. 市场销售采购信息

巴林右旗众惠新型农牧业联合社	联系人：孟和毕力格	电话：13948666928
巴林右旗金哈达粮业有限公司	联系人：韩　金　龙	电话：15004888001
巴林右旗蒙大米业有限公司	联系人：梁　淑　贤	电话：15047600908

十六 巴林右旗奶豆腐 CAQS-MTYX-20200483

1. 营养指标

参数	铁(mg/100g)	锌(mg/100g)	硒(μg/100g)	蛋白质(%)	脂肪(%)
测定值	6.8	3.36	23.9	35.0	17.8
参照值	3.1	2.48	11.6	46.2	46.2

2. 产品外在特征及独特营养品质特征评价鉴定

巴林右旗奶豆腐质地均匀，组织细腻，呈乳黄色或者白里透黄。入口细腻有嚼劲，具有清香的乳香味和淡淡的酸味，味道爽口，香而不腻。其脂肪、铁、锌、硒、亚油酸、谷氨酸、多不饱和脂肪酸含量均高于参照值，胆固醇含量优于参照值。

3. 评价鉴定依据

《中国食物成分表（第5版/第一册）》（北京大学医学出版社），DBS 15/001.3—2017《食品安全地方标准 蒙古族传统乳制品 第3部分：奶豆腐》，《蒙古族奶豆腐的制作及营养价值》收录于1997年03期《中国乳品工业》。

4. 市场销售采购信息

巴林右旗牧腾养殖专业合作社

联系人：图门德乐根　电话：13848883857

巴林右旗浩道都河畜产品经销有限责任公司

联系人：乌　日　罕　电话：15648664111

巴林右旗阿吉泰奶牛专业合作社

联系人：白　嘎　力　电话：18004761144

巴林右旗幸福荣奶食品加工厂

联系人：朝　鲁　门　电话：15849617226

巴林右旗塔林情乳肉业专业合作社　　联系人：豪毕斯嘎拉图　电话：13948465131

巴林右旗故乡牧业专业合作社　　联系人：宝　力　尔　电话：15849658222

巴林右旗幸福之乡家庭牧场　　联系人：斯　　琴　电话：15391238008

十七 林西黄米面 CAQS-MTYX-20200484

1. 营养指标

参数	脂肪（%）	铁（mg/100g）	硒（μg/100g）	蛋氨酸（mg/100g）	组氨酸（mg/100g）
测定值	1.9	8.97	2.9	260.0	320.0
参照值	1.5	4.00	1.9	219.6	305.4

2. 产品外在特征及独特营养品质特征评价鉴定

林西黄米面颗粒度小，蒸熟后很黏，筋度大，有甜味，糯性好。其蛋白质、脂肪、淀粉、钙、铁、锌、硒、组氨酸、蛋氨酸含量均高于参照值，直链淀粉含量小于参照值。

3. 评价鉴定依据

《中国食物成分表（第5版／第一册）》（北京大学医学出版社），《府谷县黄米产业发展初探》收录于2020年14期《农家参谋》，《粳性糜子淀粉与小米淀粉理化性质的比较》收录于2014年05期《福建农林大学学报》，《糜米营养价值的研究》收录于1995年03期《内蒙古农牧学院学报》。

4. 市场销售采购信息

林西县绿然农产品销售专业合作社

联系人：郑国春　电话：13614862388

林西县恒丰粮油加工有限责任公司

联系人：赵　滔　电话：13816682215

十八 林西沙果汁 CAQS-MTYX-20200485

1. 营养指标

参数	维生素C (mg/100g)	铁 (mg/100g)	硒 (μg/100g)	锌 (mg/100g)	可溶性固形物 (%)
测定值	31.1	8.82	1.80	0.310	9.50
参照值	3.6	0.53	0.48	0.033	11.33

2. 产品外在特征及独特营养品质特征评价鉴定

林西沙果汁味道酸甜可口，具有独特的沙果汁清香味的特性。其维生素C、可滴定酸、总糖、铁、锌、硒含量均高于参照值。

3. 评价鉴定依据

《中国食物成分表（第6版／第一册）》（北京大学医学出版社），NY/T 81—1988《果汁饮料总则》，《沙果果粒乳饮料制造工艺》收录于2011年04期《江苏农业科学》，《超声波对现榨苹果汁的品质影响》浙江大学硕士学位论文。

4. 市场销售采购信息

赤峰市天拜山饮品有限责任公司

联系人：王双龙　电话：13904762163

十九 克什克腾奶豆腐 CAQS-MTYX-20200486

1. 营养指标

参数	亚油酸 (% 总脂肪酸)	多不饱和脂肪酸 (% 总脂肪酸)	胆固醇 (mg/100g)	硒 (μg/100g)	谷氨酸 (mg/100g)
测定值	3.44	4.20	23.5	12.0	6 900
参照值	1.10	1.35	36.0	11.6	6 000

2. 产品外在特征及独特营养品质特征评价鉴定

克什克腾奶豆腐质地均匀，组织细腻，味道爽口。其硒、亚油酸、谷氨酸、多不饱和脂肪酸含量均高于参照值，胆固醇含量优于参照值。

3. 评价鉴定依据

《中国食物成分表（第 6 版 / 第二册）》（北京大学医学出版社），DBS 15/001.3—2017《食品安全地方标准 蒙古族传统乳制品 第 3 部分：奶豆腐》，《蒙古族奶豆腐的制作及营养价值》收录于 1997 年 03 期《中国乳品工业》。

4. 市场销售采购信息

克什克腾旗达来诺日镇哈斯家庭牧场

联系人：宝 玉 华 电话：13947661417

克什克腾旗达日罕乌拉苏木赫熙戈原生态牧场

联系人：乌恩昭日格 电话：15344153354

赤峰市哈登布拉格食品有限责任公司

联系人：赛喜亚拉图 电话：13274766429

克什克腾旗巴彦查干苏木巴彦查干嘎查斯琴巴特尔牧场

联系人：斯琴巴特尔 电话：15249577777

二十 翁牛特荞麦 CAQS-MTYX-20200487

1. 营养指标

参数	蛋白质(%)	总不饱和脂肪酸(%)	总黄酮(mg/100g)	谷氨酸(mg/100g)	粗纤维(%)
测定值	12.8	2.46	121.0	2 290	1.20
参照值	9.3	1.50	18.5	2 090	0.73

2. 产品外在特征及独特营养品质特征评价鉴定

翁牛特旗荞麦形状比较规则，为三棱卵圆形瘦果，颗粒完整、饱满，表面与边缘平滑，千粒重约29.34 g，有荞麦特有的光泽和气味。其蛋白质、淀粉、总不饱和脂肪酸、总黄酮、谷氨酸、亮氨酸、脂肪、粗纤维、铁含量均高于参照值。

3. 评价鉴定依据

《中国食物成分表（第6版/第一册）》（北京大学医学出版社），GB/T 10458—2008《荞麦》，《宁南山区不同甜荞麦品种产量和品质的比较研究》收录于2015年16期《湖北农业科学》，《我国主要荞麦品种资源品质评价及加工处理对荞麦成分和活性的影响》中国农业科学院博士学位论文。

4. 市场销售采购信息

内蒙古明阳农业科贸有限公司　　　联系人：杨　颖　电话：15148155666

赤峰凯峰商贸有限公司　　　　　　联系人：张庆武　电话：15849992288

翁牛特旗强宏农作物种植专业合作社　联系人：黄利强　电话：15147680888

二十一 翁牛特羊肉 CAQS-MTYX-20200488

1. 营养指标

参数	蛋白质(%)	脂肪(%)	水分(%)	胆固醇(mg/100g)	铁(mg/100g)
测定值	20.4	4.7	73.1	50.6	28.43
参照值	18.5	6.5	≤78.0	82.0	3.90

2. 产品外在特征及独特营养品质特征评价鉴定

翁牛特羊肉肌纤维致密结实，富有弹性，指压后凹陷立即恢复，外表微干，切面湿润，不黏手。其蛋白质、铁、硒、赖氨酸、异亮氨酸、天冬氨酸、不饱和脂肪酸含量均高于参照值，剪切力、蒸煮损失优于参照值，胆固醇、脂肪含量优于参照值，水分含量优于参照值。

3. 评价鉴定依据

《中国食物成分表（第6版/第二册）》（北京大学医学出版社），GB/T 9961—2008《鲜、冻胴体羊肉》，NY/T 2793—2015《肉的食用品质客观评价方法》，NY/T 630—2002《羊肉质量分级》。

4. 市场销售采购信息

翁牛特旗西拉沐沦农牧业有限公司

联系人：王晓辉　电话：18204761999

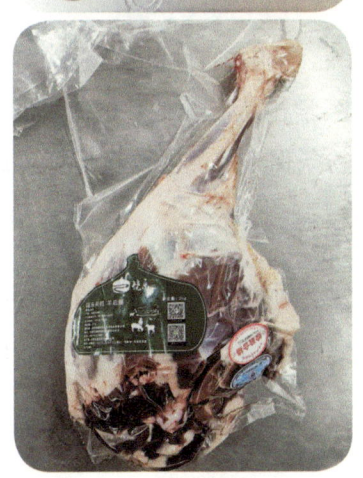

二十二 宁城粉条 CAQS-MTYX-20200489

1. 营养指标

参数	淀粉(%)	水分(%)	灰分(%)	硒(μg/100g)	铁(mg/100g)
测定值	93.3	12.6	0.46	3.00	2.64
参照值	70.0	14.3	0.80	2.18	5.20

2. 产品外在特征及独特营养品质特征评价鉴定

宁城粉条色泽洁白，有光泽，柔韧，弹性良好，无肉眼可见外来杂质、无碎条、无发霉条。内在品质淀粉、水分、灰分含量均优于参照值，硒含量高于参照值，脂肪含量等于参照值，酸度优于参照值。

3. 评价鉴定依据

《中国食物成分表（第6版/第一册）》（北京大学医学出版社），GB/T 23587—2009《粉条》，《鲜湿米粉条保鲜及品质改良研究》武汉轻工大学硕士学位论文。

4. 市场销售采购信息

赤峰市古山食品有限公司

联系人：高殿和　电话：15849609000

二十三 敖汉绿豆 CAQS-MTYX-20200490

1. 营养指标

参数	蛋白质(%)	膳食纤维(%)	天冬氨酸(mg/100g)	亮氨酸(mg/100g)	铁(mg/100g)
测定值	25.2	10.76	2 750	1 790	15.05
参照值	25.2	6.40	2 671	1 761	6.50

2. 产品外在特征及独特营养品质特征评价鉴定

敖汉绿豆大小均匀、颗粒饱满，质地坚实，耐压性好，百粒重约 6.56 g。其膳食纤维、铁、锌、天冬氨酸、亮氨酸含量均高于参照值，脂肪含量等于参照值，蛋白质含量等于参照值，灰分含量优于参照值。

3. 评价鉴定依据

《中国食物成分表（第 6 版／第一册）》（北京大学医学出版社），《不同储藏条件对绿豆淀粉含量及糊化特性的影响》收录于 2016 年 05 期《河南工业大学学报》，《绿豆的品质特性及综合利用研究进展》收录于 2016 年 09 期《中国农学通报》，GB/T 10462—2008《绿豆》，NY/T 598—2002《食用绿豆》。

4. 市场销售采购信息

内蒙古金沟农业发展有限公司	联系人：李欣瑜	电话：15248660005
敖汉旗惠隆杂粮种植农民专业合作社	联系人：魏登峰	电话：15949439508
敖汉禾为贵农民种植专业合作社	联系人：赵黑龙	电话：13327169908

二十四 风水沟葡萄 CAQS-MTYX-20210585

1. 营养指标

参数	可溶性固形物（%）	总糖（%）	总酸（%）	维生素 C（mg/100g）
测定值	16.80	15.00	0.43	4.35
参照值	13.34	8.24	0.47	4.00

2. 产品外在特征及独特营养品质特征评价鉴定

风水沟葡萄果粒着生紧密，椭圆形，黄绿色，果肉鲜脆多汁，酸甜可口，有玫瑰香味。其可溶性固形物、维生素C、总糖含量均高于参照值，总酸含量优于参照值。

3. 评价鉴定依据

《中国食物成分表（第6版／第一册）》（北京大学医学出版社），《48个葡萄品种果实大小粒性状调查及差异分析》收录于2020年04期《植物资源与环境学报》，《不同贮藏方式对5种水果中维生素C和总糖含量的影响》收录于2020年11期《食品工业》，《'阳光玫瑰'葡萄果实质量分级评价研究》收录于2020年07期《江西农业学报》。

4. 市场销售采购信息

万宝富硒葡萄家庭农牧场　联系人：葛广军　电话：13789561372

二十五 阿鲁科尔沁旗小米 CAQS-MTYX-20210586

1. 营养指标

参数	蛋白质(%)	直链淀粉(%)	锌(mg/100g)	硒(μg/100g)	脂肪(%)
测定值	9.44	20.2	2.08	8.10	3.6
参照值	8.90	18.0	1.87	4.74	3.1

2. 产品外在特征及独特营养品质特征评价鉴定

阿鲁科尔沁旗小米外观鲜黄明亮，米粒大小均匀，粒形饱满完整。小米熬成粥后，散发着小米特有的清香气味，颜色鲜黄、香柔滑腻、回味悠长。其蛋白质、脂肪、直链淀粉、硒和锌含量较高。

3. 评价鉴定依据

《中国食物成分表（第6版/第一册）》（北京大学医学出版社），《基于主成分分析的不同品种小米品质评价》收录于2019年09期《食品工业科技》。

4. 市场销售采购信息

内蒙古福润东方有机农业科技有限公司	联系人：王玉玲	电话：15647635006
内蒙古浩源农业科技发展有限公司	联系人：于永辉	电话：13847643671
阿鲁科尔沁旗利隆米业有限公司	联系人：刘雅贺	电话：15124959911

二十六 阿鲁科尔沁旗绿豆 CAQS-MTYX-20210587

1. 营养指标

参数	蛋白质 （% 干基）	膳食纤维 （%）	总淀粉 （% 干基）	锌 （mg/100g）
测定值	26.4	12.84	54.0	3.50
参照值	≥ 25.0	6.40	≥ 54.0	2.18

2. 产品外在特征及独特营养品质特征评价鉴定

阿鲁科尔沁旗绿豆大小均匀、颗粒饱满，质地坚实，耐压性好，百粒重约 6.48 g。其蛋白质、总淀粉含量较高，且膳食纤维、锌含量高于参照值。

3. 评价鉴定依据

《中国食物成分表（第 6 版 / 第一册）》（北京大学医学出版社），《不同储藏条件对绿豆淀粉含量及糊化特性的影响》收录于 2016 年 05 期《河南工业大学学报》，《绿豆的品质特性及综合利用研究进展》收录于 2016 年 09 期《中国农学通报》，GB/T 10462—2008《绿豆》，NY/T 598—2002《食用绿豆》。

4. 市场销售采购信息

内蒙古蒙天粮油购销有限公司	联系人：霍春飞	电话：15332945177
阿鲁科尔沁旗利隆米业有限公司	联系人：刘雅贺	电话：15124959911
阿鲁科尔沁旗农丰杂粮有限责任公司	联系人：李耀文	电话：13847647811
内蒙古浩源农业科技发展有限公司	联系人：于永辉	电话：13847643671
内蒙古双辉杂粮有限公司	联系人：李千海	电话：18847645888

赤峰市

二十七 阿鲁科尔沁旗牛肉 CAQS-MTYX-20210588

1. 营养指标

参数	剪切力 (N)	胆固醇 (mg/100g)	肌间脂肪 (%)	不饱和脂肪酸 (% 总脂肪酸)	缬氨酸 (mg/100g)
测定值	49.02	32.7	3.20	54.1	990
参照值	<60.00	58.0	0.36	47.5	936

2. 产品外在特征及独特营养品质特征评价鉴定

阿鲁科尔沁牛肉外表微干，切面湿润，不黏手，肉质富有弹性，韧性强，指压后凹陷立即恢复。烹熟后的牛肉，芳香四溢、油而不腻、质嫩爽口、色味俱佳。其肌间脂肪、不饱和脂肪酸、缬氨酸含量均高于参照值，剪切力、胆固醇含量优于参照值。

3. 评价鉴定依据

《中国食物成分表（第6版/第二册）》（北京大学医学出版社），GB/T 9960—2008《鲜、冻四分体牛肉》，NY/T 676—2010《牛肉等级规格》，NY/T 2793—2015《肉的食用品质客观评价方法》，《大通牦牛肉质特性研究》甘肃农业大学硕士学位论文。

4. 市场销售采购信息

阿鲁科尔沁旗塔林花牧业合作社

联系人：敖 日 格 乐　电话：15104762212

致富道路牧业养殖专业合作社

联系人：特格西巴亚尔　电话：13948169852

内蒙古阿鲁科尔沁旗额高娃传统绿色食品有限公司

联系人：额 尔 敦 高 娃　电话：13847647087

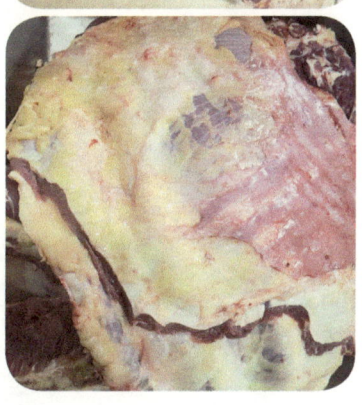

二十八 巴林左旗林东南国梨 CAQS-MTYX-20210589

1. 营养指标

参数	可溶性固形物（%）	总糖（%）	粗纤维（%）	锌（mg/100g）
测定值	15.6	10.2	0.92	2.27
参照值	≥11.0	8.4	1.30	2.00

2. 产品外在特征及独特营养品质特征评价鉴定

巴林左旗林东南国梨果面底色为黄色略带红晕，果梗短粗，果心较小，鲜果肉乳白色，质地脆嫩，果肉细嫩，口感微甜。其可溶性固形物、总糖、锌含量均高于参照值，粗纤维含量优于参照值。

3. 评价鉴定依据

《中国食物成分表（第6版／第一册）》（北京大学医学出版社），GB/T 10650—2008《鲜梨》，DB13/T 445—2002《优质鲜梨》，《库尔勒香梨果实脱萼宿萼和粗皮果的显微结构及品质研究》新疆农业大学硕士学位论文。

4. 市场销售采购信息

巴林左旗胡月海种植专业合作社　　联系人：胡月海　电话：18947367180

巴林左旗相良水果种植专业合作社　联系人：刘相良　电话：15104815098

二十九 巴林左旗羊肉 CAQS-MTYX-20210590

1. 营养指标

参数	剪切力 (N)	胆固醇 (mg/100g)	不饱和脂肪酸 (% 总脂肪酸)	鲜味氨基酸 (% 总氨基酸)	肌间脂肪 (%)
测定值	25.1	50.3	48.53	26.76	6.00
参照值	＜60.0	82.0	43.24	25.98	0.83

2. 产品外在特征及独特营养品质特征评价鉴定

巴林左旗羊肉肌纤维致密结实，有弹性，指压后凹陷立即恢复，外表微干，切面湿润，不黏手；煮熟后，入口细嫩润滑，甘醇无膻味。其肌间脂肪、不饱和脂肪酸、鲜味氨基酸含量均高于参照值，剪切力、胆固醇含量优于参照值。

3. 评价鉴定依据

《中国食物成分表（第6版／第二册）》（北京大学医学出版社），GB/T 9961—2008《鲜、冻胴体羊肉》，NY/T 2793—2015《肉的食用品质客观评价方法》，NY/T 630—2002《羊肉质量分级》，DB22/T 1003—2018《优质羊肉品质要求》。

4. 市场销售采购信息

巴林左旗利源食品有限公司　　　联系人：陈利源　电话：15248663599

巴林左旗福山食品有限责任公司　联系人：段淑芳　电话：18047659779

三十 巴林右旗葵花 CAQS-MTYX-20210591

1. 营养指标

参数	蛋白质（%）	锌（mg/100g）	鲜味氨基酸（%）	亚油酸（% 总脂肪酸）	脂肪（%）
测定值	24.8	4.06	7 790	70.79	44.4
参照值	19.1	0.50	6 817	65.13	53.4

2. 产品外在特征及独特营养品质特征评价鉴定

巴林右旗葵花颗粒饱满，口感油香可口，籽实长约2.5 cm，百粒重约21.69 g。其蛋白质、鲜味氨基酸、锌、亚油酸含量均高于参照值。

3. 评价鉴定依据

《中国食物成分表（第6版/第一册）》（北京大学医学出版社），国家农作物种质资源平台国家作物科学数据中心《向日葵种质资源描述规范》，GB/T 11764—2022《葵花籽》。

4. 市场销售采购信息

巴林右旗巴彦塔拉苏木文全农牧业机械专业合作社
　联系人：郭　文　全　电话：13754166018

赤峰市巴林右旗祥龙农牧业开发有限公司
　联系人：李　海　龙　电话：13847603283

内蒙古坝林短角有机农业发展有限公司
　联系人：张　志　军　电话：13847603286

巴林右旗佰吉纳农牧业机械专业合作社
　联系人：姚　显　民　电话：15048377788

巴林右旗众惠新型农牧业联合社
　联系人：孟和毕力格　电话：13948666928

三十一 大板香瓜 CAQS-MTYX-20210592

1. 营养指标

参数	维生素 C (mg/100g)	可溶性固形物 (%)	总酸 (%)	钾 (mg/100g)	天冬氨酸 (mg/100g)
测定值	23.0	12.8	0.036	177	49
参照值	15.0	9.0	0.140	139	41

2. 产品外在特征及独特营养品质特征评价鉴定

大板香瓜瓜皮呈乳白色，且覆有绿色条纹，瓜瓤也呈乳白色，具有皮薄肉厚、脆嫩多汁、香甜爽口的特点。其可溶性固形物、维生素 C、钾、天冬氨酸含量均高于参照值，总酸含量优于参照值。

3. 评价鉴定依据

《中国食物成分表（第 6 版 / 第一册）》（北京大学医学出版社），NY/T 427—2016《绿色食品　西甜瓜》。

4. 市场销售采购信息

巴林右旗呼和腾日农畜产品专业合作社	联系人：李　祥	电话：18904767261
巴林右旗鑫益设施农业专业合作社	联系人：霍贵峰	电话：13722143454
巴林右旗智全农牧业专业合作社	联系人：李志全	电话：13789468325
巴林右旗大板香瓜种植专业合作社	联系人：卢建成	电话：13722165495
巴林右旗祥泰农业专业合作社	联系人：王振军	电话：13948162473
巴林右旗聚丰农业专业合作社	联系人：吴佰祥	电话：13848897268

三十二 巴林右旗甜玉米 CAQS-MTYX-20210593

1. 营养指标

参数	直链淀粉（%）	粗纤维（%）	赖氨酸（mg/100g）	鲜味氨基酸（% 总氨基酸）
测定值	1.6	0.68	120	28.43
参照值	≤ 3.0	1.78	82	24.78

2. 产品外在特征及独特营养品质特征评价鉴定

巴林右旗甜玉米颗粒完整、饱满，口感甜糯。其直链淀粉、粗纤维含量优于参照值，赖氨酸、鲜味氨基酸含量高于参照值。

3. 评价鉴定依据

《中国食物成分表（第 6 版 / 第一册）》（北京大学医学出版社），《四个糯玉米品种加工后的品质比较》收录于 2016 年 07 期《山东农业科学》，GB/T 22326—2008《糯玉米》，DB22/T 1806—2013《速冻甜玉米粒》，《成熟度对渝甜糯玉米籽粒营养成分及色泽的影响》收录于 2015 年 06 期《中国粮油学报》，《黑玉米的营养分析评价》收录于 1997 年 05 期《广东农业科学》。

4. 市场销售采购信息

赤峰市巴林红食品有限公司　联系人：孟和巴特尔　电话：0476-6156555

三十三 林西黏豆包 CAQS-MTYX-20210594

1. 营养指标

参数	蛋白质（%）	淀粉（%）	锌（mg/100g）	鲜味氨基酸（% 总氨基酸）
测定值	7.570	31.8	1.06	32.19
参照值	7.165	30.7	0.64	0.64

2. 产品外在特征及独特营养品质特征评价鉴定

林西黏豆包外皮色泽金黄，馅料为红色豆沙，大小均匀，口感香软，香味浓厚。其蛋白质、淀粉含量较高。锌、鲜味氨基酸含量较高。

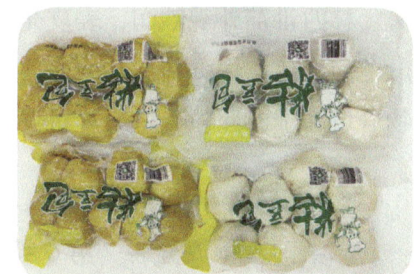

3. 评价鉴定依据

《中国食物成分表（第6版/第一册）》（北京大学医学出版社），T/TQLYCYFD 1—2021《煎黏豆包》，《乳酸菌发酵在糯玉米黏豆包中的应用研究》东北农业大学硕士学位论文，《红芸豆淀粉提取及其抗老化研究》山西农业大学硕士学位论文。

4. 市场销售采购信息

林西县荣盛达种植农民专业合作社　联系人：赵丽杰　电话：15847333298

三十四 林西番茄 CAQS-MTYX-20210595

1. 营养指标

参数	总酸(%)	可溶性固形物(%)	维生素C(mg/100g)
测定值	0.395	5.60	25.1
参照值	0.476	4.88	14.0

2. 产品外在特征及独特营养品质特征评价鉴定

林西番茄外观圆润，表皮光滑，富有弹性。果色为红色，果实横切面为圆形，果肉颜色为红色。果肉口感沙，厚实多汁，酸甜可口，有清香味。其维生素C、可溶性固形物含量高于参照值，总酸含量优于参照值。

3. 评价鉴定依据

《中国食物成分表（第6版/第一册）》（北京大学医学出版社），NY/T 940—2006《番茄等级规格》，《番茄果实可溶性糖含量遗传规律的研究及QTL定位》东北农业大学硕士学位论文，《影响番茄可溶性固形物含量的相关因素研究》收录于2017年09期《江西农业学报》。

4. 市场销售采购信息

林西县沐阳机械农民专业合作社　　联系人：张　兵　电话：13804763237

三十五 克什克腾马铃薯 CAQS-MTYX-20210596

1. 营养指标

参数	淀粉（%）	维生素C（mg/100g）	粗纤维（%）	还原糖（以葡萄糖计）（%）
测定值	14.8	21.8	0.50	0.18
参照值	14.5	14.0	0.60	0.38

2. 产品外在特征及独特营养品质特征评价鉴定

克什克腾马铃薯个头均匀，单薯质量约270 g，外皮颜色为黄色，外观新鲜，成熟度好，芽眼数量较少，芽眼较浅。煮熟后口感绵软酥烂，味道浓厚，适合多种烹饪方法。其维生素C、淀粉含量均高于参照值，粗纤维、还原糖含量优于参照值。

3. 评价鉴定依据

《中国食物成分表（第6版/第一册）》（北京大学医学出版社），《马铃薯营养特性及产业化发展的前景》收录于2019年12期《食品安全导刊》，《真空包装处理对鲜切马铃薯品质的影响》收录于2018年10期《现代园艺》。

4. 市场销售采购信息

克什克腾旗农发蔬菜种植专业合作社　　联系人：冀　伟　电话：15304763099

克什克腾旗凝心聚力农牧业农民专业合作社　联系人：李显军　电话：18747603170

三十六 克什克腾胡萝卜 CAQS-MTYX-20210597

1. 营养指标

参数	水分（%）	维生素C（mg/100g）	蛋白质（%）	β-胡萝卜素（μg/100g）	可溶性糖（%）
测定值	90.6	12.6	1.1	5 260	4.43
参照值	86.0	9.0	1.0	4 130	2.26

2. 产品外在特征及独特营养品质特征评价鉴定

克什克腾胡萝卜单根重约 210 g，外观颜色为橙色，表皮完整光滑，新鲜不萎蔫，肉质脆嫩无裂缝。其可溶性糖、β-胡萝卜素、维生素C、蛋白质、水分含量均高于参照值。

3. 评价鉴定依据

《中国食物成分表（第6版/第一册）》（北京大学医学出版社），NY/T 493—2002《胡萝卜》，NY/T 1983—2011《胡萝卜等级规格》，《不同胡萝卜品系品质性状分析》2021年02期《山西农业科学》。

4. 市场销售采购信息

克什克腾旗农发蔬菜种植专业合作社　　联系人：冀　伟　电话：15304763099
内蒙古白露赤野农业科技发展有限公司　　联系人：赵敏迪　电话：18804769916

三十七 克什克腾昭乌达肉羊 CAQS-MTYX-20210598

1. 营养指标

参数	剪切力（N）	胆固醇（mg/100g）	总不饱和脂肪酸（%）	鲜味氨基酸（mg/100g）
测定值	28.60	42.7	5.14	5 030
参照值	<60.00	82.0	3.20	4 806

2. 产品外在特征及独特营养品质特征评价鉴定

克什克腾昭乌达肉羊肉质紧密，有坚实感，有韧性，指压后凹陷能快速恢复，肉质表面微湿润，不黏手，具有鲜而不腻、嫩而不膻、肥美多汁、爽滑绵软等特性。其总不饱和脂肪酸、鲜味氨基酸含量均高于参照值；胆固醇含量优于参照值；剪切力优于参照值。

3. 评价鉴定依据

《中国食物成分表（第6版/第二册）》（北京大学医学出版社），GB/T 9961—2008《鲜、冻胴体羊肉》，NY/T 2793—2015《肉的食用品质客观评价方法》，NY/T 630—2002《羊肉质量分级》，《龙陵黄山羊屠宰性能及肉质研究》收录于1998年03期《云南农业大学学报》。

4. 市场销售采购信息

内蒙古草原金峰畜牧有限公司　　联系人：张宝才　电话：13634764375

内蒙古好鲁库德美羊业有限公司　联系人：姚秀国　电话：17747602288

三十八 牛家营子桔梗 CAQS-MTYX-20210599

1. 营养指标

参数	水分（%）	灰分（%）	醇溶性浸出物（%）	桔梗皂苷（%）
测定值	7.20	3.6	18.1	0.12
参照值	≤ 15.00	≤ 6.0	≥ 17.0	≥ 0.10

2. 产品外在特征及独特营养品质特征评价鉴定

牛家营子桔梗呈圆柱形或略呈纺锤形，下部渐细，部分有分支，有扭曲，长 5 ～ 20 cm，直径 0.8 ～ 2.0 cm，表皮黄棕色或灰棕色，有纵扭皱沟，并有横长的皮孔样斑痕及支根痕，上部有横纹，质脆，味微甘。其水分、灰分含量优于参照值，醇溶性浸出物、桔梗皂苷含量高于参照值。

3. 评价鉴定依据

《中华人民共和国药典》2020 年版第一部。

4. 市场销售采购信息

赤峰荣兴堂药业有限责任公司	联系人：于　荣	电话：0476-3818968
喀喇沁旗冯家种植养殖专业合作社	联系人：冯志伟	电话：13704767849
内蒙古蒙缘堂药业科技有限公司	联系人：张洪波	电话：13848966678

三十九 牛家营子北沙参 CAQS-MTYX-20210600

1. 营养指标

参数	水分(%)	多糖(%)	灰分(%)	水溶性浸出物(%)	总香豆素(mg/g)
测定值	27.8	8.5	2.8	51.00	0.974
参照值	≥21.4	≤11.0	≤3.0	≥21.05	≥0.025

2. 产品外在特征及独特营养品质特征评价鉴定

牛家营子北沙参呈细长圆柱形，长15～30 cm，直径0.3～1.0 cm，表面淡黄白色，略粗糙，有细纵皱纹和纵沟，并有棕黄色点状突起细根痕。质脆、易折断，断面皮部浅黄白色，木部黄色，气微香，味微甘。其水溶性浸出物、总香豆素含量均高于参照值，水分、灰分、多糖含量优于参照值。

3. 评价鉴定依据

《不同产地北沙参多糖含量的测定》收录于2012年05期《现代中药研究与实践》，《莱阳北沙参药材质量标准研究》山东中医药大学硕士学位论文，《北沙参质量控制关键技术和评价标准研究》山东中医药大学博士学位论文，《不同生长年份北沙参中香豆素含量的比较研究》收录于2009年19期《中国农学通报》。

4. 市场销售采购信息

赤峰荣兴堂药业有限责任公司　　　　联系人：于　荣　电话：0476-3818968
喀喇沁旗冯家种植养殖专业合作社　　联系人：冯志伟　电话：13704767849
内蒙古蒙缘堂药业科技有限公司　　　联系人：张洪波　电话：13848966678

四十 喀喇沁旗羊肚菌 CAQS-MTYX-20210601

1. 营养指标

参数	蛋白质 (%)	膳食纤维 (%)	钾 (%)	谷氨酸 (%)	麦角硫因 (mg/g)
测定值	31.8	23.67	2 690	3 620	1 440
参照值	26.9	12.90	1 726	2 760	500

2. 产品外在特征及独特营养品质特征评价鉴定

喀喇沁旗羊肚菌菇形饱满完整，具有不规则皱纹，表面有似羊肚状的凹坑；菌柄基部剪切平整，菌盖近椭圆形，子囊果呈浅茶色至深褐色，长度 5～8 cm，菌柄呈白色至浅黄色；菌肉紧实，口感弹韧。其蛋白质、膳食纤维、钾、麦角硫因、谷氨酸含量均高于参照值。

3. 评价鉴定依据

《中国食物成分表（第 6 版／第一册）》（北京大学医学出版社），DB51/T 2464—2018《羊肚菌等级规格》，《羊肚菌液体培养条件及氨基酸分析》收录于 1997 年 03 期《贵州农学院学报》，《羊肚菌多糖类物质的研究进展》收录于 2019 年 03 期《食品工业科技》。

4. 市场销售采购信息

喀喇沁旗金鹏种植专业合作社　　　　　联系人：李　艳　电话：15174848442
喀喇沁旗蒙一川羊肚菌种植专业合作社　联系人：庞　泽　电话：17547084497

四十一 松山芥肉 CAQS-MTYX-20220238

1. 营养指标

参数	水分（%）	氯化钠（%）	总酸（以乳酸计）（%）	氨基酸态氮（以氮计）（%）
测定值	23.4	10.16	1.86	0.46
参照值	≤85.0	≥3.00	2.00	0.10

2. 产品外在特征及独特营养品质特征评价鉴定

松山芥肉外形为不规则块状，口感弹韧，有嚼劲，有腌制酱香味。其氯化钠、氨基酸态氮含量均高于参照值，水分、总酸含量均优于参照值，满足标准要求。

3. 评价鉴定依据

SB/T 10439—2007《酱腌菜》。

4. 市场销售采购信息

赤峰市松山区祥达食品厂

联系人：姜国兴　电话：18647653686

四十二 林西冰苹果 CAQS-MTYX-20220239

1. 营养指标

参数	可溶性固形物（%）	总糖（%）	总酸（%）	维生素C（mg/100g）	锌（mg/100g）
测定值	17.1	14.80	0.36	10.1	0.12
参照值	13.5	13.14	0.63	2.3	0.04

2. 产品外在特征及独特营养品质特征评价鉴定

林西冰苹果果皮薄，果肉致密，口感脆甜，果香浓郁。其可溶性固形物、总糖、维生素C、锌含量均高于参照值，总酸含量优于参照值。

3. 评价鉴定依据

《中国食物成分表（第6版/第一册）》（北京大学医学出版社），《苹果果肉可溶性固形物、可溶性糖与光学性质的关联》收录于2019年18期《食品科学》，《不同苹果品种果实糖酸组分特征研究》收录于2021年11期《果树学报》，《不同贮藏方式对5种水果中维生素C和总糖含量的影响》收录于2020年11期《食品工业》。

4. 市场销售采购信息

内蒙古苏人牧场农业发展有限公司

联系人：苏　恒　电话：13847640605

四十三 红山区蛹虫草 CAQS-MTYX-20220628

1. 营养指标

参数	蛋白质(%)	多糖(%)	膳食纤维(%)	腺苷(%)	虫草素(%)
测定值	26.4	11.46	19.0	0.28	0.054
参照值	21.1	2.50	15.1	≥0.01	0.037

2. 产品外在特征及独特营养品质特征评价鉴定

红山区蛹虫草表面为橘黄色，虫体与虫头部长出的真菌子座相连而成，虫体似蚕，棍棒状，长5～6 cm，质脆，易折断，断面略平坦，气味微腥，味微苦。其蛋白质、多糖、膳食纤维、腺苷、虫草素含量均高于参照值。

3. 评价鉴定依据

《中华人民共和国药典》2020年版第一部，《蛹虫草菌丝体与籽实体蛋白质的营养价值评价》收录于中国食品科学技术学会第八届年会论文摘要集，《响应面法优化蛹虫草中可溶性膳食纤维提取工艺研究》收录于2017年04期《中国食品添加剂》，《基质对蛹虫草菌株籽实体性状及主要活性成分含量影响的研究》吉林农业大学硕士学位论文。

4. 市场销售采购信息

赤峰市嘉润生物科技有限责任公司

联系人：何 军 电话：18704760075

四十四 红山鸡蛋 CAQS-MTYX-20220629

1. 营养指标

参数	卵磷脂 (%)	蛋氨酸 (mg/100g)	必需氨基酸 (% 总氨基酸)	多不饱和脂肪酸 (% 总脂肪酸)	硒 (μg/100g)
测定值	3.36	380	41.2	18.4	24.00
参照值	2.70	327	39.4	7.3	13.96

2. 产品外在特征及独特营养品质特征评价鉴定

红山鸡蛋蛋液黏度高，蛋黄较大、居中，蛋黄轮廓清晰且呈深黄色。煮熟后，蛋白光滑弹嫩，蛋黄绵密。其具有卵磷脂、蛋氨酸、必需氨基酸、多不饱和脂肪酸、硒含量高等特点。

3. 评价鉴定依据

《中国食物成分表（第6版/第二册）》（北京大学医学出版社），《固原地区朝那鸡鸡蛋的品质分析》收录于2022年01期《饲料博览》。

4. 市场销售采购信息

赤峰市吉泰养殖专业合作社

联系人：赵桂艳　电话：13624761855

四十五 兴隆坡西瓜 *CAQS-MTYX-20220630*

1. 营养指标

参数	可溶性固形物 (%)	维生素C (mg/100g)	总酸 (%)	铁 (mg/100g)	总糖 (%)
测定值	8.8	5.07	0.088	0.955	8.6
参照值	≥8.0	4.00	0.200	0.400	4.2

2. 产品外在特征及独特营养品质特征评价鉴定

兴隆坡西瓜果形丰正饱满，呈长椭圆形，瓜皮纹路清晰，底色呈绿色带有深绿色窄条带。瓜瓤深红色，皮薄肉厚，肉质沙甜，汁水饱满，清甜爽口。其维生素C、可溶性固形物、总糖、铁含量均高于参照值，总酸含量优于参照值。

3. 评价鉴定依据

《中国食物成分表（第6版/第一册）》（北京大学医学出版社），《西瓜可溶性糖和纤维素含量的近红外光谱测定》收录于2007年01期《食品科学》，《西瓜果实总糖含量QTL分析》收录于2013年01期《果树学报》，GB/T 22446—2008《地理标志产品 大兴西瓜》。

4. 市场销售采购信息

赤峰市元宝山区康惠种植专业合作社　联系人：沈世慷　电话：13784941866

四十六 夏家店风干牛肉 CAQS-MTYX-20220631

1. 营养指标

参数	蛋白质(%)	硒(μg/100g)	胆固醇(mg/100g)	天冬氨酸(mg/100g)	不饱和脂肪酸(% 总脂肪酸)
测定值	43.7	54.00	89.0	3 760	52.57
参照值	41.8	25.64	120.0	2 896	48.98

2. 产品外在特征及独特营养品质特征评价鉴定

夏家店风干牛肉外观呈棕黄色，肉质紧实，有嚼劲，肉香浓郁。其蛋白质、硒、天冬氨酸、不饱和脂肪酸含量均高于参照值，胆固醇含量优于参照值。

3. 评价鉴定依据

《中国食物成分表（第6版/第二册）》（北京大学医学出版社），GB/T 25734—2010《牦牛肉干》。

4. 市场销售采购信息

赤峰牛赫食品有限公司

联系人：李学斌　电话：13848469456

四十七 夏家店风干猪肉干条 CAQS-MTYX-20220632

1. 营养指标

参数	蛋白质(%)	硒(μg/100g)	脂肪(%)	天冬氨酸(mg/100g)	多不饱和脂肪酸(% 总脂肪酸)
测定值	71.40	14.0	7.6	6 130	27.68
参照值	40.47	1.9	≤ 12.0	972	13.09

2. 产品外在特征及独特营养品质特征评价鉴定

夏家店风干猪肉干条外观呈棕黄色，肉质紧密，不柴不腻，有嚼劲，肉香浓郁。其蛋白质、硒、天冬氨酸、多不饱和脂肪酸含量均高于参照值，脂肪含量优于参照值。

3. 评价鉴定依据

《中国食物成分表（第 6 版／第二册）》（北京大学医学出版社），GB/T 23969—2009《肉干》，《高品质调理猪肉干标准工艺及贮藏稳定性研究》扬州大学硕士学位论文。

4. 市场销售采购信息

赤峰牛赫食品有限公司

联系人：李学斌　电话：13848469456

四十八 夏家店风干鸭脖 CAQS-MTYX-20220633

1. 营养指标

参数	鲜味氨基酸 (mg/100g)	蛋白质 (%)	脂肪 (%)	锌 (mg/100g)	不饱和脂肪酸 (% 总脂肪酸)
测定值	11 340	46.4	6.2	7.12	69.6
参照值	5 330	25.0	25.3	2.76	62.7

2. 产品外在特征及独特营养品质特征评价鉴定

夏家店风干鸭脖肉质呈红色，口感鲜美，香味扑鼻，有嚼劲。其鲜味氨基酸、不饱和脂肪酸、蛋白质、锌含量高，脂肪含量低。

3. 评价鉴定依据

《中国食物成分表（第 6 版／第二册）》（北京大学医学出版社），全国农产品地理标志网。

4. 市场销售采购信息

赤峰牛赫食品有限公司　　联系人：李学斌　　电话：13848469456

四十九 阿鲁科尔沁旗黄油 CAQS-MTYX-20220634

1. 营养指标

参数	硒 （μg/100g）	铁 （mg/100g）	蛋白质 （%）	脂肪 （%）	不饱和脂肪酸 （%）
测定值	10.0	1.68	0.77	96.3	27.34
参照值	1.6	0.80	0.70	81.1	21.02

2. 产品外在特征及独特营养品质特征评价鉴定

阿鲁科尔沁旗黄油色泽金黄，常温下呈蜡状固体，带有光泽，可塑性好，具有黄油特有的香味。其蛋白质、脂肪、硒、铁、不饱和脂肪酸含量均高于参照值。

3. 评价鉴定依据

《中国食物成分表（第6版/第二册）》（北京大学医学出版社），《黄油的加工方法及其物理性质和营养成分》收录于2011年11期《中国食物与营养》。

4. 市场销售采购信息

阿鲁科尔沁旗塔林花牧业合作社　　　　联系人：图门巴雅尔　电话：13847699123
阿鲁科尔沁旗塔玛哈农牧专业合作社　　联系人：特　木　日　电话：13644869074

五十 阿鲁科尔沁旗奶豆腐 CAQS-MTYX-20220635

1. 营养指标

参数	脂肪（%）	硒（μg/100g）	鲜味氨基酸（%）	多不饱和脂肪酸（%总脂肪酸）	亚油酸（%总脂肪酸）
测定值	25.5	18.0	10.94	3.72	2.45
参照值	7.8	11.6	10.18	1.35	1.10

2. 产品外在特征及独特营养品质特征评价鉴定

阿鲁科尔沁旗奶豆腐外观呈淡黄色，质地均匀，味道爽口，有清香的乳香味和淡淡的酸味。其脂肪、硒、鲜味氨基酸、亚油酸、多不饱和脂肪酸含量均高于参照值。

3. 评价鉴定依据

《中国食物成分表（第6版/第二册）》（北京大学医学出版社），DBS 15/001.3—2017《食品安全地方标准 蒙古族传统乳制品 第3部分：奶豆腐》，《蒙古族奶豆腐的制作及营养价值》收录于1997年03期《中国乳品工业》。

4. 市场销售采购信息

阿鲁科尔沁旗塔林花牧业合作社　　联系人：图门巴雅尔　电话：13847699123
阿鲁科尔沁旗塔林玛拉沁家庭牧场　联系人：敖日格乐　　电话：15847065549
阿鲁科尔沁旗扎兰家庭牧场　　　　联系人：伊布格乐图　电话：15947462878

赤峰市

五十一 巴林小米 CAQS-MTYX-20220636

1. 营养指标

参数	脂肪（%）	硒（μg/100g）	总淀粉（%）	谷氨酸（mg/100g）	必需氨基酸（%总氨基酸）
测定值	3.9	6.40	74.4	2 200	37.53
参照值	3.1	4.74	73.9	1 871	29.44

2. 产品外在特征及独特营养品质特征评价鉴定

巴林小米色泽金黄，大小均匀，粒形饱满完整。蒸后，米粒完整金黄，软而不黏结，米饭香味浓郁。其脂肪、总淀粉、谷氨酸含量较高，且硒、必需氨基酸含量高于参照值。

3. 评价鉴定依据

《中国食物成分表（第6版／第一册）》（北京大学医学出版社），《黑龙江省小米主栽品种理化特性与感官品质的相关性研究》黑龙江八一农垦大学硕士学位论文，《呼和浩特市售不同品种小米的品质特性比较研究》内蒙古农业大学硕士学位论文。

4. 市场销售采购信息

巴林右旗众惠新型农牧业联合社	联系人：孟和毕力格	电话：13948666928
巴林右旗巴彦塔拉苏木文全农牧业机械专业合作社	联系人：郭文全	电话：13754166018
巴林右旗金海粮油蔬菜水果储运专业合作社	联系人：冯金海	电话：13847623318
赤峰市富农兴牧农牧业有限公司	联系人：张海青	电话：15849963886
内蒙古坝林短角有机农业发展有限公司	联系人：张志军	电话：18947631000

五十二 巴林大米 CAQS-MTYX-20220637

1. 营养指标

参数	直链淀粉（%）	胶稠度（mm）	碱消值（级）	硒（μg/100g）
测定值	19.2	70.0	6.2	3.20
参照值	13.0～20.0	≥60.0	≥6.0	2.83

2. 产品外在特征及独特营养品质特征评价鉴定

巴林大米表面光滑，晶莹油亮，有光泽，质地坚韧，洁净度好，米饭口感软糯，香气浓郁。其胶稠度、碱消值高于参照值，直链淀粉含量符合优质粳米范围，硒含量也高于参照值。

3. 评价鉴定依据

《中国食物成分表（第6版/第一册）》（北京大学医学出版社），《大米胶稠度测定的影响因素研究》收录于2017年23期《湖北农业科学》，GB/T 1354—2018《大米》，NY/T 595—2022《食用籼米》。

4. 市场销售采购信息

内蒙古坝林短角有机农业发展有限公司	联系人：张志军	电话：18947631000
巴林右旗蒙益康农牧场	联系人：张树文	电话：13947661937
巴林右旗金香粒种养殖专业合作社	联系人：王　雷	电话：15148388555
巴林右旗益农农业专业合作社	联系人：张翠萍	电话：15124962221
巴林右旗金山农牧场	联系人：刘金山	电话：15598554995

赤峰市

五十三 林西煎饼 CAQS-MTYX-20220638

1. 营养指标

参数	蛋白质(%)	膳食纤维(%)	维生素 B_1 (mg/100g)	赖氨酸(mg/100g)	多不饱和脂肪酸(%)
测定值	13.4	8.00	0.32	380	1.8
参照值	7.2	4.94	0.13	176	0.9

2. 产品外在特征及独特营养品质特征评价鉴定

林西煎饼外观为层状饼，淡黄色，折叠整齐，大小基本一致，展开后单片厚薄基本均匀，质地细腻，口感微甜，有筋道感，不黏牙。其蛋白质、膳食纤维、赖氨酸含量高于参照值，维生素 B_1、多不饱和脂肪酸含量高于参照值。

3. 评价鉴定依据

《中国食物成分表（第6版/第一册）》（北京大学医学出版社），T/LYFIA005—2018《沂蒙传统煎饼》，《酵母发酵多谷物煎饼工艺研究及品质评价》吉林农业大学硕士学位论文。

4. 市场销售采购信息

林西县荣盛达种植农民专业合作社　联系人：赵丽杰　电话：15847333298

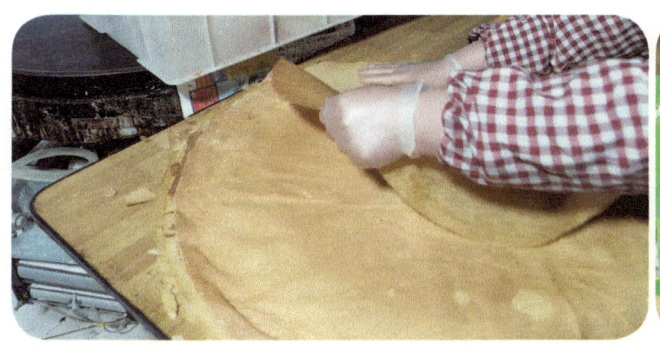

五十四 林西草原花菇 CAQS-MTYX-20220639

1. 营养指标

参数	蛋白质 （% 干基）	膳食纤维 （%）	钙 （mg/100g）	磷 （mg/100g）	鲜味氨基酸 （% 干基）
测定值	24.6	38.0	96.7	578	4.77
参照值	≥ 20.0	31.6（干）	83.0	258	4.31

2. 产品外在特征及独特营养品质特征评价鉴定

　　林西草原花菇菇形规整，菌肉厚实，菌褶紧实。煮熟后口感滑嫩鲜美，味道浓郁。其蛋白质、膳食纤维、多糖、钙、磷、鲜味氨基酸含量均高于参照值。

3. 评价鉴定依据

　　《中国食物成分表（第 6 版／第一册）》（北京大学医学出版社），GB/T 22746—2008《地理标志产品　泌阳花菇》。

4. 市场销售采购信息

　　林西县春盛菌业有限责任公司　　联系人：吴春和　电话：15925738999

五十五 翁牛特牛肉 CAQS-MTYX-20220640

1. 营养指标

参数	剪切力(N)	肌间脂肪(%)	钙(mg/100g)	鲜味氨基酸(% 总氨基酸)	亚油酸(% 总脂肪酸)
测定值	49.75	1.30	64.5	27.63	6.21
参照值	<60.00	0.36	5.0	22.79	2.90

2. 产品外在特征及独特营养品质特征评价鉴定

翁牛特牛肉外表微干，切面湿润，不黏手，肌肉截面有大理石花纹，肉质富有弹性，指压后凹陷立即恢复。煮沸后肉汤澄清透明，肉质鲜嫩。其肌间脂肪、不饱和脂肪酸、钙、鲜味氨基酸、亚油酸含量均高于参照值，剪切力优于参照值。

3. 评价鉴定依据

《中国食物成分表（第6版/第二册）》（北京大学医学出版社），GB/T 9960—2008《鲜、冻四分体牛肉》，NY/T 676—2010《牛肉等级规格》，NY/T 2793—2015《肉的食用品质客观评价方法》，《大通牦牛肉质特性研究》甘肃农业大学硕士学位论文。

4. 市场销售采购信息

内蒙古恒都农业开发有限公司	联系人：谷元松	电话：18747134552
翁牛特旗西拉沐沦农牧业有限公司	联系人：刘家兴	电话：18204951616
赤峰圣泉生态牧业有限公司	联系人：王景文	电话：13947605910

五十六 喀喇沁旗肉鸭 CAQS-MTYX-20220641

1. 营养指标

参数	蛋白质（%）	肌间脂肪（%）	铁（mg/100g）	鲜味氨基酸（mg/100g）	多不饱和脂肪酸（% 总脂肪酸）
测定值	17.9	0.80	3.82	5 460	22.1
参照值	15.5	0.66	2.20	3 767	19.5

2. 产品外在特征及独特营养品质特征评价鉴定

喀喇沁旗肉鸭表面洁净，酮体皮色亮白，肌肉切面呈红色，鸭皮薄，肉质细嫩，肌肉表面细致有韧性。煮熟后，肉质紧致细嫩，味道鲜美。其蛋白质、铁、鲜味氨基酸、肌间脂肪、多不饱和脂肪酸含量高。

3. 评价鉴定依据

《中国食物成分表（第6版/第二册）》（北京大学医学出版社），《山东地方鸭与北京鸭的产肉性能及肉质特性研究》收录于2001年01期《山东农业大学学报（自然科学版）》。

4. 市场销售采购信息

内蒙古九牧合农牧科技有限公司

联系人：王　鹏　电话：15047682116

五十七 宁城红谷子 CAQS-MTYX-20220642

1. 营养指标

参数	蛋白质(%)	总淀粉(%)	直链淀粉(%)	谷氨酸(mg/100g)	硒(μg/100g)
测定值	9.0	79.2	21.8	2 120	6.40
参照值	8.9	73.9	18.0	1 871	4.74

2. 产品外在特征及独特营养品质特征评价鉴定

宁城红谷子外观鲜黄明亮，粒形饱满完整，大小均匀，千粒重约 2.1 g。其蒸后米粒完整金黄，软而不黏。其蛋白质、总淀粉、直链淀粉、谷氨酸含量高于参照值，硒、必需氨基酸含量高于参照值。

3. 评价鉴定依据

《中国食物成分表（第 6 版／第一册）》（北京大学医学出版社），《黑龙江省小米主栽品种理化特性与感官品质的相关性研究》黑龙江八一农垦大学硕士学位论文，《呼和浩特市售不同品种小米的品质特性比较研究》内蒙古农业大学硕士学位论文。

4. 市场销售采购信息

宁城县志永米业有限公司　　　　联系人：孙志伟　电话：18304908622

内蒙古绿发农业科技发展有限公司　联系人：李洪全　电话：18304985799

锡林郭勒盟

内蒙古名特优新农产品

苏尼特羊肉 CAQS-MTYX-20190292

1. 营养指标

参数	肌间脂肪（%）	蛋白质（%）	鲜味氨基酸（% 总氨基酸）	不饱和脂肪酸（% 总脂肪酸）	赖氨酸（mg/100g）
测定值	1.60	20.4	27.95	44.9	1 730
参照值	0.83	18.5	25.98	43.2	1 713

2. 产品外在特征及独特营养品质特征评价鉴定

苏尼特羊肉肌肉色泽鲜红，有光泽，脂肪呈白色，肥瘦均匀，有大理石花纹；肌纤维致密，有韧性富有弹性，指压后凹陷立即恢复，切面湿润不黏手。肥瘦相间、肉质鲜嫩、肥而不腻、食之爽口。煮沸后肉汤透明澄清，香味浓郁，回味无穷。其蛋白质、肌间脂肪、赖氨酸、鲜味氨基酸、不饱和脂肪酸含量高。

3. 评价鉴定依据

《中国食物成分表（第 6 版 / 第二册）》（北京大学医学出版社），GB/T 9961—2008《鲜、冻胴体羊肉》，NY/T 2793—2015《肉的食用品质客观评价方法》，NY/T 630—2002《羊肉质量分级》，NY/T 633—2002《冷却羊肉》，DB22/T 1003—2018《优质羊肉品质要求》，《龙陵黄山羊屠宰性能及肉质研究》收录于 1998 年 03 期《云南农业大学学报》。

4. 市场销售采购信息

苏尼特左旗乔宇肉食品有限公司	联系人：杨淑兰	电话：18704796677
苏尼特左旗满都拉图肉食品有限公司	联系人：李凤艳	电话：13694780888
内蒙古草原万开蒙郭勒肉业有限责任公司	联系人：张艳慧	电话：13847921328
苏尼特左旗功宽肉食品有限公司	联系人：赵绪安	电话：13947925264
苏尼特左旗大都苏尼特肉食品有限公司	联系人：周竹旺	电话：13801053588
苏尼特左旗鑫海肉食品有限公司	联系人：吕建茹	电话：15204797864

锡林郭勒盟

二 乌珠穆沁羊肉 CAQS-MTYX-20200533

1. 营养指标

参数	蛋白质(%)	脂肪(%)	胆固醇(mg/100g)	总不饱和脂肪酸(%)	剪切力(N)
测定值	16.94	16.65	54.1	4.4	45
参照值	12.60	24.40	77.0	3.8	< 60

2. 产品外在特征及独特营养品质特征评价鉴定

乌珠穆沁羊肉色泽鲜红，有光泽，脂肪呈乳白色；肌纤维致密，有韧性且富有弹性，切面光滑、不黏手。煮沸后香味浓郁，肉质柔嫩、食之爽口。其蛋白质、蛋氨酸、总不饱和脂肪酸、亚油酸含量均高于参照值；胆固醇、脂肪含量均优于参照值；剪切力、蒸煮损失优于参照值，满足标准要求；水分含量优于参照值，满足优质羊肉要求。

3. 评价鉴定依据

《中国食物成分表（第6版/第二册）》（北京大学医学出版社），GB/T 9961—2008《鲜、冻酮体羊肉》，NY/T 2793—2015《肉的食用品质客观评价方法》，NY/T 630—2002《羊肉质量分级》。

4. 市场销售采购信息

东乌珠穆沁旗贝利商贸有限公司	联系人：宝力德阿日斯楞	电话：13684799989
东乌珠穆沁旗草原泰羊肉业有限公司	联系人：任　占　利	电话：15249521555
东乌珠穆沁旗兴原肉业有限公司	联系人：陈　国　祥	电话：13604793304
东乌珠穆沁旗蒙故乡畜牧业专业合作社	联系人：宝音阿日布其格	电话：18747922118
东乌珠穆沁旗诺图格畜牧业专业合作社	联系人：额　仁　布　其	电话：17647329080

阿巴嘎策格（酸马奶） CAQS-MTYX-20210632

1. 营养指标

参数	脂肪(%)	乳糖(%)	钙(mg/kg)	维生素A(μg/100g)	亚油酸(%总脂肪酸)	鲜味氨基酸(%总氨基酸)
测定值	0.8	1.46	684	26.80	8.88	28.94
参照值	0.6	2.80	611	5.77	5.33	28.89

2. 产品外在特征及独特营养品质特征评价鉴定

酸马奶（又称策格）是马奶经过发酵而制成的一种健康饮料，也是蒙古族地区用来治疗一些疾病的良药。阿巴嘎策格（酸马奶）外观为浅淡青色，味道微酸而带甜，酸甜适中，具有酸马奶固有的香味，无异味，其脂肪、亚油酸、鲜味氨基酸、钙、维生素A含量均高于参照值，乳糖含量优于参照值。

3. 评价鉴定依据

《酸马奶的营养价值和医疗保健作用》收录于2018年06期《新疆畜牧业》，《阿巴嘎黑马种质资源调查研究及马奶成分分析》内蒙古农业大学硕士学位论文，DBS15/013—2019《食品安全地方标准 蒙古族传统乳制品 策格（酸马奶）》。

4. 市场销售采购信息

阿巴嘎旗照富经贸有限责任公司　　联系人：乔晓宏　　电话：13514791837

四 太仆寺旗莜麦粉 CAQS-MTYX-20210633

1. 营养指标

参数	总淀粉（%）	直链淀粉（%）	粗纤维（%）	苏氨酸（%）	必需氨基酸（% 总氨基酸）
测定值	70.3	16.20	5.60	280	31.02
参照值	61.5	11.28	2.78	100	26.28

2. 产品外在特征及独特营养品质特征评价鉴定

太仆寺旗莜麦粉的颜色为灰白色，质地较粗糙，粗粒感较强，手感略涩，有淡淡的莜麦香味。其总淀粉、直链淀粉、粗纤维含量较高，且苏氨酸、必需氨基酸含量高于参照值。

3. 评价鉴定依据

《中国食物成分表（第6版/第一册）》（北京大学医学出版社），《燕麦淀粉含量测定及颗粒结合型淀粉合成酶基因（GBSS I）片段克隆》四川农业大学硕士学位论文，《燕麦淀粉物化特性及燕麦粉中风味成分的研究》南昌大学硕士学位论文。

4. 市场销售采购信息

内蒙古四海农牧科技有限责任公司　　联系人：刘志刚　　电话：18004712789

五 太仆寺旗鸡蛋 CAQS-MTYX-20210634

1. 营养指标

参数	蛋白质(%)	卵磷脂(%)	蛋氨酸(mg/100g)	多不饱和脂肪酸(%)	亚油酸(% 总脂肪酸)	胆固醇(mg/100g)
测定值	13.3	5.41	420	1.28	20.5	352
参照值	13.1	4.46	327	0.50	5.3	648

2. 产品外在特征及独特营养品质特征评价鉴定

太仆寺旗鸡蛋呈规则卵圆形，蛋壳为红褐色，鲜亮致密，坚韧厚实。蛋白黏稠透明，蛋黄轮廓清晰，大且着色深。煮熟后，口感细腻有弹性，味道微微发甜。其蛋白质、卵磷脂、蛋氨酸、多不饱和脂肪酸、亚油酸含量均高于参照值，胆固醇含量优于参照值。

3. 评价鉴定依据

《中国食物成分表（第6版/第二册）》（北京大学医学出版社），SB/T 10638—2011《鲜鸡蛋、鲜鸭蛋分级》，《藏鸡蛋与普通鸡蛋脂类物质营养价值比较》收录于2017年03期《黑龙江畜牧兽医》。

4. 市场销售采购信息

锡林郭勒盟小乐科技有限公司

联系人：郭 珺　电话：15148650023

六 乌拉盖华西牛肉 CAQS-MTYX-20210635

1. 营养指标

参数	剪切力（N）	胆固醇（mg/100g）	鲜味氨基酸（mg/100g）	不饱和脂肪酸（% 总脂肪酸）
测定值	51.10	43.4	4 790	49.49
参照值	＜60.00	58.0	4 557	47.50

2. 产品外在特征及独特营养品质特征评价鉴定

乌拉盖华西牛肉肌肉有光泽，色泽深红，脂肪呈乳白色，其外表微干，不黏手，指压后的凹陷可恢复。煮熟后，肉汤透明澄清，富有香味和鲜味，肉质松软可口，味道鲜美。其鲜味氨基酸、不饱和脂肪酸含量高于参照值，剪切力、胆固醇含量优于参照值。

3. 评价鉴定依据

《中国食物成分表（第 6 版 / 第二册）》（北京大学医学出版社），GB/T 17238—2022《鲜、冻分割牛肉》，NY/T 676—2010《牛肉等级规格》，《大通牦牛肉质特性研究》2009 年甘肃农业大学硕士学位论文。

4. 市场销售采购信息

内蒙古奥科斯牧业有限公司

联系人：马海滨　电话：18847999109

七 乌拉盖乌牛肉 CAQS-MTYX-20210636

1. 营养指标

参数	蛋白质 (%)	胆固醇 (mg/100g)	剪切力 (N)	鲜味氨基酸 (% 总氨基酸)	不饱和脂肪酸 (% 总脂肪酸)
测定值	23.4	55.4	47.55	27.44	58.11
参照值	20.0	60.0	＜60.00	22.79	47.50

2. 产品外在特征及独特营养品质特征评价鉴定

乌拉盖乌牛肉鲜肉为鲜红色，有光泽，脂肪呈乳白色，外表微干，切面湿润，不黏手；肉质富有弹性，肌纤维韧性强，指压后凹陷立即恢复。煮熟后，肉汤澄清透明，脂肪团聚于表面，肉质柔软多汁，滋味鲜美。其蛋白质、鲜味氨基酸、不饱和脂肪酸含量均高于参照值，剪切力、胆固醇含量优于参照值。

3. 评价鉴定依据

《中国食物成分表（第 5 版／第二册）》（北京大学医学出版社），GB/T 9960—2008《鲜、冻四分体牛肉》，NY/T 676—2010《牛肉等级规格》，NY/T 2793—2015《肉的食用品质客观评价方法》。

4. 市场销售采购信息

乌拉盖管理区乌牛牧业有限公司　　联系人：李景山　电话：13802088541

锡林郭勒盟

八 锡林策格 CAQS-MTYX-20220264

1. 营养指标

参数	钙 (mg/kg)	维生素A (μg/100g)	鲜味氨基酸 (% 总氨基酸)	亚油酸 (% 总脂肪酸)	蛋白质 (%)
测定值	1 030	43.5	31.40	6.25	1.95
参照值	611	27.0	28.89	5.33	1.78

2. 产品外在特征及独特营养品质特征评价鉴定

策格（酸马奶）是以鲜马奶为原料，经净乳、接种、发酵、捣搅、冷却等蒙古族传统工艺制成的乳制品。锡林策格外观为浅淡青色，味道微酸而带甜，酸甜适口，具有酸马奶固有的香味。其蛋白质、亚油酸、鲜味氨基酸、钙、维生素A含量均高于参照值。

3. 评价鉴定依据

《酸马奶的营养价值和医疗保健作用》收录于2018年06期《新疆畜牧业》，《阿巴嘎黑马种质资源调查研究及马奶成分分析》内蒙古农业大学硕士学位论文，DBS15/013—2019《食品安全地方标准 蒙古族传统乳制品 策格（酸马奶）》，《新疆维吾尔自治区酸马奶化学组成分与微生物学分析》收录于2005年10期《中国乳品工业》。

4. 市场销售采购信息

锡林浩特市翡腾奶制品店	联系人：沙仁苏和	电话：13848590834
内蒙古马苏乳业有限公司	联系人：梁银锁	电话：15304716576
锡林浩特市伊丽其奶制品厂	联系人：陈强	电话：18147905678
内蒙古鸿信诚乳业有限责任公司	联系人：额日和	电话：18048338555
锡林浩特市阿古拉家庭牧场	联系人：乌拉	电话：13847912653
锡林浩特市穆希勒奶制品店	联系人：赛很其木格	电话：13754194129
锡林浩特市酷美滋马奶加工部	联系人：吉雅	电话：13847920263
锡林浩特市澈根萨俪奶制品店	联系人：萨如拉	电话：13664751397
锡林郭勒盟罕那乌拉乳业有限公司	联系人：耐达布日图	电话：15249598060
阿吉乃家庭牧场	联系人：巴雅斯古楞	电话：13754195457

锡林郭勒盟

九 阿巴嘎旗乌冉克羊肉 CAQS-MTYX-20220661

1. 营养指标

参数	胆固醇 (mg/100g)	肌间脂肪 (%)	剪切力 (N)	不饱和脂肪酸 (% 总脂肪酸)	鲜味氨基酸 (% 总氨基酸)
测定值	41.8	1.40	41.9	55.1	27.50
参照值	82.0	0.83	< 60.0	43.2	25.98

2. 产品外在特征及独特营养品质特征评价鉴定

乌冉克羊肉色泽呈鲜红色，肉质紧密，有坚实感，肌纤维结构清晰，肉质表面微湿润，不黏手。煮熟后香味浓郁、肉质柔嫩、食之爽口。其肌间脂肪、不饱和脂肪酸、鲜味氨基酸含量高于参照值，胆固醇含量及剪切力低于参照值。

3. 评价鉴定依据

《中国食物成分表（第 6 版 / 第二册）》（北京大学医学出版社），GB/T 9961—2008《鲜、冻胴体羊肉》，NY/T 2793—2015《肉的食用品质客观评价方法》，NY/T 630—2002《羊肉质量分级》，NY/T 633—2002《冷却羊肉》，《龙陵黄山羊屠宰性能及肉质研究》收录于 1998 年 03 期《云南农业大学学报》。

4. 市场销售采购信息

阿巴嘎旗坛思阁畜牧繁育综合开发有限责任公司

联系人：巴义拉图　电话：13604790734

苏尼特双峰驼奶 CAQS-MTYX-20220662

1. 营养指标

参数	蛋白质（%）	钙（mg/100g）	鲜味氨基酸（% 总氨基酸）	不饱和脂肪酸（% 总脂肪酸）	乳糖（%）
测定值	4.58	152	28.7	41.6	4.50
参照值	3.70	50	26.0	31.8	5.03

2. 产品外在特征及独特营养品质特征评价鉴定

苏尼特双峰驼奶外观为乳白色液体，驼奶稠度较大，口味清爽纯正，有浓郁的新鲜奶香味，无肉眼可见的杂质。与牛奶相比，驼奶的蛋白质、不饱和脂肪酸及钙含量更高，乳糖含量更低，有"沙漠黄金"之美称。其蛋白质、钙、不饱和脂肪酸、鲜味氨基酸含量均高于参照值，乳糖含量优于参照值。

3. 评价鉴定依据

《中国食物成分表（第6版/第二册）》（北京大学医学出版社）。《驼奶中氨基酸和人体必需微量金属元素的测定》1999年01期《宁夏大学学报》，《乌鲁木齐县托里乡乌拉泊村骆驼养殖和驼奶质量调查》2016年12期《新疆畜牧业》。

4. 市场销售采购信息

内蒙古苏尼特驼业生物科技有限公司　联系人：黄　炎　电话：18249670918

十一 星耀小镇西瓜 CAQS-MTYX-20220663

1. 营养指标

参数	可溶性固形物 (%)	维生素C (mg/100g)	铁 (mg/100g)	总酸 (%)	总糖 (%)
测定值	10.4	10.1	2.03	0.094	9.0
参照值	≥ 8.0	4.0	0.40	0.200	4.2

2. 产品外在特征及独特营养品质特征评价鉴定

星耀小镇西瓜品种为L600，瓜形呈椭圆形，瓜皮纹路清晰，底色呈绿色带有深绿色条带，单个重量约2.1 kg，瓜瓤鲜红色，皮薄肉厚，肉质细嫩，汁水饱满，口感清甜。其维生素C、可溶性固形物、总糖、铁含量均高于参照值，总酸含量优于参照值。

3. 评价鉴定依据

《中国食物成分表（第6版/第一册）》（北京大学医学出版社），《西瓜可溶性糖和纤维素含量的近红外光谱测定》收录于2007年01期《食品科学》，《西瓜果实总糖含量QTL分析》收录于2013年01期《果树学报》，GB/T 22446—2008《地理标志产品 大兴西瓜》。

4. 市场销售采购信息

北京李家巷西瓜产销专业合作社正镶白旗分社　联系人：李凤春　电话：13810381695
北京鑫莱盛农业发展有限公司正镶白旗分公司　联系人：张　灿　电话：13811787003

十二 多伦小麦粉 CAQS-MTYX-20220664

1. 营养指标

参数	总淀粉（%）	硒（μg/100g）	湿面筋（%）	谷氨酸（mg/100g）	亮氨酸（mg/100g）
测定值	75.2	5.4	30.5	4 020	760
参照值	67.3	3.0	≥ 26.0	3 625	718

2. 产品外在特征及独特营养品质特征评价鉴定

多伦小麦粉色泽白净，颗粒度小，粉质细腻，流散性好，吸水率高，筋度大，有麦香味。其总淀粉、湿面筋、亮氨酸、谷氨酸含量较高，且硒含量高于参照值。

3. 评价鉴定依据

《中国食物成分表（第 6 版 / 第一册）》（北京大学医学出版社），《不同面筋含量小麦淀粉及蛋白质特性分析》河南工业大学硕士学位论文，GB/T 1355—2021《小麦粉》。

4. 市场销售采购信息

内蒙古膳玖实业有限公司

联系人：姚　娜　电话：15647914006

十三 多伦湖池沼公鱼 CAQS-MTYX-20220665

1. 营养指标

参数	蛋白质（%）	钙（mg/100g）	DHA（% 总脂肪酸）	亚油酸（% 总脂肪酸）	鲜味氨基酸（% 总氨基酸）
测定值	19.4	588	21.18	4.92	26.9
参照值	18.6	34	11.82	3.37	25.9

2. 产品外在特征及独特营养品质特征评价鉴定

多伦湖池沼公鱼体长 8～10 cm，全身呈银白色，肌肉组织紧密有弹性，鳞片细而紧密，有光泽。体形稍侧扁，背鳍与腹鳍相对，位于体之中点。背鳍与尾鳍间有一脂鳍，尾鳍深叉状。营养丰富、整体可食，清炖后肉质鲜嫩、味道鲜美。钙含量极其丰富，有很好的补钙功效。其蛋白质、钙、DHA、亚油酸、鲜味氨基酸含量均高于参照值。

3. 评价鉴定依据

《中国食物成分表（第 6 版／第二册）》（北京大学医学出版社），《池沼公鱼不同部位中脂肪酸成分的 GC-MS 分析》收录于 2014 年 06 期《食品工业》。

4. 市场销售采购信息

内蒙古草原漫之旅文化旅游发展集团有限公司　联系人：滕秀霞　电话：13501055022

乌兰察布市

内蒙古名特优新农产品

丰镇亚麻籽油 CAQS-MTYX-20190293

1. 营养指标

参数	亚油酸（%）	多不饱和脂肪酸（%）	单不饱和脂肪酸（%）	锌（mg/100g）
测定值	14.3	68.8	20.2	3.4
参照值	10.0～20.0	67.7	18.7	0.3

2. 产品外在特征及独特营养品质特征评价鉴定

丰镇亚麻籽油外观呈金黄色，色泽光亮，气味浓香，滋味纯正，具有亚麻籽油固有的气味和滋味。其折光指数、过氧化值、亚油酸满足标准范围要求，多不饱和脂肪酸、单不饱和脂肪酸、锌含量均高于参照值。

3. 评价鉴定依据

《中国食物成分表（第 6 版／第二册）》（北京大学医学出版社），GB/T 8235—2019《亚麻籽油》。

4. 市场销售采购信息

内蒙古格琳诺尔生物股份有限公司

联系人：徐 慧 电话：13331018575

二 卓资山莜麦面 CAQS-MTYX-20190294

1. 营养指标

参数	蛋白质 (g/100%)	多不饱和脂肪酸 (% 总脂肪酸)	谷氨酸 (mg/100g)	锌 (mg/100g)	淀粉 (%)
测定值	14.41	34.57	3 040	2.45	68.3
参照值	13.70	15.90	2 870	2.18	61.5

2. 产品外在特征及独特营养品质特征评价鉴定

卓资山莜麦面色泽灰白色，质地较粗糙，手感略涩，面粉颗粒度较均匀，颗粒大小一致，具有淡淡的莜麦香味。其蛋白质、淀粉、直链淀粉、锌、谷氨酸含量较高，且多不饱和脂肪酸含量也较高。

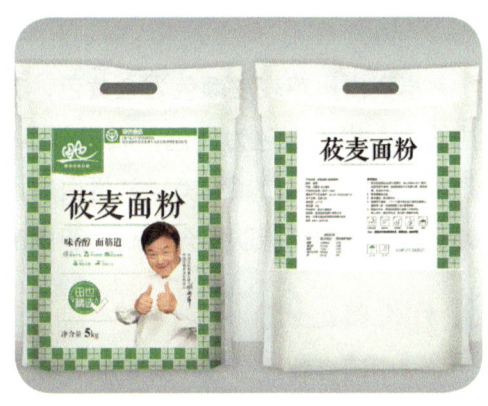

3. 评价鉴定依据

《中国食物成分表（第 6 版／第一册）》（北京大学医学出版社），《莜麦面可溶性膳食纤维的研究》收录于 1998 年 01 期《中国粮油学报》。

4. 市场销售采购信息

卓资县磨子山农牧业发展有限公司　　联系人：李成永　电话：15849100395

三 卓资山熏鸡 CAQS-MTYX-20190295

1. 营养指标

参数	蛋白质 (g/100%)	不饱和脂肪酸 (% 总脂肪酸)	赖氨酸 (mg/100g)	天冬氨酸 (mg/100g)	胆固醇 (mg/100g)
测定值	26.5	69.88	2 100	2 340	32.6
参照值	20.3	57.64	1 893	2 116	106.0

2. 产品外在特征及独特营养品质特征评价鉴定

卓资山熏鸡表皮颜色为金黄色，有金属光泽，油性大，皮下肉色为白色，肌肉纤维明显，皮质紧实，香味浓郁口感鲜美。其蛋白质、天冬氨酸、赖氨酸、不饱和脂肪酸含量高，胆固醇含量低。

3. 评价鉴定依据

《中国食物成分表（第6版/第二册）》（北京大学医学出版社），《不同地方特色熏鸡食用品质的比较分析》渤海大学硕士学位论文。

4. 市场销售采购信息

内蒙古张金涛熏鸡有限责任公司　联系人：张金涛　电话：18604841888

四 卓资山鸡蛋 CAQS-MTYX-20190296

1. 营养指标

参数	缬氨酸 (mg/100g)	总不饱和脂肪酸 (%)	蛋氨酸 (mg/100g)	硒 (μg/100g)	必需氨基酸 (% 总氨基酸)
测定值	8.12	11.8	520	362	5.26
参照值	6.40	14.4	1 338	183	1.70

2. 产品外在特征及独特营养品质特征评价鉴定

卓资山鸡蛋蛋液黏度高，蛋黄较居中，轮廓较清晰，蛋白澄清透明，煮熟后蛋白光滑弹嫩，蛋黄口感绵密。其硒、蛋氨酸、缬氨酸、总不饱和脂肪酸、必需氨基酸含量高。

3. 评价鉴定依据

《中国食物成分表（第6版/第二册）》（北京大学医学出版社），《固原地区朝那鸡鸡蛋的品质分析》收录于2022年01期《饲料博览》。

4. 市场销售采购信息

卓资县振耀农牧业农民专业合作社
联系人：张建兵　电话：13947192897

五 卓资山亚麻籽油 CAQS-MTYX-20190297

1. 营养指标

参数	单不饱和脂肪酸(%)	亚油酸(%)	多不饱和脂肪酸(%)	锌(mg/100g)	过氧化值(%)
测定值	19.78	15.0	66.5	0.51	0.02
参照值	18.70	10.0～20.0	62.2	0.30	≤0.25

2. 产品外在特征及独特营养品质特征评价鉴定

卓资山亚麻籽油外观呈金黄色，色泽光亮，气味浓香，滋味纯正，具有亚麻籽油固有的气味和滋味。其亚油酸含量、过氧化值、折光系数满足标准范围要求，多不饱和脂肪酸、单不饱和脂肪酸、锌含量高于参照值。

3. 评价鉴定依据

《中国食物成分表（第6版/第二册）》（北京大学医学出版社），GB/T 8235—2019《亚麻籽油》。

4. 市场销售采购信息

内蒙古蒙花生物科技有限责任公司

联系人：张建国　电话：15148030682

六　卓资山小麦粉 CAQS-MTYX-20190298

1. 营养指标

参数	总淀粉(%)	膳食纤维(%)	湿面筋(%)	组氨酸(mg/100g)
测定值	69.6	7.52	28.1	310
参照值	67.3	2.52	≥ 26.0	234

2. 产品外在特征及独特营养品质特征评价鉴定

卓资山小麦粉色泽白净，颗粒度小，粉质细腻，流散性好，吸水率高，筋度大，有麦香味。其总淀粉、膳食纤维、组氨酸含量较高，且湿面筋含量高于参照值。

3. 评价鉴定依据

《中国食物成分表（第6版/第一册）》（北京大学医学出版社），《不同面筋含量小麦淀粉及蛋白质特性分析》河南工业大学硕士学位论文。

4. 市场销售采购信息

卓资县磨子山农牧业发展有限公司

联系人：李成永　电话：15849100395

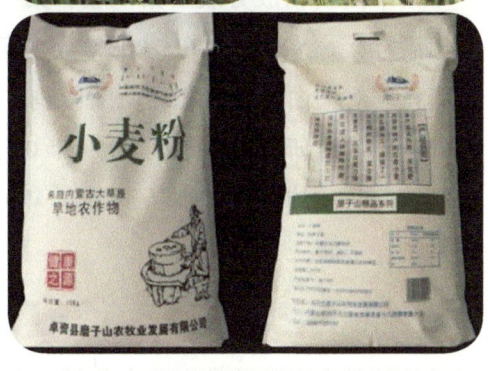

七 化德大白菜 CAQS-MTYX-20190299

1. 营养指标

参数	粗纤维（%）	钾（mg/100g）	可溶性糖（%）	β-胡萝卜素（μg/100g）	维生素C（mg/100g）
测定值	0.60	171	1.93	21.4	35.6
参照值	0.73	134	1.71	4.2	19.0

2. 产品外在特征及独特营养品质特征评价鉴定

化德县大白菜叶球叠抱紧实，外观新鲜、清洁，外叶形状为宽倒卵圆形、颜色为绿色，叶柄为白色，整修良好，质地细腻脆嫩、纤维少，味微甜。其可溶性糖、钾、维生素C、β-胡萝卜素含量均高于参照值，粗纤维含量优于参照值。

3. 评价鉴定依据

《中国食物成分表（第6版/第一册）》（北京大学医学出版社），NY/T 943—2006《大白菜等级规格》，《氮肥及有机肥对大白菜产量和品质的影响》山东农业大学硕士学位论文，《白菜营养品质性状的遗传效应研究》收录于2019年03期《西南农业学报》，《防蛾灯照射对大白菜生长及营养品质的影响》收录于2020年02期《南方农业学报》，全国地理标志农产品查询系统——唐王大白菜。

4. 市场销售采购信息

化德县杰利种养殖专业合作社　　联系人：郭　杰　　电话：13739954886

八 化德羊肉 CAQS-MTYX-20190300

1. 营养指标

参数	蛋白质（%）	钙（mg/100g）	肌间脂肪（%）	鲜味氨基酸（% 总氨基酸）	不饱和脂肪酸（% 总脂肪酸）
测定值	19.62	32.9	3.00	26.99	56.9
参照值	18.50	16.0	0.83	25.98	43.2

2. 产品外在特征及独特营养品质特征评价鉴定

化德县羊肉肌肉色泽暗红，有光泽，肥瘦均匀，肌纤维致密有韧性，脂肪和肌肉硬实，煮熟后肉汤澄清透明，肉质细嫩，肥而不腻，味道鲜美无膻味。其蛋白质、肌间脂肪、钙、鲜味氨基酸、不饱和脂肪酸含量高。

3. 评价鉴定依据

《中国食物成分表（第 6 版／第二册）》（北京大学医学出版社），GB/T 9961—2008《鲜、冻胴体羊肉》，NY/T 2793—2015《肉的食用品质客观评价方法》，NY/T 630—2002《羊肉质量分级》，NY/T 633—2002《冷却羊肉》，DB22/T 1003—2018《优质羊肉品质要求》，《龙陵黄山羊屠宰性能及肉质研究》收录于 1998 年 03 期《云南农业大学学报》。

4. 市场销售采购信息

化德县宏旺种养殖肉食品加工有限公司　　联系人：姚　军　电话：13514840752

九 化德黑枸杞 CAQS-MTYX-20190301

1. 营养指标

参数	蛋白质 (% 干样)	多糖 (% 干样)	总糖 (% 干样)	铁 (mg/100g)
测定值	10.87	6.28	51.60	25.0
参照值	≥ 10.00	≥ 3.00	≥ 39.89	12.8

2. 产品外在特征及独特营养品质特征评价鉴定

化德黑枸杞颗粒饱满均匀，整齐度好，质地柔软，味道甘甜。其维生素 C 含量高于参照值，总糖、多糖、蛋白质含量均高于参照值，满足标准范围要求。

3. 评价鉴定依据

GB/T 18672—2014《枸杞》，《新疆黑枸杞营养成分的测定及分析》收录于 2018 年 03 期《食品工业》，《高效液相色谱法测定枸杞中维生素 C 含量》收录于 2012 年 03 期《包头医学院学报》。

4. 市场销售采购信息

内蒙古梅芳农业科技有限公司　联系人：李万成　电话：15540433078

十 凉城亚麻籽油 CAQS-MTYX-20190302

1. 营养指标

参数	亚油酸(%)	多不饱和脂肪酸(%)	单不饱和脂肪酸(%)	锌(mg/100g)
测定值	14.3	67.7	21.8	0.42
参照值	10.0～20.0	62.4	18.7	0.30

2. 产品外在特征及独特营养品质特征评价鉴定

凉城亚麻籽油外观呈金黄色，色泽光亮，气味浓香，滋味纯正，具有亚麻籽油固有的气味和滋味。其亚油酸含量、过氧化值、折光系数满足标准范围要求，多不饱和脂肪酸、单不饱和脂肪酸、锌含量高于参照值。

3. 评价鉴定依据

《中国食物成分表（第6版/第一册）》（北京大学医学出版社），GB/T 8235—2019《亚麻籽油》。

4. 市场销售采购信息

凉城县鑫江粮油食品有限公司　联系人：李国廷　电话：15848428302

十一 凉城燕麦米 CAQS-MTYX-20190303

1. 营养指标

参数	蛋白质（%）	总淀粉（%）	谷氨酸（mg/100g）	亮氨酸（mg/100g）
测定值	13.8	63.00	3 160	1 040
参照值	10.1	60.14	2 338	872

2. 产品外在特征及独特营养品质特征评价鉴定

凉城燕麦米外皮呈白黄色长纺锤形，颗粒饱满，色泽正常，味微甜。其蛋白质、总淀粉、谷氨酸、亮氨酸含量较高，且具有β葡聚糖含量高的特点。

3. 评价鉴定依据

《中国食物成分表（第6版/第一册）》（北京大学医学出版社），LS/T 3260—2019《燕麦米》，《藜麦及其他谷物的常规营养成分测定》收录于2019年16期《现代食品》，《裸燕麦米和燕麦粉加工所得麸皮中β-葡聚糖和酚酸的分布》收录于2018年10期《食品科学》。

4. 市场销售采购信息

凉城县世纪粮行有限公司　　联系人：张明旺　　电话：18747474900

十二 凉城藜麦米 CAQS-MTYX-20190304

1. 营养指标

参数	蛋白质（%）	直链淀粉（%）	总淀粉（%）	必需氨基酸（% 总氨基酸）
测定值	12.6	14.20	64.00	34.76
参照值	10.4	4.52	58.73	29.28

2. 产品外在特征及独特营养品质特征评价鉴定

凉城藜麦米颗粒完整、饱满，色泽鲜亮，有淡淡的清香味。其蛋白质、总淀粉、直链淀粉含量较高，且维生素 B_1、必需氨基酸含量高。

3. 评价鉴定依据

《中国食物成分表（第 6 版 / 第一册）》（北京大学医学出版社），LS/T 3245—2015《藜麦米》，《藜麦及其他谷物的常规营养成分测定》收录于 2019 年 16 期《现代食品》，《60 份国内外藜麦材料籽粒的品质性状分析》收录于 2017 年 18 期《植物遗传资源学报》，《中国北部藜麦品质性状的多样性和相关性分析》收录于 2017 年 43 期《作物学报》，《宁夏不同品种藜麦中维生素 B_1 和维生素 B_2 含量分析》收录于 2018 年 19 期《食品研究与开发》。

4. 市场销售采购信息

凉城县世纪粮行有限公司　联系人：张明旺　电话：18747474900

十三 凉城鸡蛋 CAQS-MTYX-20190305

1. 营养指标

参数	必需氨基酸（% 总氨基酸）	多不饱和脂肪酸（% 总脂肪酸）	蛋氨酸（mg/100g）	胆固醇（mg/100g）	总不饱和脂肪酸（%）
测定值	40.8	14.8	420	482.6	2.8
参照值	39.4	7.3	327	648.0	1.1

2. 产品外在特征及独特营养品质特征评价鉴定

凉城鸡蛋蛋液黏度高，蛋黄较大、居中，蛋黄轮廓清晰且呈黄色，煮熟后，蛋白光滑弹嫩，蛋黄绵密。其卵磷脂、蛋氨酸、必需氨基酸、多不饱和脂肪酸含量高，胆固醇含量低。

3. 评价鉴定依据

《中国食物成分表（第 6 版 / 第二册）》（北京大学医学出版社），《固原地区朝那鸡鸡蛋的品质分析》收录于 2022 年 01 期《饲料博览》。

4. 市场销售采购信息

凉城县辉军牧业有限公司　联系人：赵辉军　电话：13015239213

十四 察右前旗樱桃番茄 CAQS-MTYX-20190306

1. 营养指标

参数	可溶性固形物(%)	维生素(mg/100g)	硒(μg/100g)	可溶性糖(%)	番茄红素(mg/kg)
测定值	9.00	34.5	0.58	6.42	90
参照值	5.55	25.0	0.20	3.15	70

2. 产品外在特征及独特营养品质特征评价鉴定

察右前旗樱桃番茄色泽均匀，表皮光洁，富有弹性，肉质口感沙，风味甜，有清香味。其维生素 C、可溶性固形物、番茄红素、硒、可溶性糖含量均高于参照值。

3. 评价鉴定依据

《中国食物成分表（第 6 版 / 第一册）》（北京大学医学出版社），NY/T 940—2006《番茄等级规格》，《不同樱桃番茄果实营养特性比较及遗传倾向研究》收录于 2019 年 08 期《西北农业学报》，《影响番茄可溶性固形物含量的相关因素研究》收录于 2017 年 09 期《江西农业学报》，《不同品种樱桃番茄氨基酸组成及风味分析》收录于 2019 年 11 期《核农学报》，《苏州樱桃番茄营养品质分析和评价》收录于 2015 年 07 期《黑龙江农业科学》。

4. 市场销售采购信息

内蒙古物泽生态农业科技发展有限公司	联系人：张英刚	电话：15169536133
内蒙古沃也生态农业有限公司	联系人：寇彦玲	电话：13204749000
察右前旗佳经纬种养殖专业合作社	联系人：李瑞峰	电话：15164727788
乌兰察布宏福农业有限公司	联系人：谷　燕	电话：15764811138

十五 察右前旗鸡蛋 CAQS-MTYX-20190307

1. 营养指标

参数	卵磷脂（%）	蛋氨酸（mg/100g）	总不饱和脂肪酸（%）	多不饱和脂肪酸（% 总脂肪）	必需氨基酸（% 总氨基酸）
测定值	3.54	400	4.0	18.6	40.8
参照值	2.70	327	1.1	7.3	39.4

2. 产品外在特征及独特营养品质特征评价鉴定

察右前旗鸡蛋蛋液黏度高，蛋黄较大、居中，轮廓清晰，煮熟后，蛋白光滑弹嫩，蛋黄绵密，口感细腻香浓。其卵磷脂、蛋氨酸、总不饱和脂肪酸、多不饱和脂肪酸、必需氨基酸含量高。

3. 评价鉴定依据

《中国食物成分表（第6版/第二册）》（北京大学医学出版社），《固原地区朝那鸡鸡蛋的品质分析》收录于2022年01期《饲料博览》。

4. 市场销售采购信息

乌兰察布明星联创种养殖专业合作社	联系人：郭宏坤	电话：13947423762
察右前旗同发种养殖专业合作社	联系人：师义霞	电话：13847434311
察右前旗龙茂种养殖有限公司	联系人：李 茂	电话：15147495333
察右前旗惠农种养殖专业合作社	联系人：卜利辉	电话：15347436333
察哈尔右翼前旗三岔口乡山泉水养殖场	联系人：昝春林	电话：13948443231

十六 察右前旗葡萄 CAQS-MTYX-20190308

1. 营养指标

参数	维生素 C (mg/100g)	可溶性固形物 (%)	硒 (μg/100g)	可溶性糖 (%)
测定值	6.7	18.20	0.22	16.73
参照值	4.0	13.34	0.11	11.88

2. 产品外在特征及独特营养品质特征评价鉴定

察右前旗葡萄果粒大小均匀，果穗整齐，外形为圆形，果肉软，汁水丰富，皮薄肉厚，酸甜适度。其维生素 C、可溶性固形物、可溶性糖、硒含量均高于参照值。

3. 评价鉴定依据

《中国食物成分表（第 6 版 / 第一册）》（北京大学医学出版社），《葡萄贮藏期间糖酸等含量的变化》收录于 2017 年 01 期《中国园艺文摘》，《生物菌肥沃益多对红地球葡萄单粒重及可溶性固形物含量的影响》收录于 2018 年 08 期《新疆农垦科技》。

4. 市场销售采购信息

察右前旗大哈拉苗丰现代农业有限公司	联系人：苗五子	电话：15847401288
察右前旗佳经纬种养殖专业合作社	联系人：李瑞峰	电话：15164727788
内蒙古沃也生态农业有限公司	联系人：寇彦玲	电话：13204749000
察哈尔右翼前旗丰登农业有限公司	联系人：王守慧	电话：13789540301

十七 察右前旗胡麻油 CAQS-MTYX-20190309

1. 营养指标

参数	单不饱和脂肪酸(%)	亚油酸(%)	过氧化值(%)	酸价(mg/g)	多不饱和脂肪酸(%)
测定值	19.2	15.4	0.07	0.69	69.6
参照值	18.7	10.0～20.0	≤0.25	≤1.00	67.7

2. 产品外在特征及独特营养品质特征评价鉴定

察右前旗胡麻油外观呈金黄色，色泽光亮，气味浓香，滋味纯正，具有胡麻油固有的气味和滋味。其亚油酸含量、折光系数、过氧化值、酸价均满足标准要求范围，多不饱和脂肪酸、单不饱和脂肪酸含量高于参照值。

3. 评价鉴定依据

《中国食物成分表（第6版／第一册）》（北京大学医学出版社），GB/T 8235—2019《亚麻籽油》。

4. 市场销售采购信息

乌兰察布市鑫龍清生物有限公司　　联系人：王　娟　电话：15164786668

察右前旗兴泰粮食加工有限责任公司　联系人：郑万林　电话：14747423530

十八 察右后旗红马铃薯 CAQS-MTYX-20190310

1. 营养指标

参数	维生素 C (mg/100g)	粗纤维 (%)	还原糖 (%)	铁 (mg/100g)
测定值	20.9	0.35	0.09	1.11
参照值	14.0	0.60	0.38	0.40

2. 产品外在特征及独特营养品质特征评价鉴定

察右后旗红马铃薯个头均匀，外皮颜色为红色，蒸熟后薯香浓郁，口感沙甜而滑润。其维生素 C、铁含量均高于参照值，粗纤维、还原糖含量优于参照值。

3. 评价鉴定依据

《中国食物成分表（第 6 版／第一册）》（北京大学医学出版社），《马铃薯营养特性及产业化发展的前景》收录于 2019 年 12 期《食品安全导刊》，《真空包装处理对鲜切马铃薯品质的影响》收录于 2018 年 10 期《现代园艺》。

4. 市场销售采购信息

察右后旗北方马铃薯批发市场有限责任公司　联系人：郭晨慧　电话：15647460659
察右后旗富园马铃薯农民专业合作社　联系人：时昆昊　电话：13436333133

十九 察右前旗羊肉 CAQS-MTYX-20200213

1. 营养指标

参数	总不饱和脂肪酸 (%)	胆固醇 (mg/100g)	脂肪 (%)	硒 (μg/100g)	天冬氨酸 (mg/100g)
测定值	11.7	62.1	21.9	9.30	1 920
参照值	3.8	77.0	24.4	3.15	1 832

2. 产品外在特征及独特营养品质特征评价鉴定

察右前旗羊肉肉质紧密，有坚实感，肌纤维有韧性，煮沸后，肉汤透明澄清，无异味。其蛋白质、总不饱和脂肪酸、赖氨酸、亮氨酸、天冬氨酸、钙、铁、硒含量均高于参照值，胆固醇、脂肪含量均优于参照值，水分含量优于参照值，满足优质羊肉要求。

3. 评价鉴定依据

《中国食物成分表（第6版/第二册）》（北京大学医学出版社），GB/T 9961—2008《鲜、冻胴体羊肉》，DB22/T 1003—2018《优质羊肉品质要求》，NY/T 630—2002《羊肉质量分级》。

4. 市场销售采购信息

乌兰察布阿吉纳肉业有限公司　　联系人：马晓静　　电话：13904742267

二十 丰镇黄小米 CAQS-MTYX-20200534

1. 营养指标

参数	蛋白质（%）	多不饱和脂肪酸（%）	谷氨酸（mg/100g）	铁（mg/100g）	锌（mg/100g）
测定值	9.6	0.84	2 036	5.35	3.59
参照值	8.9	0.50	1 930	1.60	2.81

2. 产品外在特征及独特营养品质特征评价鉴定

丰镇黄小米色泽金黄，米粒大小均匀，粒形饱满完整，外观鲜黄明亮，散发着小米特有的自然清香气味。其蛋白质、多不饱和脂肪酸、淀粉、铁、锌、谷氨酸、亮氨酸、缬氨酸含量均高于参照值，该小米属于高直链淀粉小米，黏性小，易回生，粗纤维含量低于参照值，较适口。

3. 评价鉴定依据

《中国食物成分表（第6版/第一册）》（北京大学医学出版社），《黑龙江省小米主栽品种理化特性与感官品质的相关性研究》黑龙江八一农垦大学硕士学位论文，《呼和浩特市售不同品种小米的品质特性比较研究》内蒙古农业大学硕士学位论文，《小米营养价值及其烘焙产品的开发》收录于2017年05期《晋城职业技术学院学报》，《基于主成分分析的不同品种小米品质评价》收录于2019年09期《食品工业科技》。

4. 市场销售采购信息

丰镇市珍佰农业有限公司　　联系人：王　芳　电话：15648984948

二十一 丰镇燕麦米 CAQS-MTYX-20200535

1. 营养指标

参数	蛋白质(%)	亚油酸(% 总脂肪酸)	谷氨酸(mg/100g)	铁(mg/100g)	锌(mg/100g)
测定值	13.5	39.16	2 853	7.14	3.83
参照值	10.1	37.52	2 338	2.90	1.75

2. 产品外在特征及独特营养品质特征评价鉴定

丰镇燕麦米颗粒饱满，色泽正常，千粒重约24 g，具有燕麦特有气味，无异味。其蛋白质、亚油酸、亚麻酸、谷氨酸、亮氨酸、缬氨酸、脂肪、淀粉、铁、锌含量均高于参照值。

3. 评价鉴定依据

《中国食物成分表（第6版／第一册）》（北京大学医学出版社），LS/T 3260—2019《燕麦米》，《藜麦及其他谷物的常规营养成分测定》收录于2019年16期《现代食品》，《不同裸燕麦品种的淀粉特性》收录于2010年03期《麦类作物学报》，《燕麦的营养成分与保健功效》收录于2016年19期《现代农业科技》，《基于脂肪酸组成对燕麦—小麦复配粉中燕麦粉的定量分析》江南大学硕士学位论文。

4. 市场销售采购信息

丰镇市珍佰农业有限公司　　联系人：王　芳　　电话：15648984948

二十二 丰镇荞麦米 CAQS-MTYX-20200536

1. 营养指标

参数	蛋白质(%)	总不饱和脂肪酸(%)	亚油酸(%)	粗纤维(%)	铁(mg/100g)
测定值	13.0	2.07	1.048	0.90	9.39
参照值	9.3	1.50	0.838	0.73	6.20

2. 产品外在特征及独特营养品质特征评价鉴定

丰镇荞麦米颗粒完整、饱满，千粒重约 22 g，有荞麦特有的光泽和气味。其蛋白质、脂肪、总黄酮、总不饱和脂肪酸、亚油酸、谷氨酸、亮氨酸、淀粉、粗纤维、直链淀粉、铁、锌含量均高于参照值。

3. 评价鉴定依据

《中国食物成分表（第6版／第一册）》（北京大学医学出版社），GB/T 10458—2008《荞麦》，《宁南山区不同甜荞麦品种产量和品质的比较研究》收录于 2015 年 16 期《湖北农业科学》，《我国主要荞麦品种资源品质评价及加工处理对荞麦成分和活性的影响》中国农业科学院博士学位论文。

4. 市场销售采购信息

丰镇市珍佰农业有限公司　　联系人：王　芳　　电话：15648984948

二十三 化德鸡蛋 CAQS-MTYX-20200537

1. 营养指标

参数	脂肪(%)	硒(mg/100g)	铁(mg/100g)	锌(mg/100g)
测定值	9.5	19.22	5.39	2.64
参照值	8.6	13.96	1.60	0.89

2. 产品外在特征及独特营养品质特征评价鉴定

化德鸡蛋呈规则卵圆形,蛋黄居中,轮廓较清晰,蛋白澄清透明、稀稠分明。其脂肪、亚油酸、多不饱和脂肪酸、蛋氨酸、赖氨酸、缬氨酸、铁、锌、硒含量均高于参照值,硒含量高于参照值近1.5倍,胆固醇含量优于参照值。

3. 评价鉴定依据

《中国食物成分表(第6版/第二册)》(北京大学医学出版社),SB/T 10638—2011《鲜鸡蛋、鲜鸭蛋分级》,《泰和乌鸡蛋与普通鸡蛋维生素含量差异分析》2018年06期《食品科技》。

4. 销售信息化

化德县艳阳天农民专业合作社　联系人:李　俊　电话:18904741818

二十四 商都芹菜 CAQS-MTYX-20200538

1. 营养指标

参数	胡萝卜素(μg/100g)	维生素C(mg/100g)	可溶性糖(%)	粗纤维(%)	锌(mg/100g)
测定值	362	16.5	3.11	1.9	0.96
参照值	340	8.0	1.11	0.7	0.24

2. 产品外在特征及独特营养品质特征评价鉴定

商都芹菜呈深绿色，叶柄长约 55 cm，鲜嫩无糠心，无分蘖，无褐茎，植株挺拔，有光泽，组织充实，易折断。其胡萝卜素、维生素 C、可溶性糖、粗纤维、铁、锌含量均高于参照值。

3. 评价鉴定依据

《中国食物成分表（第 6 版 / 第一册）》（北京大学医学出版社），《不同有机肥种类及用量对芹菜产且和品质的影响》2005 年 01 期《中国农业学报》，《芹菜茎叶的营养成分比较分析》1996 年 01 期《浙江师大学报》，NY/T 1729—2009《芹菜等级规格》，NY/T 580—2002《芹菜》。

4. 市场销售采购信息

商都县鑫磊蔬菜专业合作社　联系人：谷守江　电话：15164788088

二十五 商都贝贝南瓜 CAQS-MTYX-20200539

1. 营养指标

参数	维生素 C (mg/100g)	蛋白质 (%)	可溶性糖 (%)	粗纤维 (%)	总酸 (%)	水 (%)
测定值	48.1	3.29	7.66	2.1	0.276	67.9
参照值	8.0	0.70	3.51	0.8	0.100	93.5

2. 产品外在特征及独特营养品质特征评价鉴定

商都贝贝南瓜果色为墨绿色，色泽较均匀，单瓜重 400～500 g，果肉颜色为橙黄色，果肉厚，肉质细腻味甜。其蛋白质、维生素 C、可溶性固形物、可溶性糖、总酸、锌、硒含量均高于参照值，粗纤维含量高于参照值，是较好的粗粮食品。

3. 评价鉴定依据

《中国食物成分表（第 6 版／第一册）》（北京大学医学出版社），《湖南省蜜本南瓜营养品质的分析与评价》收录于 2015 年 06 期《湖南农业科学》，《南瓜果肉营养成分相关性分析及综合营养品质评价》收录于 2013 年 08 期《江苏农业科学》，《鲜切南瓜不同部位生理代谢的研究》收录于 2011 年 08 期《食品工业科技》。

4. 市场销售采购信息

商都县鑫磊蔬菜专业合作社　　联系人：谷守江　　电话：15164788088

二十六 商都鹅蛋 CAQS-MTYX-20200540

1. 营养指标

参数	蛋白质 (%)	胆固醇 (mg/100g)	多不饱和脂肪酸 (%)	亚油酸 (% 总脂肪酸)	赖氨酸 (mg/100g)
测定值	11.9	481.1	1.63	11.15	1 120
参照值	11.1	704.0	1.00	5.80	976

2. 产品外在特征及独特营养品质特征评价鉴定

商都鹅蛋蛋壳为白色，呈规则卵圆形，蛋黄居中，轮廓较清晰，单枚重量约 144 g，蛋白澄清透明，稀稠分明。其蛋白质、多不饱和脂肪酸、亚油酸、赖氨酸、缬氨酸、天冬氨酸、铁、锌含量均高于参照值，胆固醇含量优于参照值。

3. 评价鉴定依据

《中国食物成分表（第 6 版 / 第二册）》（北京大学医学出版社），SB/T 10638—2011《鲜鸡蛋、鲜鸭蛋分级》，《泰和乌鸡蛋与普通鸡蛋维生素含量差异分析》收录于 2018 年 02 期《食品科技》。

4. 市场销售采购信息

内蒙古嘉荣利达农牧业科技有限公司

联系人：唐　磊　电话：13969559211

二十七 兴和燕麦粉 CAQS-MTYX-20200541

1. 营养指标

参数	蛋白质（%）	脂肪（%）	维生素E（mg/100g）	铁（mg/100g）	锌（mg/100g）
测定值	15.7	10.6	1.65	16.3	3.90
参照值	10.1	0.2	0.54	2.9	1.75

2. 产品外在特征及独特营养品质特征评价鉴定

兴和燕麦粉色泽发黄，有淡淡的燕麦粉香味。其蛋白质、脂肪、α-维生素E、油酸、谷氨酸、亮氨酸、缬氨酸、淀粉、直链淀粉、铁、锌含量均高于参照值。

3. 评价鉴定依据

《中国食物成分表（第6版／第一册）》（北京大学医学出版社），LS/T 3260—2019《燕麦米》，《藜麦及其他谷物的常规营养成分测定》收录于2019年16期《现代食品》，《不同裸燕麦品种的淀粉特性》收录于2010年03期《麦类作物学报》，《燕麦的营养成分与保健功效》收录于2016年19期《现代农业科技》，《基于脂肪酸组成对燕麦—小麦复配粉中燕麦粉的定量分析》江南大学硕士学位论文。

4. 市场销售采购信息

内蒙古香莜牛牛食品有限公司　　联系人：王一江　　电话：15924555698

二十八 兴和小米 CAQS-MTYX-20200542

1. 营养指标

参数	蛋白质(%)	淀粉(%)	谷氨酸(mg/100g)	锌(mg/100g)
测定值	10.2	75.40	2 414	3.74
参照值	9.0	73.99	1 871	1.87

2. 产品外在特征及独特营养品质特征评价鉴定

兴和小米外观鲜黄明亮，无明显感官色差，米粒大小均匀，粒形饱满完整。其蛋白质、脂肪、淀粉、多不饱和脂肪酸、谷氨酸、亮氨酸、缬氨酸、铁、锌含量均高于参照值，兴和小米属于高直链淀粉小米，黏性小，易回生，粗纤维含量高于参照值，是较好的粗粮食品。

3. 评价鉴定依据

《中国食物成分表（第6版/第一册）》（北京大学医学出版社），《黑龙江省小米主栽品种理化特性与感官品质的相关性研究》黑龙江八一农垦大学硕士学位论文，《呼和浩特市售不同品种小米的品质特性比较研究》内蒙古农业大学硕士学位论文，《小米营养价值及其烘焙产品的开发》收录于2017年05期《晋城职业技术学院学报》，《基于主成分分析的不同品种小米品质评价》收录于2019年09期《食品工业科技》。

4. 市场销售采购信息

兴和县雄丰农牧业农民专业合作社　联系人：张文智　电话：18247403000

二十九 兴和荞麦 CAQS-MTYX-20200543

1. 营养指标

参数	淀粉(%)	多不饱和脂肪酸(%)	谷氨酸(mg/100g)	亮氨酸(mg/100g)
测定值	69.50	0.8	2 390	840
参照值	64.69	0.2	2 090	670

2. 产品外在特征及独特营养品质特征评价鉴定

兴和荞麦颗粒完整、饱满，百粒重约 2.37 g，有荞麦特有的光泽和气味。其淀粉、多不饱和脂肪酸、总黄酮、直链淀粉、谷氨酸、亮氨酸、缬氨酸、粗纤维含量均高于参照值，脂肪含量等于参照值。

3. 评价鉴定依据

《中国食物成分表（第 6 版／第一册）》（北京大学医学出版社），GB/T 10458—2008《荞麦》，《宁南山区不同甜荞麦品种产量和品质的比较研究》收录于 2015 年 16 期《湖北农业科学》，《我国主要荞麦品种资源品质评价及加工处理对荞麦成分和活性的影响》中国农业科学院博士学位论文。

4. 市场销售采购信息

兴和县雄丰农牧业农民专业合作社　　联系人：张文智　　电话：18247403000

三十 兴和胡麻油 CAQS-MTYX-20200544

1. 营养指标

参数	多不饱和脂肪酸（% 总脂肪酸）	铁（mg/100g）	锌（mg/100g）	亚油酸（%）	过氧化值（%）
测定值	61.43	6.0	1.6	17.16	0.08
参照值	54.70	0.2	0.3	10.00～20.00	≤ 0.25

2. 产品外在特征及独特营养品质特征评价鉴定

兴和胡麻油外观呈黄褐色，颜色澄清，具有胡麻油固有的气味和滋味，无异味，无沉淀物。其多不饱和脂肪酸、铁、锌含量均高于参照值，亚油酸、油酸含量及折光指数均满足标准范围要求，酸价、过氧化值优于参照值，满足标准范围要求。

3. 评价鉴定依据

《中国食物成分表（第 6 版／第二册）》（北京大学医学出版社），GB/T 8235—2019《亚麻籽油》，DB62/T 4184—2020《地理标志产品　会宁胡麻油》。

4. 市场销售采购信息

内蒙古兴和县贺氏粮油商贸有限公司　　联系人：贺　刚　电话：13789445511

三十一 察右中旗莜麦面 CAQS-MTYX-20200545

1. 营养指标

参数	淀粉(%)	多不饱和脂肪酸(%)	赖氨酸(mg/100g)	亮氨酸(mg/100g)	缬氨酸(mg/100g)
测定值	69.2	1.65	520	1 010	700
参照值	61.5	0.90	490	960	660

2. 产品外在特征及独特营养品质特征评价鉴定

察右中旗莜麦面为灰白色，质地较粗糙，粗粒感较强，手感略涩，有莜麦面固有的气味，有淡淡的莜麦香味。其淀粉、多不饱和脂肪酸、铁、锌、赖氨酸、亮氨酸、缬氨酸含量均高于参照值。

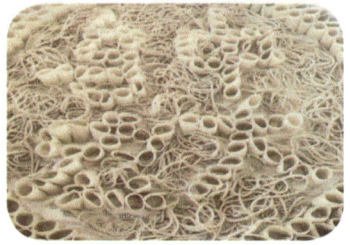

3. 评价鉴定依据

《中国食物成分表（第6版/第一册）》（北京大学医学出版社），《莜麦面可溶性膳食纤维的研究》收录于1998年01期《中国粮油学报》。

4. 市场销售采购信息

察哈尔右翼中旗乌中宏大粮油加工厂

联系人：李四清 电话：15848459771

三十二 察右中旗菜籽油 CAQS-MTYX-20200546

1. 营养指标

参数	不饱和脂肪酸（% 总脂肪酸）	亚油酸（%）	亚麻酸（%）	过氧化值（%）	硒（mg/kg）
测定值	92.76	21.18	8.12	0.005	0.0117
参照值	90.90	15.00～30.00	5.00～14.00	＜0.127	0.0050～0.5000

2. 产品外在特征及独特营养品质特征评价鉴定

察右中旗菜籽油外观呈黄褐色，澄清无任何悬浮物，无杂质，无沉淀物，无结晶。其不饱和脂肪酸、铁、锌含量均高于参照值，亚油酸、亚麻酸含量及折光指数满足标准范围要求，酸价优于参照值，满足一级低芥酸菜籽油标准，过氧化值优于参照值，满足标准范围要求，硒含量符合富硒食品分类标准范围。

3. 评价鉴定依据

《中国食物成分表（第6版／第一册）》（北京大学医学出版社），NY/T 416—2000《低芥酸菜籽油》，GB/T 1536—2004《菜籽油》，DB61/T 556—2018《富硒含硒食品与相关产品硒含量标准》。

4. 市场销售采购信息

察哈尔右翼中旗乌中宏大粮油加工厂　　联系人：李四清　　电话：15848459771

三十三 察右中旗小麦粉 CAQS-MTYX-20200547

1. 营养指标

参数	淀粉（%）	湿面筋（%）	谷氨酸（mg/100g）	脯氨酸（mg/100g）	组氨酸（mg/100g）
测定值	76.4	39	4 339	1 569	376
参照值	67.3	>30	4 074	1 369	234

2. 产品外在特征及独特营养品质特征评价鉴定

察右中旗小麦粉色泽白净，颗粒度小，筋度大，具有小麦粉固有的色泽和气味。其淀粉、铁、谷氨酸、脯氨酸、组氨酸含量均高于参照值，锌含量等于参照值，湿面筋含量高于参照值，属于高筋小麦粉。

3. 评价鉴定依据

《中国食物成分表（第6版/第一册）》（北京大学医学出版社），《不同面筋含量小麦淀粉及蛋白质特性分析》河南工业大学硕士学位论文，GB/T 8607—1988《高筋小麦粉》。

4. 市场销售采购信息

察哈尔右翼中旗乌中宏大粮油加工厂

联系人：李四清　电话：15848459771

三十四 察右中旗红胡萝卜 CAQS-MTYX-20200548

1. 营养指标

参数	β-胡萝卜素（μg/100g）	可溶性糖（%）	锌（mg/100g）	硒（μg/100g）	总酸（%）
测定值	7 690	1.31	1.20	0.83	0.340
参照值	4 130	0.03	0.22	0.60	0.375

2. 产品外在特征及独特营养品质特征评价鉴定

察右中旗红胡萝卜单根重量约 210 g，外观颜色为橙色，表皮完整光滑，肉质脆嫩无裂缝。其可溶性糖、β-胡萝卜素、锌、硒含量均高于参照值，总酸含量优于参照值。

3. 评价鉴定依据

《中国食物成分表（第 6 版／第一册）》（北京大学医学出版社），NY/T 493—2002《胡萝卜》，NY/T 1983—2011《胡萝卜等级规格》，《彩色胡萝卜品质性状综合分析》收录于 2020 年 10 期《现代农业研究》。

4. 市场销售采购信息

察右中旗富民农副产品贸易中心　　联系人：张金泉　电话：15924452700

察右中旗金荣农产品营销专业合作社　　联系人：王金荣　电话：15848048185

三十五 察右后旗香菇 CAQS-MTYX-20200549

1. 营养指标

参数	多糖(%)	膳食纤维(%)	钙(mg/100g)	铁(mg/100g)	锌(mg/100g)
测定值	5.44	5.44	15.12	1.56	1.11
参照值	3.76	3.44	2.00	0.30	0.66

2. 产品外在特征及独特营养品质特征评价鉴定

察右后旗香菇菌盖稍扁平，菇形规整，表面呈深褐色，菌褶呈乳白色，菌肉紧实，口感弹韧。其蛋白质、多糖、膳食纤维、钙、铁、锌含量均高于参照值，灰分含量优于参照值。

3. 评价鉴定依据

《中国食物成分表（第6版/第一册）》（北京大学医学出版社），NY/T 1061—2006《香菇等级规定划分》，《不同干燥方法对生食香菇品质的影响》收录于2014年02期《食品科学技术学报》，《pH对香菇多糖含量及合成关键酶基因转录水平的影响》收录于2019年02期《生物技术通报》，《气相色谱-质谱联用法检测香菇中香菇素的含量》收录于2015年06期《食品科学》。

4. 市场销售采购信息

乌兰察布市蒙星亨通农牧业有限公司　　联系人：薛永威　　电话：13848643856

三十六 乌兰察布酸奶 CAQS-MTYX-20210254

1. 营养指标

参数	蛋白质(%)	脂肪(%)	乳糖(%)	维生素A(μg/100g)	必需氨基酸(% 总氨基酸)
测定值	3.36	3.6	3.68	30.3	37.52
参照值	3.00	2.9	3.13	27.0	34.04

2. 产品外在特征及独特营养品质特征评价鉴定

乌兰察布酸奶外观呈乳白色，表面光滑无乳清析出，奶香味浓厚。其蛋白质、脂肪、亚油酸、必需氨基酸、维生素A、乳糖含量均高于参照值。

3. 评价鉴定依据

《中国食物成分表（第6版/第二册）》（北京大学医学出版社），《HPLC-ELSD法测定酸奶中乳糖的含量》收录于2011年11期《食品研究与开发》。

4. 市场销售采购信息

内蒙古兰格格乳业有限公司

联系人：马腾飞　电话：18247477772

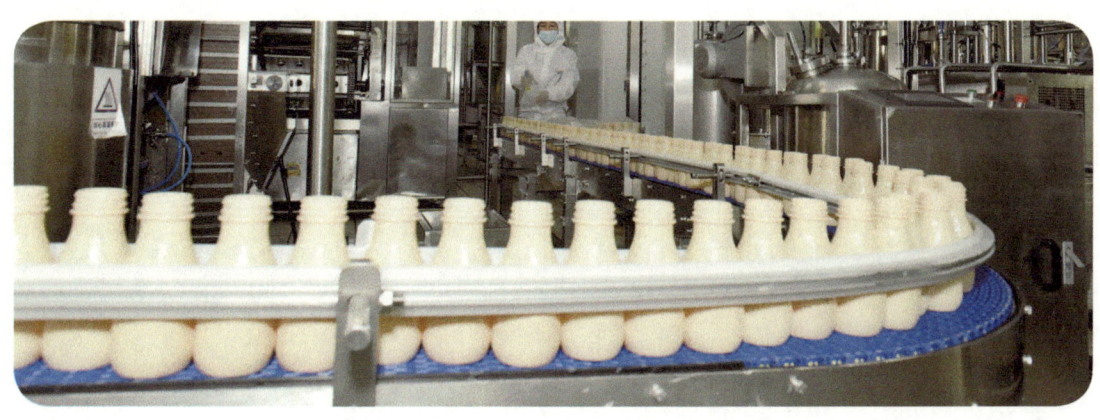

三十七 察右前旗黑小麦粉 CAQS-MTYX-20210255

1. 营养指标

参数	蛋白质（%）	锌（mg/100g）	湿面筋（%）	谷氨酸（mg/100g）
测定值	12.6	1.14	35.3	4 190
参照值	12.4	0.69	>30.0	4 074

2. 产品外在特征及独特营养品质特征评价鉴定

察右前旗黑小麦粉色泽发黑，颗粒度小，筋度大，其蛋白质、湿面筋含量较高，且锌、谷氨酸含量高于参照值。

3. 评价鉴定依据

《中国食物成分表（第6版/第一册）》（北京大学医学出版社），《小黑麦营养、加工品质及抗病性研究》江苏大学硕士学位论文，《黑麦的营养特性及黑麦面包的制作研究》河南工业大学硕士学位论文。

4. 市场销售采购信息

察哈尔右翼前旗塞上活力种养殖专业合作社

联系人：杨 利　电话：13725188855

三十八 察右前旗风干鸡 CAQS-MTYX-20210256

1. 营养指标

参数	蛋白质 (%)	锌 (mg/kg)	鲜味氨基酸 (mg/100g)	多不饱和脂肪酸 (% 总脂肪酸)	必需氨基酸 (% 总氨基酸)
测定值	35.2	28.7	9 290	26.7	39.6
参照值	28.1	15.8	5 566	20.0	30.1

2. 产品外在特征及独特营养品质特征评价鉴定

察右前旗风干鸡表皮为乳黄色，肌肉呈酱红色，肌肉切面紧密，富有弹性。其蛋白质、锌、鲜味氨基酸、必需氨基酸、多不饱和脂肪酸含量均高于参照值。

3. 评价鉴定依据

《中国食物成分表（第 6 版 / 第二册）》（北京大学医学出版社），《风干鸡》（DB42/T 223—2002）。

4. 市场销售采购信息

内蒙古蒙源现代农牧业发展有限公司

联系人：李　杰　电话：13847417666

三十九 察右中旗荞麦面 CAQS-MTYX-20210257

1. 营养指标

参数	蛋白质(%)	脂肪(%)	维生素B_1(mg/100g)	总黄酮(mg/100g)	谷氨酸(mg/100g)
测定值	12.7	1.4	0.34	180.0	2 170
参照值	11.3	2.8	0.28	15.8	1 533

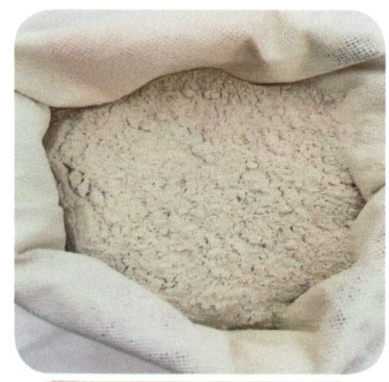

2. 产品外在特征及独特营养品质特征评价鉴定

察右中旗荞麦面外观颜色为灰白色，粒度较小，手感略涩。其蛋白质、直链淀粉、谷氨酸含量较高，且维生素B_1和总黄酮含量高于参照值。

3. 评价鉴定依据

《中国食物成分表（第6版/第一册）》（北京大学医学出版社），《荞麦淀粉的加工工艺、特性及其改性研究》西北农林科技大学硕士学位论文，《荞麦营养品质及流变学特性研究》西北农林科技大学硕士学位论文，《玉米杂粮馒头与荞麦面杂粮馒头的营养对比》收录于2018年01期《现代食品》。

4. 市场销售采购信息

察哈尔右翼中旗乌中宏大粮油加工厂

联系人：李四清　电话：15848459771

四十 察右中旗胡麻油 CAQS-MTYX-20210258

1. 营养指标

参数	酸价（mg/g）	多不饱和脂肪酸（% 总脂肪酸）	过氧化值（%）	α- 维生素 E（mg/100g）	亚油酸（%）
测定值	0.74	69.3	0.03	3.21	14.93
参照值	≤ 3.00	54.7	≤ 0.25	0.70	10.00～20.00

2. 产品外在特征及独特营养品质特征评价鉴定

察右中旗胡麻油外观呈棕红色，有胡麻油固有的气味和滋味。其多不饱和脂肪酸、α- 维生素 E 含量均优于参照值。

3. 评价鉴定依据

《中国食物成分表（第6版 / 第二册）》（北京大学医学出版社），GB/T8235—2019《亚麻籽油》。《亚麻籽油的营养成分及功效机制研究进展》收录于 2021 年《中国油脂》。

4. 市场销售采购信息

察哈尔右翼中旗乌中宏大粮油加工厂

联系人：李四清　电话：15848459771

四十一 丰镇小番茄 CAQS-MTYX-20210637

1. 营养指标

参数	番茄红素（mg/kg）	维生素C（mg/100g）	可溶性固形物（%）	可溶性糖（%）
测定值	76.8	59.6	9.80	8.28
参照值	70.0	33.0	5.55	3.15

2. 产品外在特征及独特营养品质特征评价鉴定

丰镇小番茄外观圆润，表皮光滑，汁水丰满，酸甜可口。其维生素C、可溶性固形物、番茄红素含量均高于参照值，总酸含量优于参照值。

3. 评价鉴定依据

《中国食物成分表（第6版/第一册）》（北京大学医学出版社），NY/T 940—2006《番茄等级规格》，《不同樱桃番茄果实营养特性比较及遗传倾向研究》收录于2019年08期《西北农业学报》，《影响番茄可溶性固形物含量的相关因素研究》收录于2017年09期《江西农业学报》，《不同品种樱桃番茄氨基酸组成及风味分析》收录于2019年11期《核农学报》，《苏州樱桃番茄营养品质分析和评价》收录于2015年07期《黑龙江农业科学》。

4. 市场销售采购信息

大稔（内蒙古）农业科技有限公司　联系人：姬培云　电话：15147477417

四十二 丰镇绵羊奶 CAQS-MTYX-20210638

1. 营养指标

参数	蛋白质（%）	脂肪（%）	乳糖（%）	总不饱和脂肪酸（%）	必需氨基酸（% 总氨基酸）
测定值	5.400	6.700	1.74	1.34	41.23
参照值	4.377	6.058	3.44	0.90	40.34

2. 产品外在特征及独特营养品质特征评价鉴定

丰镇绵羊奶色泽均匀、浓稠，有醇厚香浓的奶香味。其蛋白质、脂肪、总不饱和脂肪酸、必需氨基酸含量均高于参照值，乳糖含量低于参照值，适合于乳糖不耐受人群。

3. 评价鉴定依据

《中国食物成分表（第6版/第二册）》（北京大学医学出版社），《东佛里生绵羊奶的常规营养成分和脂肪酸分析》收录于2021年07期《家畜生态学报》，《羊奶成分和奶中主要蛋白的研究进展》收录于2016年09期《中国畜牧杂志》。

4. 市场销售采购信息

内蒙古丰东知盈牧业科技有限公司　　联系人：寿宇辰　　电话：15047418762

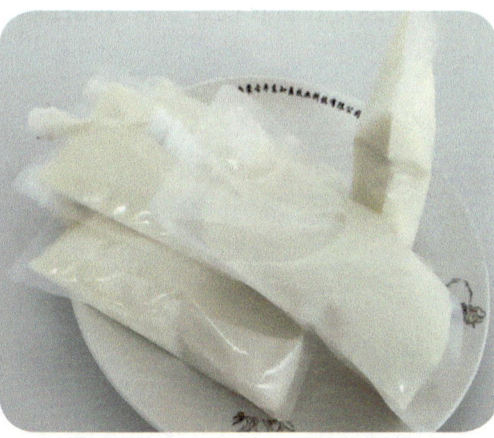

四十三 卓资山藜麦 CAQS-MTYX-20210639

1. 营养指标

参数	蛋白质（%）	脂肪（%）	直链淀粉（%）	总淀粉（%）	必需氨基酸（% 总氨基酸）
测定值	14.3	5.20	14.30	57.00	35.79
参照值	10.4	5.01	3.75	53.72	29.28

2. 产品外在特征及独特营养品质特征评价鉴定

卓资山藜麦颗粒完整、饱满，千粒重约 4.1 g，色泽鲜亮、完整度好。其蛋白质、脂肪、总淀粉、直链淀粉、必需氨基酸含量均高于参照值。

3. 评价鉴定依据

《中国食物成分表（第 6 版 / 第一册）》（北京大学医学出版社），LS/T 3245—2015《藜麦米》，《藜麦及其他谷物的常规营养成分测定》收录于 2019 年 16 期《现代食品》，《60 份国内外藜麦材料籽粒的品质性状分析》2017 年 18 期《植物遗传资源学报》，《中国北部藜麦品质性状的多样性和相关性分析》2017 年 03 期《作物学报》。

4. 市场销售采购信息

内蒙古善景源农牧业有限公司	联系人：郭　杰	电话：13514845168
内蒙古普善粮行有限公司	联系人：姚云龙	电话：13238478899
卓资县万农新农牧业专业合作社联合社	联系人：张建兵	电话：13947192897

四十四 商都莜麦 CAQS-MTYX-20210640

1. 营养指标

参数	蛋白质（%）	总淀粉（%）	脂肪（%）
测定值	11.0	62.8	7.20
参照值	10.1	61.5	6.38

2. 产品外在特征及独特营养品质特征评价鉴定

商都莜麦外观为浅褐色，大小均匀，颗粒饱满。其蛋白质、总淀粉、脂肪含量较高，粗纤维含量低，且谷氨酸含量高于参照值。

3. 评价鉴定依据

《中国食物成分表（第6版/第一册）》（北京大学医学出版社），《燕麦淀粉物化特性及燕麦粉中风味成分的研究》南昌大学硕士学位论文。

4. 销售信息化

商都县鑫磊蔬菜专业合作社

联系人：谷守江　电话：15164788088

商都县利丰园农牧民种养殖专业合作社

联系人：乔有霞　电话：18247475666

四十五 商都黍子 CAQS-MTYX-20210641

1. 营养指标

参数	蛋白质（%）	直链淀粉（%）	锌（mg/100g）	谷氨酸（mg/100g）
测定值	10.6	6.4	2.80	2 295
参照值	9.7	12.4	2.07	1 518

2. 产品外在特征及独特营养品质特征评价鉴定

商都黍子米粒色泽金黄，大小均匀，粒形饱满。其蛋白质、脂肪、锌、谷氨酸含量均高于参照值，且直链淀粉含量低。

3. 评价鉴定依据

《中国食物成分表（第 6 版／第一册）》（北京大学医学出版社），《黄米淀粉的制备及流变学特性的研究》收录于 2011 年 05 期《食品科技》，《黄米营养成分分析》收录于 2006 年 02 期《食品工业科技》，《黄米淀粉理化特性的研究》西南大学硕士学位论文。

4. 销售信息化

商都县鑫磊蔬菜专业合作社　　　　　　联系人：谷守江　电话：15164788088
商都县利丰园农牧民种养殖专业合作社　联系人：乔有霞　电话：18247475666

四十六 兴和豆腐 CAQS-MTYX-20210642

1. 营养指标

参数	蛋白质(%)	水分(%)	膳食纤维(%)	钙(mg/100g)
测定值	13.5	74.8	0.81	128
参照值	6.6	83.8	0.63	78

2. 产品外在特征及独特营养品质特征评价鉴定

兴和豆腐外观呈乳白色，豆腐鲜嫩，内部致密紧实。其蛋白质、钙、膳食纤维含量均高于参照值，水分含量优于参照值。

3. 评价鉴定依据

《中国食物成分表（第6版／第一册）》（北京大学医学出版社），《全豆营养豆腐工艺的研究》2013年西华大学硕士学位论文。

4. 市场销售采购信息

西口豆婆豆制品食品有限公司　联系人：徐　青　电话：13644741555

四十七 兴和藜麦 CAQS-MTYX-20210643

1. 营养指标

参数	蛋白质(%)	直链淀粉(%)	总淀粉(%)	必需氨基酸(% 总氨基酸)	脂肪(%)
测定值	13.9	17.40	57.00	34.53	6.00
参照值	10.4	3.75	53.72	29.28	5.01

2. 产品外在特征及独特营养品质特征评价鉴定

兴和藜麦颗粒完整、饱满，千粒重约 4.04 g，色泽鲜亮。其蛋白质、脂肪、总淀粉、直链淀粉、必需氨基酸含量均高于参照值。

3. 评价鉴定依据

《中国食物成分表（第 6 版／第一册）》（北京大学医学出版社），LS/T 3245—2015《藜麦米》，《藜麦及其他谷物的常规营养成分测定》收录于 2019 年 16 期《现代食品》，《60 份国内外藜麦材料籽粒的品质性状分析》收录于 2017 年 18 期《植物遗传资源学报》，《中国北部藜麦品质性状的多样性和相关性分析》收录于 2017 年 03 期《作物学报》。

4. 市场销售采购信息

兴和县雄丰农牧业农民专业合作社

联系人：张文智　电话：18247403000

四十八 兴和亚麻籽油 CAQS-MTYX-20210645

1. 营养指标

参数	多不饱和脂肪酸(%)	α-维生素E(mg/100g)	α-亚麻酸(%)
测定值	62.4	2.32	47.09
参照值	62.2	0.70	45.00～70.00

2. 产品外在特征及独特营养品质特征评价鉴定

兴和亚麻籽油色泽光亮，澄清无杂质，具有亚麻籽油固有的气味和滋味。其α-维生素E、多不饱和脂肪酸含量优于参照值，α-亚麻酸含量满足标准范围要求。

3. 评价鉴定依据

《中国食物成分表（第6版/第二册）》（北京大学医学出版社），GB/T 8235—2019《亚麻籽油》，《亚麻籽油的营养成分及功效机制研究进展》。

4. 市场销售采购信息

内蒙古兴和县贺氏粮油商贸有限公司

联系人：贺　刚　电话：13789445511

四十九 凉城小米 CAQS-MTYX-20210646

1. 营养指标

参数	蛋白质（%）	直链淀粉（%）	脂肪（%）	硒（μg/100g）	谷氨酸（mg/100g）
测定值	10.6	20.1	4.2	6.80	2 010
参照值	8.9	18.0	3.1	4.74	1 871

2. 产品外在特征及独特营养品质特征评价鉴定

凉城小米色泽呈金黄色，米粒大小均匀，粒形饱满完整，外观鲜黄明亮，散发着小米固有的清香气味。其蛋白质、脂肪、直链淀粉含量较高，且谷氨酸和硒的含量高于参照值。

3. 评价鉴定依据

《中国食物成分表（第6版／第一册）》（北京大学医学出版社），《黑龙江省小米主栽品种理化特性与感官品质的相关性研究》黑龙江八一农垦大学硕士学位论文，《呼和浩特市售不同品种小米的品质特性比较研究》内蒙古农业大学硕士学位论文。

4. 市场销售采购信息

凉城县世纪粮行有限公司

联系人：张明旺　电话：18747474900

五十 凉城黄米面粉 CAQS-MTYX-20210647

1. 营养指标

参数	直链淀粉(%)	蛋白质(%)	脂肪(%)	硒(μg/100g)	谷氨酸(mg/100g)
测定值	8.20	9.85	1.9	4.6	2 080
参照值	22.59	9.70	1.5	1.9	1 518

2. 产品外在特征及独特营养品质特征评价鉴定

凉城黄米面粉颗粒度小，有甜味。其蛋白质、脂肪含量均高于参照值，且直链淀粉含量较低，谷氨酸、硒含量较高。

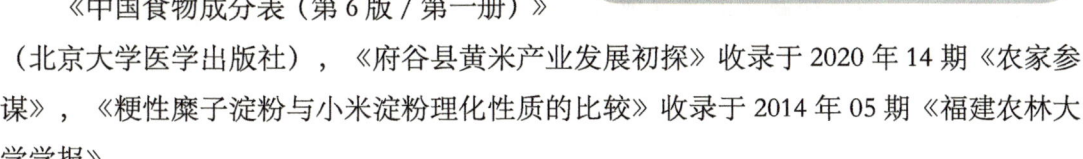

3. 评价鉴定依据

《中国食物成分表（第6版/第一册）》（北京大学医学出版社），《府谷县黄米产业发展初探》收录于2020年14期《农家参谋》，《粳性糜子淀粉与小米淀粉理化性质的比较》收录于2014年05期《福建农林大学学报》。

4. 市场销售采购信息

凉城县世纪粮行有限公司

联系人：张明旺　电话：18747474900

五十一 察右前旗甜椒 CAQS-MTYX-20210648

1. 营养指标

参数	锌 (mg/100g)	维生素C (mg/100g)	可溶性糖 (%)	总酸 (%)	粗纤维 (%)
测定值	0.26	73.4	2.38	0.09	1.2
参照值	0.18	72.0	1.91	0.17	1.4

2. 产品外在特征及独特营养品质特征评价鉴定

察右前旗甜椒外观端正，果实较大，味微辣而略带甜味，质地脆嫩。其维生素C、可溶性糖、锌含量均高于参照值，总酸、粗纤维含量优于参照值。

3. 评价鉴定依据

《中国食物成分表（第6版/第一册）》（北京大学医学出版社），《有机蔬菜的营养成分分析》收录于2009年07期《安徽农业科学》，《不同生育期补光对温室甜椒生长、产量及品质的影响》收录于2021年04期《植物生理学报》。

4. 市场销售采购信息

内蒙古五八五农牧业有限公司　　　　　　联系人：王献礼　电话：13734886766
察右前旗平地泉镇南村蔬菜种植专业合作社　联系人：张效玲　电话：13947407026

五十二 察右前旗奶酪 CAQS-MTYX-20210649

1. 营养指标

参数	蛋白质（%）	钙（mg/100g）	硒（μg/100g）	赖氨酸（mg/100g）	酪氨酸（mg/100g）
测定值	25.4	172.5	18	1 980	1 440
参照值	8.6	110.0	3	1 780	1 330

2. 产品外在特征及独特营养品质特征评价鉴定

察右前旗奶酪外观呈乳白色，质地均匀，组织细腻，口感酥香柔软，不油不腻。其蛋白质、钙、硒、赖氨酸、酪氨酸、多不饱和脂肪酸含量均高于参照值。

3. 评价鉴定依据

《中国食物成分表（第6版/第二册）》（北京大学医学出版社）。

4. 市场销售采购信息

内蒙古正北方乳业有限责任公司	联系人：王君如	电话：15148880582
察右前旗德吉乳制品有限公司	联系人：张　鹏	电话：15848433388
内蒙古美食汇农牧有限责任公司	联系人：秦喜龙	电话：18047458503

五十三 察右后旗酸马奶 CAQS-MTYX-20210650

1. 营养指标

参数	蛋白质（%）	钙（mg/kg）	赖氨酸（%）	亚麻酸（% 总脂肪酸）
测定值	2.24	791	0.14	21.3
参照值	2.00	611	0.12	16.0

2. 产品外在特征及独特营养品质特征评价鉴定

察右后旗酸马奶外观为淡黄色，味道微酸带甜，酸甜适中。其蛋白质、脂肪、亚麻酸、乳糖、赖氨酸、钙含量均高于参照值。

3. 评价鉴定依据

《内蒙古地区传统酸马奶中营养组分分析、乳酸菌分离鉴定及污染微生物检测》内蒙古农业大学硕士学位论文，《酸马奶的营养价值和医疗保健作用》收录于 2018 年 06 期《新疆畜牧业》。

4. 市场销售采购信息

察哈尔右翼后旗娜仁其木格火山传统奶制品厂

联系人：娜仁其木格　电话：18604748545

五十四 察右后旗奶渣 CAQS-MTYX-20210651

1. 营养指标

参数	脂肪（%）	硒（μg/100g）	必需氨基酸（% 总氨基酸）	多不饱和脂肪酸（% 总脂肪酸）
测定值	26.6	23.00	39.00	3.4
参照值	15.0	14.68	38.56	1.1

2. 产品外在特征及独特营养品质特征评价鉴定

察右后旗奶渣颜色呈淡黄色，表面较粗糙，有油性，自身散发出清新的奶香与淡淡的酸味。其脂肪、硒、必需氨基酸、多不饱和脂肪酸含量均高于参照值。

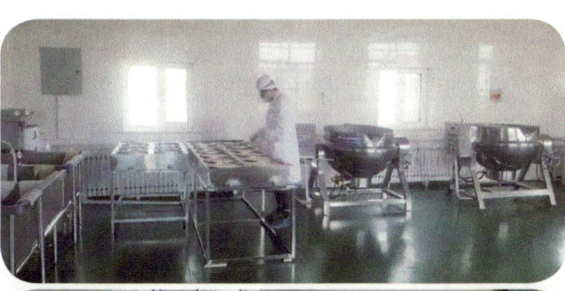

3. 评价鉴定依据

《中国食物成分表（第6版／第二册）》（北京大学医学出版社）。

4. 市场销售采购信息

察哈尔右翼后旗蒙根高勒种养殖牧民专业合作社

联系人：恩　克　电话：13848642183

五十五 察右后旗奶豆腐 CAQS-MTYX-20210652

1. 营养指标

参数	脂肪（%）	硒（μg/100g）	亚油酸（% 总脂肪酸）	多不饱和脂肪酸（% 总脂肪酸）
测定值	18.5	20.0	2.67	3.50
参照值	7.8	11.6	1.10	1.35

2. 产品外在特征及独特营养品质特征评价鉴定

察右后旗奶豆腐质地均匀细腻，外观呈乳白色，具有清香的乳香味和淡淡的酸味。其脂肪、硒、必需氨基酸、亚油酸、多不饱和脂肪酸含量均高于参照值。

3. 评价鉴定依据

《中国食物成分表（第6版/第二册）》（北京大学医学出版社），DBS 15/001.3—2017《食品安全地方标准 蒙古族传统乳制品 第3部分：奶豆腐》，《蒙古族奶豆腐的制作及营养价值》收录于1997年03期《中国乳品工业》。

4. 市场销售采购信息

察哈尔右翼后旗蒙根高勒种养殖牧民专业合作社

联系人：恩 克 电话：13848642183

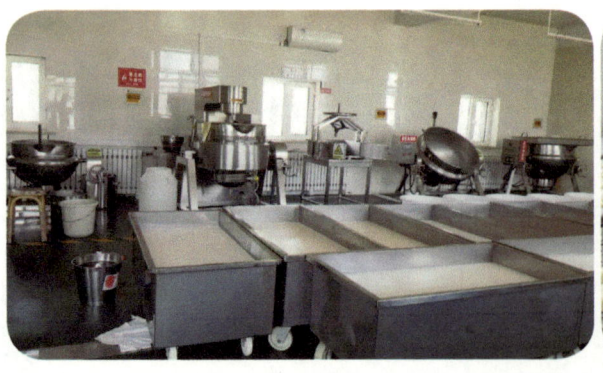

五十六 察右后旗鲜马奶 CAQS-MTYX-20210653

1. 营养指标

参数	蛋白质（%）	钙（mg/kg）	亚麻酸（% 总脂肪酸）	必需氨基酸（% 总氨基酸）
测定值	2.46	816	25.7	37.67
参照值	2.00	748	16.0	34.80

2. 产品外在特征及独特营养品质特征评价鉴定

察右后旗鲜马奶外观呈乳白色，有新鲜浓郁的乳香味，味道纯正。其蛋白质、亚麻酸、必需氨基酸、钙含量均高于参照值，乳糖含量低于参照值，适合于乳糖不耐受人群。

3. 评价鉴定依据

《中国食物成分表（第 6 版 / 第二册）》（北京大学医学出版社），《鲜马奶粉制备工艺及营养成分和功效研究》新疆医科大学博士学位论文，《马奶营养价值和产品开发进展》收录于 2018 年 20 期《内蒙古科技与经济》，《鲜马奶中营养成分及微生物群落结构的研究》内蒙古农业大学硕士学位论文。

4. 市场销售采购信息

察哈尔右翼后旗娜仁其木格火山传统奶制品厂

联系人：娜仁其木格　电话：18604748545

五十七 察哈尔右翼后旗牛肉干 CAQS-MTYX-20210654

1. 营养指标

参数	钙 (mg/kg)	胆固醇 (mg/100g)	蛋白质 (%)
测定值	825	84.8	52.2
参照值	430	120.0	45.6

2. 产品外在特征及独特营养品质特征评价鉴定

察哈尔右翼后旗牛肉干外观呈棕红色，肉质紧实，吃起来有嚼劲，肉香浓郁。其钙、蛋白质、赖氨酸、总不饱和脂肪酸含量均高于参照值，胆固醇含量优于参照值。

3. 评价鉴定依据

《中国食物成分表（第6版/第二册）》（北京大学医学出版社）。

4. 市场销售采购信息

察哈尔右翼后旗阿斯尔食品有限公司

联系人：武振作　电话：15047447444

五十八　四子王旗小麦粉 CAQS-MTYX-20210655

1. 营养指标

参数	蛋白质（%）	湿面筋（%）	谷氨酸（mg/100g）	亮氨酸（mg/100g）
测定值	17.0	42.1	5 190	980
参照值	12.4	>30.0	4 074	837

2. 产品外在特征及独特营养品质特征评价鉴定

四子王旗小麦粉色泽白净，颗粒度小，筋度大，具有小麦粉固有的色泽和气味，其蛋白质、湿面筋含量较高，且锌、谷氨酸、亮氨酸含量高于参照值。

3. 评价鉴定依据

《中国食物成分表（第6版/第一册）》（北京大学医学出版社），《不同面筋含量小麦淀粉及蛋白质特性分析》河南工业大学硕士学位论文，GB/T 8607—1988《高筋小麦粉》。

4. 市场销售采购信息

内蒙古焦记农宝农牧业发展有限公司

联系人：焦　勇　电话：15164761727

五十九 四子王旗戈壁羊 CAQS-MTYX-20210656

1. 营养指标

参数	胆固醇 (mg/100g)	剪切力 (N)	鲜味氨基酸 (mg/100g)	多不饱和脂肪酸 (% 总脂肪酸)
测定值	61.2	38.77	5 050	9.2
参照值	82.0	< 60.00	4 806	7.7

2. 产品外在特征及独特营养品质特征评价鉴定

四子王旗戈壁羊肌肉色泽鲜艳，肉质紧密，有坚实感，肌纤维有韧性，煮熟后，肉汤澄清透明，脂肪团聚于肉汤表面，肉质松软可口，鲜香味明显。其鲜味氨基酸、多不饱和脂肪酸含量均高于参照值，胆固醇含量和剪切力优于参照值。

3. 评价鉴定依据

《中国食物成分表（第6版／第二册）》（北京大学医学出版社），GB/T 9961—2008《鲜、冻胴体羊肉》，NY/T 2793—2015《肉的食用品质客观评价方法》，NY/T 630—2002《羊肉质量分级》，DB22/T 1003—2018《优质羊肉品质要求》，《龙陵黄山羊屠宰性能及肉质研究》收录于1998年03期《云南农业大学学报》。

4. 市场销售采购信息

四子王旗民族贸易有限责任公司　　联系人：王秀明　　电话：15334741588

六十 四子王旗杜蒙羊肉 CAQS-MTYX-20210657

1. 营养指标

参数	胆固醇（mg/100g）	剪切力（N）	天冬氨酸（mg/100g）	不饱和脂肪酸（% 总脂肪酸）	肌间脂肪（%）
测定值	39	36.1	2 380	45.5	6.50
参照值	82	< 60.0	1 869	43.2	0.83

2. 产品外在特征及独特营养品质特征评价鉴定

四子王旗杜蒙羊肉肌肉色泽为暗红色，肉质紧密，有坚实感，肌纤维有韧性，煮熟后，肉汤澄清透明，肉质松软可口，颜色柔和，滋味鲜美。其胆固醇含量优于参照值，剪切力优于参照值，满足标准要求，肌间脂肪、天冬氨酸、不饱和脂肪酸含量均高于参照值。

3. 评价鉴定依据

《中国食物成分表（第 6 版／第二册）》（北京大学医学出版社），GB/T 9961—2008《鲜、冻胴体羊肉》，NY/T 2793—2015《肉的食用品质客观评价方法》，NY/T 630—2002《羊肉质量分级》，NY/T 633—2002《冷却羊肉》，《龙陵黄山羊屠宰性能及肉质研究》收录于 1998 年 03 期《云南农业大学学报》。

4. 市场销售采购信息

四子王旗尚泰养殖专业合作社　联系人：王瑞强　电话：13664053411

六十一 卓资山白条鸡 CAQS-MTYX-20220265

1. 营养指标

参数	蛋白质（%）	硒（μg/100g）	鲜味氨基酸（mg/100g）	多不饱和脂肪酸（% 总脂肪酸）	蒸煮损失（%）
测定值	21.7	12.00	5 760	25.2	18.48
参照值	20.3	11.92	4 925	24.9	22.81

2. 产品外在特征及独特营养品质特征评价鉴定

卓资山白条鸡个体重约 1.6 kg，表皮呈微黄色，肌肉呈淡红色，表面细致有韧性，指压后立即恢复，切面有光泽，无绒毛及根毛，煮熟后，鸡皮香嫩，鸡肉紧实，鸡汤呈乳白色，汤味鲜香。其蛋白质、硒、鲜味氨基酸、多不饱和脂肪酸含量高，蒸煮损失低。

3. 评价鉴定依据

《中国食物成分表（第 6 版 / 第二册）》（北京大学医学出版社），《不同品种、饲养周期肉鸡肉品质和风味的比较分析》收录于 2018 年 06 期《动物营养学报》，《冷藏条件对鸡肉品质影响及豌豆蛋白对其凝胶特性改善》河南科技学院硕士学位论文。

4. 市场销售采购信息

天锡元农牧业农民专业合作社　　联系人：赵计林　电话：13948945536

卓资县振耀农牧业农民专业合作社　联系人：张建兵　电话：13947192897

六十二 凉城黄米 CAQS-MTYX-20220266

1. 营养指标

参数	蛋白质（%）	硒（μg/100g）	鲜味氨基酸（mg/100g）	总淀粉（%）	直链淀粉（%）
测定值	12.4	4.80	3 520	68.50	12.4
参照值	9.7	2.31	2 287	67.05	9.0

2. 产品外在特征及独特营养品质特征评价鉴定

凉城黄米呈淡黄色，粒圆形，大小均匀，粒形饱满；煮粥时米与汤融合，汤色纯正，口味醇香，黏糯爽滑。其蛋白质、脂肪、总淀粉、直链淀粉含量较高，且硒和鲜味氨基酸含量较高。

3. 评价鉴定依据

《中国食物成分表（第6版/第一册）》（北京大学医学出版社），《黄米淀粉的制备及流变学特性的研究》收录于2011年05期《食品科技》，《黄米营养成分分析》收录于2006年02期《食品工业科技》，《黄米淀粉理化特性的研究》西南大学硕士学位论文。

4. 市场销售采购信息

凉城县优粮农产品加工有限公司

联系人：付瑞俊　电话：15849452042

六十三 凉城莜面 CAQS-MTYX-20220267

1. 营养指标

参数	必需氨基酸（%总氨基酸）	多不饱和脂肪酸（%）	总淀粉（%）	直链淀粉（%）
测定值	33.03	1.82	72.8	27.2
参照值	26.28	0.90	61.5	18.5

2. 产品外在特征及独特营养品质特征评价鉴定

凉城莜面为灰白色，手感略涩，面粉颗粒度较均匀，流散性好，有淡淡的莜麦香味。其总淀粉、直链淀粉含量较高，且必需氨基酸、多不饱和脂肪酸含量较高。

3. 评价鉴定依据

《中国食物成分表（第6版/第一册）》（北京大学医学出版社），《燕麦淀粉含量测定及颗粒结合型淀粉合成酶基因（GBSS Ⅰ）片段克隆》四川农业大学硕士学位论文，《燕麦淀粉物化特性及燕麦粉中风味成分的研究》南昌大学硕士学位论文。

4. 市场销售采购信息

凉城县世纪粮行有限公司

联系人：张明旺　电话：18747474900

六十四 察右前旗腐竹 CAQS-MTYX-20220268

1. 营养指标

参数	蛋白质（%）	脂肪（%）	多不饱和脂肪酸（% 总脂肪酸）	钙（mg/100g）	鲜味氨基酸（% 总氨基酸）
测定值	44.6	33.7	62.0	272	30.20
参照值	≥ 40.0	21.7	60.7	77	27.86

2. 产品外在特征及独特营养品质特征评价鉴定

察右前旗腐竹呈细条状，支条均匀，条内空心，色泽鲜黄、明亮，具有大豆制品固有的香气，凉水浸泡无混浊，韧性好，煮熟后有嚼劲，久煮不糊。其蛋白质、脂肪、多不饱和脂肪酸、鲜味氨基酸、钙含量均高于参照值，水分含量优于参照值。

3. 评价鉴定依据

DB45/320—2006《豆腐类、腐竹质量安全要求》，《中国食物成分表（第 6 版 / 第一册）》（北京大学医学出版社）。

4. 市场销售采购信息

内蒙古昕源豆制品有限公司　联系人：双彦忠　电话：15247127508

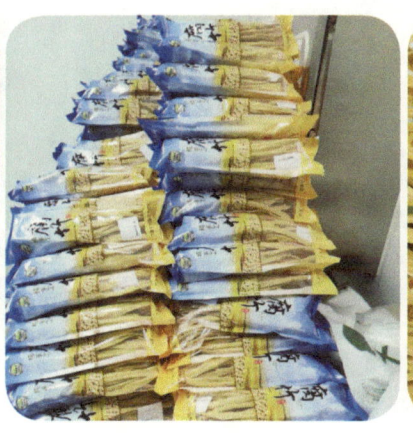

六十五 察右前旗蟠桃 CAQS-MTYX-20220269

1. 营养指标

参数	可溶性固形物（%）	总糖（%）	维生素C（mg/100g）	钾（mg/100g）	β-胡萝卜素（μg/100g）
测定值	11.3	9.9	8.9	334.0	49.4
参照值	10.7	9.0	7.1	195.7	20.0

2. 产品外在特征及独特营养品质特征评价鉴定

察右前旗蟠桃单果重约 135 g，果形扁圆，果皮为黄色，有茸毛；果肉为橙黄色，皮薄肉厚，肉质软溶、离核，汁液丰厚、风味清甜、芳香浓郁。其维生素 C、可溶性固形物、总糖、钾、β-胡萝卜素含量均高于参照值，总酸含量优于参照值。

3. 评价鉴定依据

《中国食物成分表（第 6 版 / 第一册）》（北京大学医学出版社），《不同品种桃果实储藏中理化性质变化研究》收录于 2019 年 24 期《绿色科技》，《不同桃品种鲜食和制汁品质评价研究》中国农业科学院硕士学位论文，《抗寒桃新品种'集美'》收录于 2022 年 S1 期《园艺学报》。

4. 市场销售采购信息

乌兰察布中林农业科技有限公司　联系人：刘　辉　电话：18601392016

六十六 察右前旗亚麻籽油 CAQS-MTYX-20220270

1. 营养指标

参数	多不饱和脂肪酸（%）	折光指数（20°C）	α-亚麻酸（%）	亚油酸（%）	酸价（mg/g）
测定值	63.5	1.4818	48.55	14.81	0.2
参照值	62.4	1.4785～1.4840	45.00～70.00	10.00～20.00	≤1.0

2. 产品外在特征及独特营养品质特征评价鉴定

察右前旗亚麻籽油外观呈金黄色，其色泽光亮，澄清无杂质，无结晶物，气味浓香，滋味纯正，具有亚麻籽油固有的气味和滋味。其亚油酸、α-亚麻酸含量及折光系数满足标准范围要求，酸价优于参照值，满足标准要求，多不饱和脂肪酸含量高于参照值。

3. 评价鉴定依据

《中国食物成分表（第6版/第二册）》（北京大学医学出版社），GB/T 8235—2019《亚麻籽油》。

4. 市场销售采购信息

乌兰察布市鑫龍清生物有限公司　　　联系人：王　娟　电话：15164786668

察右前旗兴泰粮食加工有限责任公司　联系人：郑万林　电话：14747423530

六十七 察右前旗番茄 CAQS-MTYX-20220271

1. 营养指标

参数	维生素 C (mg/100g)	可溶性固形物 (%)	番茄红素 (mg/kg)	总酸 (%)	硒 (μg/100g)
测定值	20.0	5.20	21.40	0.460	0.78
参照值	14.0	4.88	21.32	0.476	0.20

2. 产品外在特征及独特营养品质特征评价鉴定

察右前旗番茄果色为红色，果实横切面为圆形，单果重 185～200 g；其外观圆润，表皮光滑，富有弹性，汁水丰富，风味甜，有清香味。其维生素 C、可溶性固形物、番茄红素、硒、水分均高于参照值，总酸优于参照值。

3. 评价鉴定依据

《中国食物成分表（第 6 版／第一册）》（北京大学医学出版社），NY/T 940—2006《番茄等级规格》，《影响番茄可溶性固形物含量的相关因素研究》收录于 2017 年 09 期《江西农业学报》，《改良型植物营养剂对番茄果实中番茄红素含量的影响》收录于 2018 年 09 期《湖北农业科学》。

4. 市场销售采购信息

乌兰察布宏福农业有限公司　　联系人：谷　燕　　电话：15764811138

六十八 察右前旗风干兔 CAQS-MTYX-20220272

1. 营养指标

参数	维生素 A (μg/100g)	蛋白质 (%)	钙 (mg/100g)	鲜味氨基酸 (mg/100g)	不饱和脂肪酸 (% 总脂肪酸)
测定值	82.9	28.0	61.7	6 910	62.6
参照值	26.0	19.7	12.0	4 621	60.0

2. 产品外在特征及独特营养品质特征评价鉴定

察右前旗风干兔为风干样品，单只重约 800 g，兔肉呈红色，皮薄骨细，肌纤维紧密、有韧性、富有弹性，具有兔肉特有的气味，肉质细腻，味道鲜美。其蛋白质、脂肪、鲜味氨基酸、钙、维生素 A、不饱和脂肪酸含量均高于参照值。

3. 评价鉴定依据

《中国食物成分表（第 6 版 / 第二册）》（北京大学医学出版社）。

4. 市场销售采购信息

内蒙古蒙源现代农牧业发展有限公司　联系人：李　杰　电话：13847417666

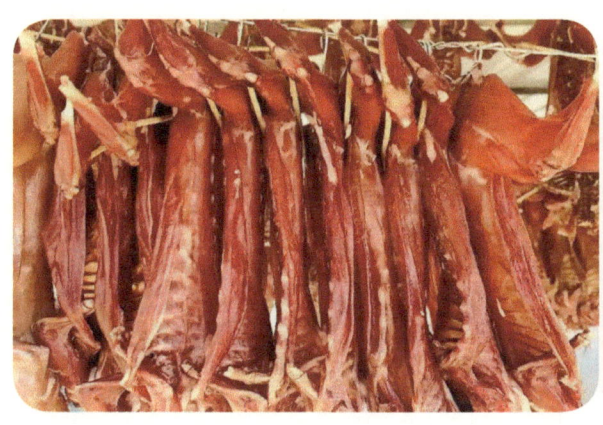

六十九 察右前旗绵羊奶 CAQS-MTYX-20220666

1. 营养指标

参数	维生素 A (μg/100g)	蛋白质 (%)	钙 (mg/100g)	必需氨基酸 (% 总氨基酸)	单不饱和脂肪酸 (% 总脂肪酸)
测定值	59.7	4.900	102	2.27	26.4
参照值	11.7	4.377	50	1.60	24.3

2. 产品外在特征及独特营养品质特征评价鉴定

察右前旗绵羊奶呈乳白色，其状态均匀、浓稠，煮热后口感香醇浓郁，具有鲜美的乳香味。其蛋白质、维生素 A、单不饱和脂肪酸、必需氨基酸、钙含量均高于参照值。

3. 评价鉴定依据

《东佛里生绵羊奶的常规营养成分和脂肪酸分析》收录于 2021 年 07 期《家畜生态学报》，《浅谈羊奶与牛奶的营养价值》收录于 2013 年 S2 期《新疆畜牧业》，《羊奶中脂肪酸的分析》收录于 2020 年 04 期《鞍山师范学院学报》，《山羊奶的营养成分研究进展》收录于 2012 年 10 期《中国食物与营养》。

4. 市场销售采购信息

蒙天然牧业科技发展有限公司　联系人：徐宝军　电话：15326041919

七十 四子王旗葵花籽 CAQS-MTYX-20220667

1. 营养指标

参数	亚麻酸 (% 总脂肪酸)	蛋白质 (%)	锌 (mg/100g)	鲜味氨基酸 (mg/100g)	单不饱和脂肪酸 (% 总脂肪酸)
测定值	0.14	23.7	5.0	8 720	24.5
参照值	0.10	19.1	0.5	7 932	13.5

2. 产品外在特征及独特营养品质特征评价鉴定

四子王旗葵花籽主色为黑色，籽实条纹颜色为白色，长卵形，颗粒饱满，形状均整；籽实长约 2.5 cm，百粒重约 25.7 g；具有葵花籽固有的色泽，口感油香可口，滋味纯正。其蛋白质、鲜味氨基酸、锌、单不饱和脂肪酸、亚麻酸含量均高于参照值。

3. 评价鉴定依据

《中国食物成分表（第 6 版 / 第一册）》（北京大学医学出版社），《15 种坚果果仁氨基酸组成及含量差异分析》收录于 2020 年 04 期《食品安全质量检测学报》。

4. 市场销售采购信息

四子王旗景欣农业股份有限公司

联系人：史景歆　电话：15144887722

七十一 四子王旗骆驼肉 CAQS-MTYX-20220668

1. 营养指标

参数	亚油酸 （% 总脂肪酸）	赖氨酸 (mg/100g)	钙 (mg/100g)	鲜味氨基酸 (mg/100g)	不饱和脂肪酸 （% 总脂肪酸）
测定值	2.16	1 710	36.0	4 990	43.33
参照值	1.81	1 464	6.5	3 634	33.38

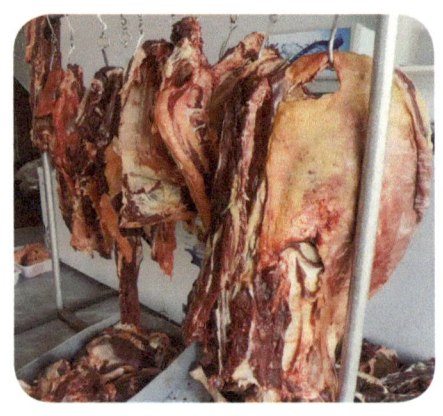

2. 产品外在特征及独特营养品质特征评价鉴定

四子王旗骆驼肉肉质鲜嫩，肉色鲜红，有光泽，脂肪呈乳白色；肌纤维致密，有弹性，指压后凹陷立即恢复；外表微干，切面湿润，不黏手；煮沸后，肉汤透明澄清，无肉眼可见杂质。其脂肪、钙、鲜味氨基酸、赖氨酸、亚油酸、不饱和脂肪酸含量高。

3. 评价鉴定依据

《中国食物成分表（第 6 版 / 第二册）》（北京大学医学出版社），《阿拉善双峰骆驼肉品质分析》收录于 2012 年 07 期《食品科技》，《阿拉善双峰驼驼峰脂的脂肪酸组成分析》收录于 2013 年 12 期《中国油脂》。

4. 市场销售采购信息

四子王旗戈壁艾勒养殖专业合作社　　联系人：王宝宝　电话：15848041467
四子王旗戈壁双峰驼养殖专业合作社　　联系人：其 仁　电话：13947444531

七十二 四子王旗牛肉 CAQS-MTYX-20220669

1. 营养指标

参数	胆固醇 (mg/100g)	蛋氨酸 (mg/100g)	肌间脂肪 (%)	鲜味氨基酸 (% 总氨基酸)	不饱和脂肪酸 (% 总脂肪酸)
测定值	44.9	530	4.00	27.37	56.4
参照值	58.0	248	0.36	22.79	47.5

2. 产品外在特征及独特营养品质特征评价鉴定

四子王旗牛肉肉色有光泽，为鲜红色，脂肪呈乳白色；外表新鲜，切面湿润，不黏手；肉质富有弹性，肌纤维韧性较强，指压后的凹陷可恢复；煮沸后肉汤透明澄清，脂肪团聚于液面。其不饱和脂肪酸、鲜味氨基酸、蛋氨酸、肌间脂肪含量高，胆固醇含量低。

3. 评价鉴定依据

《中国食物成分表（第 6 版 / 第二册）》（北京大学医学出版社），GB/T 17238—2022《鲜、冻分割牛肉》，NY/T 676—2010《牛肉等级规格》，《大通牦牛肉质特性研究》甘肃农业大学硕士学位论文。

4. 市场销售采购信息

四子王旗军胜种植专业合作社	联系人：李成军	电话：15147470555
四子王旗戈壁滩养殖专业合作社	联系人：卜明禅	电话：15848417807
四子王旗良遇农牧业有限公司	联系人：贾富良	电话：13614744291

呼和浩特市

内蒙古名特优新农产品

口肯板香瓜 CAQS-MTYX-20190128

1. 营养指标

参数	可溶性固形物（%）	维生素C（mg/100g）	总糖（%）	总酸（以柠檬酸计）（%）	钾（mg/100g）
测定值	13.6	25.8	13.40	0.144	324
参照值	9.0	15.0	8.87	2.000	139

2. 产品外在特征及独特营养品质特征评价鉴定

口肯板香瓜主要生长在土默特左旗区域范围内，平均单果重约 500 g，果形端正，近圆柱形或阔梨形；果皮光滑，着色均匀，皮薄肉厚，果皮底色为白色，果皮覆纹为浅黄绿色点状条带，果肉为白色；瓜瓤含水较少，果肉与瓜瓤易于分离，口感甜脆，芳香味浓，品质极佳，深受喜爱。其可溶性固形物、维生素C、总糖、钾含量均高于参照值，总酸优于参照值。

3. 评价鉴定依据

《中国食物成分表（第6版/第一册）》（北京大学医学出版社），NY/T 427—2016《绿色食品 西甜瓜》，《甜瓜果实含糖量遗传分析及糖分积累与蔗糖代谢酶关系的研究》浙江大学硕士学位论文。

4. 市场销售采购信息

土默特左旗溢丰种植农民专业合作社	联系人：乔文平	电话：13722048677
土默特左旗口肯板申香瓜种植农民专业合作社	联系人：任兴旺	电话：13848378112
土默特左旗金丰惠农种养殖农民专业合作社	联系人：郭俊龙	电话：15024916665
土默特左旗闫丽平种植农民专业合作社	联系人：闫丽平	电话：15049154828
土默特左旗仁忠义种养殖农民专业合作社	联系人：任忠义	电话：13948191851
土默特左旗众创种养殖农民专业合作社	联系人：郭根成	电话：15134838876

托县香瓜 CAQS-MTYX-20190129

1. 营养指标

参数	可溶性固形物（%）	维生素C（mg/100g）	总酸（以柠檬酸计）（%）	天冬氨酸（mg/100g）	钾（mg/100g）
测定值	12.2	42.1	0.168	52	296
参照值	9.0	15.0	2.000	41	139

2. 产品外在特征及独特营养品质特征评价鉴定

托县香瓜平均单个重约410 g，果形端正，果皮平滑，果皮底色黄中泛白且覆有浅绿色点状条带，皮薄肉厚，果肉为白色，口感甜脆，香味较浓。其维生素C、可溶性固形物、天冬氨酸、钾含量均高于参照值，总酸含量优于参照值。

3. 评价鉴定依据

《中国食物成分表（第6版/第一册）》（北京大学医学出版社），NY/T 427—2016《绿色食品 西甜瓜》。

4. 市场销售采购信息

呼和浩特市嘉丰农业科技有限公司　　联系人：李　海　电话：15904888332

托克托县云中农业开发有限责任公司　　联系人：冯光荣　电话：13947164407

三 托县稻田蟹 CAQS-MTYX-20190130

1. 营养指标

参数	脂肪（%）	钙（mg/100g）	必需氨基酸（% 总氨基酸）	多不饱和脂肪酸（% 总脂肪酸）	赖氨酸（mg/100g）
测定值	7.3	154	39.90	26.07	720.0
参照值	2.6	126	32.39	22.22	183.3

2. 产品外在特征及独特营养品质特征评价鉴定

托县稻田蟹背甲壳呈青灰色，有光泽，脐部圆润；肢体连接牢固呈弯曲形状，活动敏捷，活力强劲；蒸食蟹肉肉质细嫩，入口鲜甜，蟹黄沙糯醇厚。其脂肪、必需氨基酸、赖氨酸、钙、多不饱和脂肪酸含量均高于参照值。

3. 评价鉴定依据

《中国食物成分表（第 6 版 / 第二册）》（北京大学医学出版社），《不同湖泊养殖中华绒螯蟹脂肪酸组成比较分析》收录于 2007 年 07 期《中国农学通报》，《中华绒螯蟹主要呈味成分研究》收录于 2007 年 01 期《上海水产大学学报》，《锯缘青蟹营养成分分析》收录于 2010 年 12 期《福建师范大学学报》。

4. 市场销售采购信息

托克托美源现代渔业生态观光科技有限公司

联系人：张有恒　电话：13948197972

四 托县黄河鲤鱼 CAQS-MTYX-20190131

1. 营养指标

参数	脂肪（%）	鲜味氨基酸（% 总氨基酸）	酪氨酸（%）	赖氨酸（%）	亚油酸（% 总脂肪酸）
测定值	0.5	27.09	0.650	1.700	20.32
参照值	4.1	23.36	0.342	0.675	14.20

2. 产品外在特征及独特营养品质特征评价鉴定

托县黄河鲤鱼个体重约 2 kg，鱼体呈褐色，肉质紧实，有弹性；鱼鳞颜色为金色，其鳞片紧密，有光泽。清炖后肉质鲜嫩，味道鲜美。其赖氨酸、酪氨酸、鲜味氨基酸、亚油酸、不饱和脂肪酸含量均高于参照值，脂肪含量优于参照值。

3. 评价鉴定依据

《中国食物成分表（第 6 版／第二册）》（北京大学医学出版社）。

4. 市场销售采购信息

托克托县银秀渔业养殖场	联系人：曹　三	电话：13474710469
托克托美源现代渔业生态观光科技有限公司	联系人：李广珍	电话：13847136268
托克托县金旺养殖有限公司	联系人：任文忠	电话：15847773499
托克托县召湾黄河鱼养殖家庭农牧场	联系人：赵福明	电话：15248136866
托克托县大正种养殖农民专业合作社	联系人：王焕生	电话：13847130312
托克托县波尔水产养殖家庭牧场	联系人：武雨在	电话：13848159049

五 托县小麦粉 CAQS-MTYX-20190132

1. 营养指标

参数	蛋白质(%)	赖氨酸(mg/100g)	缬氨酸(mg/100g)	锌(mg/100g)	铁(mg/100g)
测定值	12.5	270	520	1.33	2.12
参照值	12.4	271	510	0.69	1.40

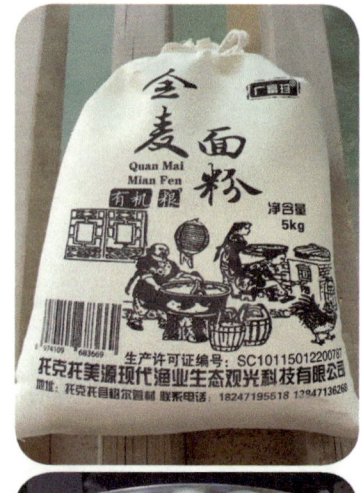

2. 产品外在特征及独特营养品质特征评价鉴定

托县小麦粉色泽白净，颗粒度小，筋度大；其小麦颗粒呈卵形，籽粒腹沟较深，冠毛较多，颗粒饱满、粒质坚硬，粒色为红色。其蛋白质、缬氨酸、铁、锌含量均优于参照值。

3. 评价鉴定依据

《中国食物成分表（第6版/第一册）》（北京大学医学出版社），国家农作物种质资源平台国家作物科学数据中心《小麦种质资源描述规范》，《不同面筋含量小麦淀粉及蛋白质特性分析》河南工业大学硕士学位论文。

4. 市场销售采购信息

托克托县民强种养殖农民专业合作社

联系人：李跃强　电话：15849385339

托克托美源现代渔业生态观光科技有限公司

联系人：张有恒　电话：13948197972

六 武川香菇 CAQS-MTYX-20190133

1. 营养指标

参数	蛋白质(%)	赖氨酸(mg/100g)	谷氨酸(mg/100g)	天冬氨酸(mg/100g)	硒(μg/100g)
测定值	3.74	980	3 500	1 440	86.00
参照值	2.20	68	284	143	2.58

2. 产品外在特征及独特营养品质特征评价鉴定

武川香菇菌盖稍扁平，表面呈深褐色，菌褶呈乳白色，厚度1.1～1.3 cm，菌盖直径4～5 cm，开伞度小，菌柄长度较菌盖直径长；伴有鲜香菇特有的沁人香气，菌肉紧实，口感弹韧。其蛋白质、谷氨酸、天冬氨酸、赖氨酸、精氨酸、苯丙氨酸、钾、镁、铜含量均高于参照值，硒含量高于参照值近33倍。

3. 评价鉴定依据

《中国食物成分表（第6版/第一册）》（北京大学医学出版社），DB61/T 1195—2018《香菇》，NY/T 1061—2006《香菇等级规定划分》。

4. 市场销售采购信息

呼和浩特蒙禾源菌业有限公司

联系人：王 璐　电话：17790742580

七 玉泉番茄 CAQS-MTYX-20190247

1. 营养指标

参数	维生素 C (mg/100g)	总酸 (%)	可溶性固形物 (%)	番茄红素 (mg/kg)	硒 (μg/100g)
测定值	22.4	0.414	5.40	93.50	0.77
参照值	14.0	0.476	4.88	21.32	0.20

2. 产品外在特征及独特营养品质特征评价鉴定

玉泉番茄为扁圆形，单果重约 150 g，果色为红色，果顶形状圆平，果实横切面为圆形，果肉颜色为红色，肉质口感沙，风味甜，有清香味。其维生素 C、可溶性固形物、番茄红素、硒含量均高于参照值，总酸含量优于参照值。

3. 评价鉴定依据

《中国食物成分表（第 6 版 / 第一册）》（北京大学医学出版社），《影响番茄可溶性固形物含量的相关因素研究》收录于 2017 年 09 期《江西农业学报》，《改良型植物营养剂对番茄果实中番茄红素含量的影响》收录于 2018 年 09 期《湖北农业科学》。

4. 市场销售采购信息

呼和浩特市禾裕农业发展有限责任公司	联系人：王升明	电话：15661174555
呼和浩特市亿祥源种养殖农民专业合作社	联系人：义如格乐	电话：15904879587
玉泉区启露种养殖农民专业合作社	联系人：郑文啟	电话：13804747803
内蒙古振华胜兴农业有限公司	联系人：侯振华	电话：15661275025
呼和浩特市蒙达源土根深养殖专业合作社	联系人：张普	电话：15848908011
玉泉区恒之胜种养农民专业合作社	联系人：王宏	电话：13474800094

八 托县番茄 CAQS-MTYX-20190248

1. 营养指标

参数	维生素 C (mg/100g)	番茄红素 (mg/100g)	可溶性固形物 (%)	硒 (μg/100g)	总酸 (%)
测定值	24	112.00	5.80	0.7	0.457
参照值	14	21.32	4.88	0.2	0.476

2. 产品外在特征及独特营养品质特征评价鉴定

托县番茄为扁圆形，单果重约 160 g，果色为红色，果顶形状圆平，果肩形状微凹，果实横切面为圆形，果肉颜色为红色，胎座胶状物质颜色为红色，肉质口感沙，风味甜，有清香味。其维生素 C、可溶性固形物、番茄红素、硒含量均高于参照值，总酸含量优于参照值。

3. 评价鉴定依据

《中国食物成分表（第 6 版／第一册）》（北京大学医学出版社），《影响番茄可溶性固形物含量的相关因素研究》收录于 2017 年 09 期《江西农业学报》，《改良型植物营养剂对番茄果实中番茄红素含量的影响》收录于 2018 年 09 期《湖北农业科学》。

4. 市场销售采购信息

呼和浩特市嘉丰农业科技有限公司　　联系人：李　海　电话：15904888332

呼和浩特市富兴劳务服务有限公司　　联系人：金玉龙　电话：15804713518

九 托县大米 CAQS-MTYX-20190249

1. 营养指标

参数	蛋白质（%）	直链淀粉（%）	碱消值（级）	胶稠度（mm）
测定值	7.62	19.9	6.2	91
参照值	7.20	13.0～20.0	≥6.0	≥80

2. 产品外在特征及独特营养品质特征评价鉴定

托县大米米粒呈半纺锤形，百粒重约 1.04 g，米粒表面光滑，晶莹油亮，有光泽，质地坚韧，洁净度好，米饭口感软糯，香气浓郁。其蛋白质含量、胶稠度、碱消值高于参照值，直链淀粉含量符合优质粳米范围。

3. 评价鉴定依据

《中国食物成分表（第 6 版／第一册）》（北京大学医学出版社），《大米胶稠度测定的影响因素研究》收录于 2017 年 23 期《湖北农业科学》，GB/T 1354—2018《大米》。

4. 市场销售采购信息

托克托县托米种植专业合作社　　　　　　联系人：李四军　电话：15556188999
托克托美源现代渔业生态观光科技有限公司　联系人：李广河　电话：13947108810

武川羊肚菌 CAQS-MTYX-20190250

1. 营养指标

参数	蛋白质（%）	谷氨酸（mg/100g）	钾（mg/100g）	麦角硫因（mg/kg）	维生素 B_1（mg/100g）
测定值	28.4	4 620	2 640	1 680	0.38
参照值	26.9	2 760	1 726	500	0.12

2. 产品外在特征及独特营养品质特征评价鉴定

武川羊肚菌菇形饱满完整，具有不规则皱纹，表面有似羊肚状的凹坑；菌柄基部剪切平整，菌盖近椭圆形，长度 6～9 cm，菌柄呈白色；煮熟后菌肉紧实，口感弹韧，具有羊肚菌特有的香味。其蛋白质、钾、麦角硫因、维生素 B_1、谷氨酸、天冬氨酸含量均高于参照值。

3. 评价鉴定依据

《中国食物成分表（第 6 版／第一册）》（北京大学医学出版社），DB51/T 2464—2018《羊肚菌等级规格》，《羊肚菌液体培养条件及氨基酸分析》收录于 1997 年 03 期《贵州农学院学报》，《羊肚菌多糖类物质的研究进展》收录于 2019 年 03 期《食品工业科技》。

4. 市场销售采购信息

内蒙古新浩盛生物科技有限公司

联系人：王 璐　电话：17790742580

十一 可沁村小西瓜 CAQS-MTYX-20200165

1. 营养指标

参数	维生素C (mg/100g)	总糖 (%)	铁 (mg/100g)	可滴定酸 (%)	硒 (μg/100g)
测定值	7.4	4.5	0.48	0.065	0.25
参照值	≥ 6.0	4.2	0.20	0.200	0.11

2. 产品外在特征及独特营养品质特征评价鉴定

可沁村小西瓜瓜形端正，呈圆形，果实完整良好，大小较均匀，个头偏小，单瓜重约1.2 kg；瓜皮纹路清晰光亮，表皮呈深绿色，瓜肉呈黄色；瓜皮薄，肉质脆甜，甘甜多汁，爽口，具有西瓜特有的水果香味。其总糖、铁、硒含量均高于参照值，锌含量等于参照值，可溶性固形物、维生素C含量均高于参照值。

3. 评价鉴定依据

《中国食物成分表（第6版/第一册）》（北京大学医学出版社），GH/T 1153—2017《西瓜》，《西瓜果实总糖含量QTL分析》收录于2013年01期《果树学报》，GB/T 22446—2008《地理标志产品　大兴西瓜》。

4. 市场销售采购信息

土默特左旗初心种植农民专业合作社　　联系人：赵海兵　　电话：15847175086

土默特左旗成志种植农民专业合作社　　联系人：靳成兵　　电话：15394715875

十二 毕克齐大紫李 CAQS-MTYX-20200166

1. 营养指标

参数	维生素C (mg/100g)	可食率 (%)	铁 (mg/100g)	可滴定酸 (%)	锌 (mg/100g)
测定值	5.2	96.7	1.67	1.16	0.16
参照值	5.0	91.0	0.60	0.85	0.14

2. 产品外在特征及独特营养品质特征评价鉴定

毕克齐大紫李果形端正，呈圆球形，果实大小均匀一致，平均单果重约 75 g；果皮表面呈紫红色，果肉呈鲜黄色，成熟度好，伴有浓郁的果香味；果皮薄，肉质鲜嫩，酸甜可口。其维生素 C、可溶性糖、铁、锌、可滴定酸含量均高于参照值，且可食率和硬度也高于参照值，硒含量等于参照值。

3. 评价鉴定依据

《中国食物成分表（第 6 版 / 第一册）》（北京大学医学出版社），《不同化肥品种及配方对李子产量及营养成分的影响》收录于 2019 年 11 期《农技服务》，《生物保鲜纸对李子贮藏期品质的影响》收录于 2020 年 07 期《食品与机械》。

4. 市场销售采购信息

土默特左旗神业种养殖农民专业合作社	联系人：申鸿宾	电话：13404819722
土默特左旗绿野林木农民专业合作社	联系人：侯二毛	电话：18647100448
土默特左旗绿川种苗生产经营农民专业合作社	联系人：郝小平	电话：13947163760

十三　土默特左旗玉米 CAQS-MTYX-20200167

1. 营养指标

参数	蛋白质（%）	粗纤维（%）	铁（mg/100g）	可溶性糖（%）	直链淀粉（%）
测定值	4.38	2.40	1.64	5.75	1.0
参照值	4.00	3.69	1.10	1.53	≤ 3.0

2. 产品外在特征及独特营养品质特征评价鉴定

土默特左旗玉米颗粒完整、饱满；胚的部分呈白色，胚乳呈金黄色，具有玉米固有的气味，无异味，口感软糯、香甜。其蛋白质、可溶性糖、铁含量均高于参照值，直链淀粉含量满足二级标准，粗纤维含量优于参照值。

3. 评价鉴定依据

《中国食物成分表（第6版/第一册）》（北京大学医学出版社），《四个糯玉米品种加工后的品质比较》收录于2016年07期《山东农业科学》，《特用糯玉米杂交种主要农艺性状及籽粒营养成分的研究》收录于2001年03期《莱阳农学院学报》，GB/T 22326—2008《糯玉米》。

4. 市场销售采购信息

土默特左旗善友板村农牧业发展有限责任公司	联系人：李小龙	电话：15184733338
土默特左旗兴农种养殖农民专业合作社	联系人：李小龙	电话：15184733338
土默特左旗农兴种养殖农民专业合作社	联系人：李小龙	电话：15184733338
内蒙古浩峰农业有限责任公司	联系人：张　琼	电话：13087106066

十四 土默特左旗香菇 CAQS-MTYX-20200168

1. 营养指标

参数	蛋白质（%）	香菇素（mg/kg）	铁（mg/100g）	钙（mg/100g）	总灰分（% 干基）
测定值	3.98	15.60	1.22	2.09	6.2
参照值	2.20	10.16	0.30	2.00	≤ 8.0

2. 产品外在特征及独特营养品质特征评价鉴定

土默特左旗香菇菌盖稍扁平，菇形规整，表面呈深褐色，菌褶呈乳白色；厚度1.5～2.0 cm，菌盖直径5.3～6.5 cm；菌柄与菌盖边缘有白色丝膜相连，伴有鲜香菇特有的沁人香气，菌肉紧实，口感弹韧。其蛋白质、香菇素、钙、铁、锌含量均高于参照值，总灰分含量优于参照值。

3. 评价鉴定依据

《中国食物成分表（第6版/第一册）》（北京大学医学出版社），NY/T 1061—2006《香菇等级规定划分》，《不同干燥方法对生食香菇品质的影响》收录于2014年02期《食品科学技术学报》，《pH对香菇多糖含量及合成关键酶基因转录水平的影响》收录于2019年02期《生物技术通报》，《气相色谱－质谱联用法检测香菇中香菇素的含量》收录于2015年06期《食品科学》。

4. 市场销售采购信息

土默特左旗善仁种植农民专业合作社　　联系人：马恒彪　电话：13314891089
土默特左旗善岱村种养殖农民专业合作社　联系人：胡占军　电话：15561309555

十五 土默特左旗对虾 CAQS-MTYX-20200169

1. 营养指标

参数	蛋白质(%)	鲜味氨基酸(mg/100g)	胆固醇(mg/100g)	钙(mg/100g)	DHA(%总脂肪酸)
测定值	21.45	5 245	167	67.97	5.4
参照值	18.60	4 685	193	62.00	4.0

2. 产品外在特征及独特营养品质特征评价鉴定

土默特左旗对虾色泽鲜艳，呈自然的虾青色，其体表光洁，无附着物；单个虾体重约 10.5 g，长约 12.5 cm，体色鲜明正常，体质健壮。其蛋白质、不饱和脂肪酸、DHA、钙、铁、鲜味氨基酸、赖氨酸、亮氨酸含量均高于参照值，胆固醇含量优于参照值，脂肪含量等于参照值。

3. 评价鉴定依据

《中国食物成分表（第6版／第二册）》（北京大学医学出版社），GB/T 19782—2005《中国对虾》，GB/T 15101.1—2008《中国对虾 亲虾》。

4. 市场销售采购信息

呼和浩特昊海渔业发展有限公司　　联系人：杨林军　电话：13314885900
内蒙古挨文水产养殖有限公司　　　联系人：周挨文　电话：15248106173

十六 托县辣椒 CAQS-MTYX-20200170

1. 营养指标

参数	维生素C (mg/100g)	总酸 (%)	辣椒素 (%)	可溶性糖 (%)	硒 (μg/100g)
测定值	167.8	1.43	0.037 0	2.09	2.0
参照值	144.0	1.34	0.007 6	1.66	1.7

2. 产品外在特征及独特营养品质特征评价鉴定

托县辣椒外观颜色为暗红色，果实部分长 6～8 cm，横径 2.5～3.2 cm，单果质量约 3 g；其个体较均匀，外观基本一致，外形为短锥形，有褶皱，果梗、萼片和果实呈该品种固有颜色，散发自身特有的辛辣味。其维生素C、总酸、辣椒素、可溶性糖、硒、干物质含量均高于参照值。

3. 评价鉴定依据

《中国食物成分表（第6版／第一册）》（北京大学医学出版社），NY/T 944—2006《辣椒等级规格》，《尖椒长期贮藏的研究》收录于 2000 年 01 期《保鲜与加工》，《辣椒品种资源评价和影响辣椒素含量因素的初探》湖南农业大学硕士学位论文，《几种制干辣椒品种主要营养成分的分析》收录于 2008 年 33 期《安徽农业科学》，《辣椒制品表观辣度的模糊评价方法的研究》中南林业科技大学硕士学位论文。

4. 市场销售采购信息

托克托县一溜湾辣椒专业合作社　　联系人：催利军　电话：13754099898
托克托县绿鑫蔬菜种植养殖专业合作社　　联系人：赫开旺　电话：15690992444

十七 托县猪肉 CAQS-MTYX-20200171

1. 营养指标

参数	蛋白质 (%)	亚油酸 (% 总脂肪酸)	胆固醇 (mg/100g)	天冬氨酸 (mg/100g)	多不饱和脂肪酸 (% 总脂肪酸)
测定值	22.4	10.9	63.0	1 950	12.7
参照值	20.3	4.3	81.0	1 850	6.5

2. 产品外在特征及独特营养品质特征评价鉴定

托县猪肉肌肉色为鲜红色，有光泽，脂肪呈乳白色；肌肉截面有大理石花纹，肉质紧密，有坚实感，外表及切面湿润，不黏手；具有猪肉正常气味，无异味，煮沸后，肉汤澄清透明，具有猪肉的香味。其蛋白质、天冬氨酸、赖氨酸、异亮氨酸、铁、多不饱和脂肪酸、亚油酸含量均高于参照值，胆固醇、脂肪含量均优于参照值，剪切力、蒸煮损失均优于参照值。

3. 评价鉴定依据

《中国食物成分表（第 6 版 / 第二册）》（北京大学医学出版社），GB/T 9959.1—2019《鲜、冻猪肉及猪副产品 第 1 部分：片猪肉》，NY/T 632—2002 《冷却猪肉》，NY/T 1759—2009《猪肉等级规格》。

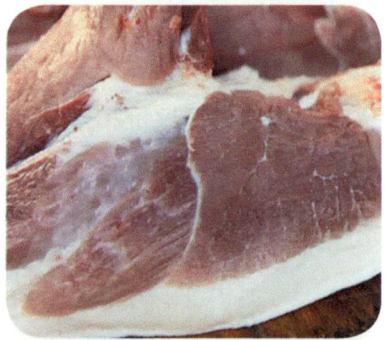

4. 市场销售采购信息

托克托县云中养殖有限公司

联系人：冯光荣　电话：13947164407

托克托县兴誉种养殖专业合作社

联系人：李建明　电话：18548171321

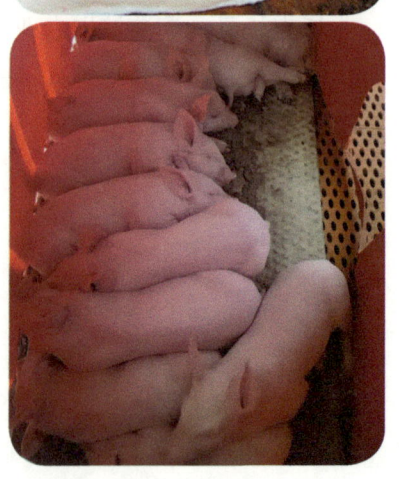

十八 托县驴肉 CAQS-MTYX-20200172

1. 营养指标

参数	脂肪(%)	总不饱和脂肪酸(%)	胆固醇(mg/100g)	蛋氨酸(mg/100g)	硒(μg/100g)
测定值	9.1	5.9	54.2	430	7.0
参照值	3.2	1.7	74.0	300	6.1

2. 产品外在特征及独特营养品质特征评价鉴定

托县驴肉肌肉色为暗红色，有光泽，脂肪呈白色，肉质紧密，有坚实感，表面微干，不黏手；具有驴肉固有气味，无异味，煮沸后，肉汤澄清透明，具有驴肉固有的香味。其总不饱和脂肪酸、亚油酸、钙、铁、锌、硒、蛋氨酸、谷氨酸含量均高于参照值，胆固醇含量优于参照值，脂肪含量高于参照值，肉质偏肥。

3. 评价鉴定依据

《中国食物成分表（第 6 版 / 第二册）》（北京大学医学出版社），GB/T 6940—2008《关中驴》。

4. 市场销售采购信息

托克托县绿纯养殖专业合作社

联系人：任文忠　电话：15847773499

十九 和林燕麦 CAQS-MTYX-20200173

1. 营养指标

参数	蛋白质(%)	直链淀粉(%)	淀粉(%)	铁(mg/100g)	锌(mg/100g)
测定值	14.6	19.10	62.20	5.52	2.15
参照值	10.1	18.46	60.14	2.90	1.75

2. 产品外在特征及独特营养品质特征评价鉴定

和林燕麦米粒形较大，长度 0.6～0.8 cm，颗粒饱满，色泽正常，具有燕麦特有气味，无异味。其蛋白质、脂肪、淀粉、铁、锌含量均高于参照值，直链淀粉含量高于参照值，高直链淀粉燕麦适合于糖尿病人食用。

3. 评价鉴定依据

《中国食物成分表（第 6 版 / 第一册）》（北京大学医学出版社），LS/T 3260—2019《燕麦米》，《藜麦及其他谷物的常规营养成分测定》收录于 2019 年 16 期《现代食品》，《不同裸燕麦品种的淀粉特性》收录于 2010 年 03 期《麦类作物学报》，《燕麦的营养成分与保健功效》收录于 2016 年 19 期《现代农业科技》。

4. 市场销售采购信息

内蒙古万利福生物科技有限公司

联系人：于　海　萍　电话：13384873000

和林格尔县昆都仑绿色粮油产销农民专业合作社

联系人：陈吉尔格拉　电话：15184739985

呼和浩特市

二十 和林亚麻籽油 CAQS-MTYX-20200174

1. 营养指标

参数	多不饱和脂肪酸(%)	亚油酸(%)	α-亚麻酸(%)	铁(mg/100g)	过氧化值(%)
测定值	66.4	14.64	51.5	3.20	0.08
参照值	62.2	10.00～20.00	45.0～70.0	0.20	≤0.25

2. 产品外在特征及独特营养品质特征评价鉴定

和林格尔亚麻籽油呈金黄色，其色泽光亮，澄清无杂质；具有亚麻籽油固有气味和滋味，无异味；无沉淀物、无结晶。其多不饱和脂肪酸、铁含量均高于参照值，亚油酸、α-亚麻酸含量及折光指数均满足标准范围要求，酸价、过氧化值优于参照值。

3. 评价鉴定依据

《中国食物成分表（第6版/第二册）》（北京大学医学出版社），GB/T 8235—2019《亚麻籽油》。

4. 市场销售采购信息

内蒙古万利福生物科技有限公司	联系人：于海萍	电话：13384873000
内蒙古益善园生物科技有限责任公司	联系人：刘　宁	电话：18686088960
内蒙古久鼎食品有限公司	联系人：张瑞华	电话：15947617295

二十一 清水河小香米 CAQS-MTYX-20200175

1. 营养指标

参数	总不饱和脂肪酸（%）	亚油酸（% 总脂肪酸）	谷氨酸（mg/100g）	铁（mg/100g）	粗纤维（%）
测定值	3.2	47.3	2 040	6.62	1.00
参照值	1.3	17.7	1 871	5.10	0.66

2. 产品外在特征及独特营养品质特征评价鉴定

清水河小香米色泽金黄，米粒大小较均匀，粒形饱满；外观鲜黄明亮，无明显感官色差；具有小香米特有的自然清香气味，无其他异味。其蛋白质、脂肪、铁、锌、总不饱和脂肪酸、亚油酸、谷氨酸、赖氨酸、亮氨酸含量均高于参照值，粗纤维是优质的粗粮谷物，清水河小香米属于低直链淀粉小米，其黏性较大。

3. 评价鉴定依据

《中国食物成分表（第 6 版 / 第一册）》（北京大学医学出版社），《黑龙江省小米主栽品种理化特性与感官品质的相关性研究》黑龙江八一农垦大学硕士学位论文，《呼和浩特市售不同品种小米的品质特性比较研究》内蒙古农业大学硕士学位论文，《小米营养价值及其烘焙产品的开发》收录于 2017 年 05 期《晋城职业技术学院学报》，《基于主成分分析的不同品种小米品质评价》收录于 2019 年 09 期《食品工业科技》。

4. 市场销售采购信息

清水河县老牛湾兴盛种养殖专业合作社　　联系人：李建国　电话：13654883908

内蒙古农苑商贸杂粮有限公司　　　　　　联系人：乔仝柱　电话：13848911999

二十二 清水河黄米 CAQS-MTYX-20200176

1. 营养指标

参数	多不饱和脂肪酸（%）	亚油酸（% 总脂肪酸）	谷氨酸（mg/100g）	蛋白质（%）	粗纤维（%）
测定值	1.7	21.5	2 930	12.4	1.00
参照值	1.3	17.7	1 518	9.7	1.93

2. 产品外在特征及独特营养品质特征评价鉴定

清水河黄米色泽呈金黄色，圆形粒大小均匀，粒形饱满；外观鲜黄明亮，无明显感官色差；散发着黄米固有的自然清香气味，无其他异味。其蛋白质、脂肪、多不饱和脂肪酸、亚油酸、淀粉、锌、谷氨酸、亮氨酸、缬氨酸含量均高于参照值，粗纤维含量低于参照值，适口性好，清水河黄米属于低直链淀粉黄米，其黏性较大。

3. 评价鉴定依据

《中国食物成分表（第 6 版 / 第一册）》（北京大学医学出版社），《黄米淀粉的制备及流变学特性的研究》收录于 2011 年 05 期《食品科技》，《黄米营养成分分析》收录于 2006 年 02 期《食品工业科技》，《黄米淀粉理化特性的研究》西南大学硕士学位论文。

4. 市场销售采购信息

呼和浩特市创宏种养殖专业合作社　　联系人：牛三娃　电话：13474912766

呼和浩特市金利小杂粮种植加工农民专业合作社

联系人：金　磊　电话：13500617681

二十三 清水河花菇 CAQS-MTYX-20200177

1. 营养指标

参数	香菇素(mg/kg)	膳食纤维(%)	多糖(%)	蛋白质(%)	铁(mg/100g)
测定值	25.40	4.65	6.15	4.39	1.83
参照值	10.16	3.44	3.76	2.20	0.30

2. 产品外在特征及独特营养品质特征评价鉴定

清水河花菇菌盖稍扁平，菇形规整，顶面呈淡黑色，菇底呈淡黄色，菌盖表面花纹明显，龟裂深，白色菇纹开暴花；菇盖直径4～5 cm，菇盖厚度1.5～2.0 cm，菌褶整齐，伴有鲜花菇特有的香气，菌肉紧实，口感弹韧。其香菇素、蛋白质、膳食纤维、多糖、铁、锌、钙含量均高于参照值。

3. 评价鉴定依据

《中国食物成分表（第6版/第一册）》（北京大学医学出版社），NY/T 1061—2006《香菇等级规定划分》，《不同干燥方法对生食香菇品质的影响》收录于2014年02期《食品科学技术学报》，《pH对香菇多糖含量及合成关键酶基因转录水平的影响》收录于2019年02期《生物技术通报》，《气相色谱－质谱联用法检测香菇中香菇素的含量》收录于2015年06期《食品科学》。

4. 市场销售采购信息

清水河县摇铃沟农业科技发展有限公司

联系人：苏永梅　电话：15034958178

二十四 武川燕麦 CAQS-MTYX-20200178

1. 营养指标

参数	蛋白质 (%)	脂肪 (%)	淀粉 (%)	铁 (mg/100g)	直链淀粉 (%)
测定值	14.0	6.3	57.6	5.1	17.9
参照值	10.1	0.2	57.5	2.9	26.9

2. 产品外在特征及独特营养品质特征评价鉴定

武川燕麦米粒形较大，长度 0.6～0.9 cm，颗粒饱满，粒形均匀、完整，色泽正常，具有燕麦特有气味和颜色，无异味。其蛋白质、脂肪、淀粉、铁含量均高于参照值，直链淀粉含量低于参照值，其黏性相对较大，口感较好。

3. 评价鉴定依据

《中国食物成分表（第 6 版 / 第一册）》（北京大学医学出版社），LS/T 3260—2019《燕麦米》，DB22/T 1099—2018《燕麦》，《藜麦及其他谷物的常规营养成分测定》收录于 2019 年 16 期《现代食品》，《不同燕麦品种的营养与品质性状分析》收录于 2019 年 08 期《农产品加工》，《不同裸燕麦品种的淀粉特性》收录于 2010 年 03 期《麦类作物学报》。

4. 市场销售采购信息

武川县禾川绿色食品有限责任公司	联系人：赵丽青	电话：13644885932
内蒙古有机联创农业发展有限公司	联系人：张 平	电话：15047810082
内蒙古西贝汇通农业科技发展有限公司	联系人：刘 伟	电话：13337179227
内蒙古燕谷坊全谷物产业发展有限责任公司	联系人：赵一楠	电话：18548183966

二十五 武川莜面 CAQS-MTYX-20200179

1. 营养指标

参数	膳食纤维（%）	多不饱和脂肪酸（%）	赖氨酸（mg/100g）	铁（mg/100g）	脂肪（%）
测定值	9.67	1.76	730	9.11	5.7
参照值	8.70	0.90	490	3.80	8.6

2. 产品外在特征及独特营养品质特征评价鉴定

武川莜麦面粉色泽发黄，质地较粗糙，粗粒感较强，手感略涩，面粉颗粒度较均匀，颗粒大小一致，具有莜面固有的气味，有淡淡的莜麦香味。其膳食纤维、多不饱和脂肪酸、铁、赖氨酸、丙氨酸含量均高于参照值，缬氨酸含量等于参照值。

3. 评价鉴定依据

《中国食物成分表（第 6 版／第一册）》（北京大学医学出版社），《莜麦面可溶性膳食纤维的研究》收录于 1998 年 01 期《中国粮油学报》。

4. 市场销售采购信息

武川县禾川绿色食品有限责任公司	联系人：赵丽青	电话：13644885932
内蒙古燕谷坊全谷物产业发展有限责任公司	联系人：赵一楠	电话：18548183966
内蒙古西贝汇通农业科技发展有限公司	联系人：刘 伟	电话：13337179227
内蒙古御品香粮油有限责任公司	联系人：武灵火	电话：13847181642
武川县山老区农畜产品专业合作社	联系人：高政统	电话：15849370111
内蒙古蒙瑞兴粮油贸易有限责任公司	联系人：郭 瑞	电话：15947710475

二十六 武川马铃薯 CAQS-MTYX-20200180

1. 营养指标

参数	维生素C (mg/100g)	硒 (μg/100g)	锌 (mg/100g)	铁 (mg/100g)	粗纤维 (%)
测定值	16.4	1.00	0.77	7.18	0.44
参照值	14.0	0.47	0.30	0.40	0.60

2. 产品外在特征及独特营养品质特征评价鉴定

武川马铃薯个头均匀，单薯质量150～300 g，外皮颜色为浅黄色，外观新鲜，成熟度好，薯形好；该马铃薯芽眼数量较少，芽眼较浅。其维生素C、铁、锌、硒含量均高于参照值，粗脂肪含量等于参照值，粗纤维含量优于参照值。

3. 评价鉴定依据

《中国食物成分表（第6版/第一册）》（北京大学医学出版社），《马铃薯营养特性及产业化发展的前景》收录于2019年12期《食品安全导刊》，《真空包装处理对鲜切马铃薯品质的影响》收录于2018年第10期《现代园艺》。

4. 市场销售采购信息

武川县塞丰马铃薯种业有限责任公司

联系人：苏春光　电话：15847180855

武川县川宝绿色农产品有限责任公司

联系人：赵　梅　电话：15049139558

武川县迦南种植专业合作社

联系人：朱瑞芳　电话：15848381344

武川县圣丰农产品专业合作社

联系人：邢林梅　电话：13948717359

二十七 武川滑子菇 CAQS-MTYX-20200181

1. 营养指标

参数	苏氨酸 (mg/100g)	膳食纤维 (%)	多糖（换算为含水13%的半绝干样）(%)	水分 (%)	组氨酸 (mg/100g)
测定值	91	1.74	4.08	93.0	227
参照值	73	1.60	3.80	92.4	36

2. 产品外在特征及独特营养品质特征评价鉴定

武川滑子菇菌盖为半圆形或伞形，菌杆为柱形，菇体多个丛生，菌柄长 6～7 cm，菌盖直径 2.5～3.0 cm；菌盖呈淡黄色至黄褐色，菌杆底色为白色，覆盖色为淡黄色；菌体表面附有较多黏液物质，手摸黏滑。其多糖、组氨酸、苏氨酸、水分、膳食纤维含量均高于参照值。

3. 评价鉴定依据

《中国食物成分表（第 6 版 / 第二册）》（北京大学医学出版社），《滑子菇营养成分分析与评价》收录于 2013 年 06 期《食品科学》，《火焰原子吸收光谱法测定滑子菇中的元素》收录于 2012 年 12 期《赤峰学院学报》，《滑菇多糖制备的研究》收录于 2005 年 01 期《食品科学》。

4. 市场销售采购信息

呼和浩特市蒙晟生物科技有限公司　　联系人：李中涛　电话：18903775599

呼和浩特蒙禾源菌业有限公司　　　　联系人：王　璐　电话：17790742580

二十八 赛罕火龙果 CAQS-MTYX-20200466

1. 营养指标

参数	维生素 C (mg/100g)	可溶性固形物 (%)	硒 (μg/100g)	铁 (mg/100g)	锌 (mg/100g)
测定值	13.4	15.5	0.23	23.22	1.00
参照值	3.0	15.0	0.03	0.30	0.29

2. 产品外在特征及独特营养品质特征评价鉴定

赛罕火龙果果实为圆球形或长圆形，外观呈玫红色，果皮颜色均匀，单果重约 385 g，果实个大饱满，果肉较紧实；种子似芝麻粒大小分布于果肉中，果肉鲜红、汁水多，味清甜。其维生素 C、可溶性固形物、铁、锌、硒含量均高于参照值，可滴定酸含量优于参照值。

3. 评价鉴定依据

《中国食物成分表（第 6 版／第一册）》（北京大学医学出版社），《火龙果种质资源果实品质性状多样性分析》收录于 2019 年 06 期《中国南方果树》，《火龙果汁中微量元素·抗坏血酸和总糖量的分析》收录于 2009 年 27 期《安徽农业科学》，《红肉火龙果与白肉火龙果的品质分析》收录于 2015 年 04 期《保鲜与加工》，《火龙果多糖提取工艺及其生物活性研究现状》收录于 2018 年 11 期《化工时刊》，《施硒对火龙果果实品质及总硒含量的影响》收录于 2019 年 21 期《江西农业》。

4. 市场销售采购信息

呼和浩特市轩达泰种植专业合作社　联系人：黄国华　电话：15661021816

内蒙古众智云农牧业科技有限公司　联系人：孙水叶　电话：13848912816

内蒙古四系生态农业科技有限公司　联系人：武　君　电话：13269699112

二十九 土默特左旗西瓜 CAQS-MTYX-20200467

1. 营养指标

参数	维生素 C (mg/100g)	可滴定酸 (%)	水分 (%)	铁 (mg/100g)	硒 (μg/100g)
测定值	8.6	0.082	94.0	1.03	0.10
参照值	≥6.0	0.200	92.3	0.40	0.09

2. 产品外在特征及独特营养品质特征评价鉴定

土默特左旗西瓜瓜形端正，外形呈椭圆形，单瓜重约 6 kg；瓜皮纹路清晰光亮，表皮呈绿色，瓜肉呈红色；其肉质沙棉多汁，无黄筋。其铁、硒、水分含量均高于参照值，维生素 C 含量高于参照值。

3. 评价鉴定依据

《中国食物成分表（第 6 版／第一册）》（北京大学医学出版社），GH/T 1153—2017《西瓜》，《西瓜果实总糖含量 QTL 分析》收录于 2013 年 01 期《果树学报》，GB/T 22446—2008《地理标志产品　大兴西瓜》。

4. 市场销售采购信息

土默特左旗富国兴民种植农民专业合作社	联系人：索志国	电话：15947214850
土默特左旗鑫农种养殖农民专业合作社	联系人：姚俊英	电话：15148089652
土默特左旗盛农农民专业合作社	联系人：张四锁	电话：15598133127

三十 土默特左旗大米 CAQS-MTYX-20200468

1. 营养指标

参数	蛋白质(%)	直链淀粉(%)	垩白度(%)	铁(mg/100g)	硒(μg/100g)
测定值	9.83	17.9	1.4	2.08	3.68
参照值	7.90	13.0～20.0	≤2.0	1.10	2.83

2. 产品外在特征及独特营养品质特征评价鉴定

土默特左旗大米米粒呈半纺锤形，百粒重约 2.06 g；米粒表面光滑，整体颜色呈白色，呈半透明状；米质坚实，耐压性好，散发自然稻米香味；米粒涨性大，口感软糯，米饭香气浓郁。其蛋白质、铁、硒含量均高于参照值，直链淀粉含量处于优质粳米范围，胶稠度、垩白度均优于参照值，属于一级品。

3. 评价鉴定依据

《中国食物成分表（第 6 版 / 第一册）》（北京大学医学出版社），《大米胶稠度测定的影响因素研究》收录于 2017 年 23 期《湖北农业科学》，GB/T 1354—2018《大米》。

4. 市场销售采购信息

土默特左旗阿勒坦农牧业发展投资有限责任公司

联系人：胡月林　电话：13722045222

内蒙古稼泰绿色农业开发有限公司

联系人：杨志敏　电话：13704718191

三十一 土默特左旗贝贝南瓜 CAQS-MTYX-20200469

1. 营养指标

参数	蛋白质（%）	维生素C（mg/100g）	可溶性糖（%）	铁（mg/100g）	硒（μg/100g）
测定值	2.71	52.2	4.06	2.09	0.51
参照值	0.70	8.0	3.51	0.40	0.46

2. 产品外在特征及独特营养品质特征评价鉴定

土默特左旗贝贝南瓜果形为棒锤形，果面较粗糙，果色为绿色，其色泽较均匀一致；单瓜重 400～600 g；果肉颜色为橙黄色，果肉厚，其肉质细腻味甜。其蛋白质、维生素C、可溶性固形物、可溶性糖、铁、锌、硒含量均高于参照值，粗纤维含量高于参照值，是较好的粗粮食品。

3. 评价鉴定依据

《中国食物成分表（第6版/第一册）》（北京大学医学出版社），《湖南省蜜本南瓜营养品质的分析与评价》收录于 2015 年 06 期《湖南农业科学》，《南瓜果肉营养成分相关性分析及综合营养品质评价》收录于 2013 年 08 期《江苏农业科学》，《鲜切南瓜不同部位生理代谢的研究》收录于 2011 年 08 期《食品工业科技》。

4. 市场销售采购信息

土默特左旗富国兴民种植农民专业合作社	联系人：索志国	电话：15947214850
土默特左旗鑫农种养殖农民专业合作社	联系人：姚俊英	电话：13694712752
土默特左旗盛农农民专业合作社	联系人：张四锁	电话：15598133127

三十二 和林亚麻籽 CAQS-MTYX-20200470

1. 营养指标

参数	蛋白质（%）	亚麻酸（% 总脂肪酸）	亚油酸（% 总脂肪）	天冬氨酸（mg/100g）	硒（μg/100g）
测定值	25.3	50.72	16.74	2 060	54.0
参照值	19.1	49.51	12.13	1 540	2.8

2. 产品外在特征及独特营养品质特征评价鉴定

和林亚麻籽呈扁椭圆形，大小均匀；颜色为棕黄色，有光泽；长约 4 mm，千粒重约 5.8 g；具有亚麻籽固有的颜色和气味。其蛋白质、脂肪、亚麻酸、亚油酸、总糖、天冬氨酸、亮氨酸、异亮氨酸、钙、硒含量均高于参照值，粗纤维含量优于参照值，水分含量优于参照值。

3. 评价鉴定依据

《中国食物成分表（第 6 版／第一册）》（北京大学医学出版社），GB/T 15681—2008《亚麻籽》。

4. 市场销售采购信息

内蒙古万利福生物科技有限公司	联系人：于海萍	电话：13384873000
内蒙古久鼎食品有限公司	联系人：张瑞华	电话：15947617295
内蒙古益善园生物科技有限责任公司	联系人：刘　宁	电话：18686088960
内蒙古味源味特香食品有限公司	联系人：邬玉维	电话：13514813179

三十三 土默特左旗番茄 CAQS-MTYX-20210236

1. 营养指标

参数	维生素C (mg/100g)	总酸 (%)	可溶性固形物 (%)	可溶性糖 (%)
测定值	17.8	0.430	7.10	4.44
参照值	14.0	0.476	4.88	2.66

2. 产品外在特征及独特营养品质特征评价鉴定

土默特左旗番茄果色为红色，果实横切面为圆形，果肉颜色为红色；外观圆润，表皮光滑，富有弹性；果肉口感沙，风味甜，有清香味，汁水丰满，酸甜可口。其维生素C、可溶性固形物、可溶性糖含量高于参照值，总酸含量优于参照值。

3. 评价鉴定依据

《中国食物成分表（第6版/第一册）》（北京大学医学出版社），NY/T 940—2006《番茄等级规格》，《番茄果实可溶性糖含量遗传规律的研究及QTL定位》东北农业大学硕士学位论文，《影响番茄可溶性固形物含量的相关因素研究》收录于2017年09期《江西农业学报》。

4. 市场销售采购信息

呼和浩特昌德和农牧业科技发展有限责任公司

联系人：董志宏　电话：13847111336

三十四 托县辣椒酱 CAQS-MTYX-20210237

1. 营养指标

参数	氯化钠(%)	可溶性糖(%)	钾(mg/100g)	锌(mg/100)	蛋白质(%)
测定值	1.16	3.05	1 080.0	1.56	2.32
参照值	≤17.00	2.66	1 057.3	0.65	1.65

2. 产品外在特征及独特营养品质特征评价鉴定

托县辣椒酱为瓶装辣椒酱,净含量约 188 g,内容物为辣椒和辣椒油,酱颜色鲜红,有很浓的辣椒油香味,其蛋白质、可溶性糖、钾、锌含量均高于参照值,氯化钠含量优于参照值。

3. 评价鉴定依据

NY/T 1070—2006《辣椒酱》,《原子吸收光谱法测定辣椒及辣椒食品中的微量元素》收录于 2012 年 24 期《食品工业科技》,《干辣椒品种果实品质的灰色关联评估及相关分析》收录于 2001 年 04 期《湖南农业大学学报》。

4. 市场销售采购信息

托克托县一溜湾红辣椒专业合作社　　联系人:崔利军　电话:13754099898

托克托县毅香味种植农民专业合作社　联系人:王亚军　电话:13214069000

三十五 武川黄芪 CAQS-MTYX-20210238

1. 营养指标

参数	水溶性浸出物(%)	灰分(%)	水分(%)	毛蕊异黄酮葡萄糖苷(%)	黄芪甲苷(%)
测定值	20.7	2.4	6.6	0.024	0.128
参照值	≥ 17.0	≤ 5.0	≤ 10.0	≥ 0.020	≥ 0.080

2. 产品外在特征及独特营养品质特征评价鉴定

武川黄芪产品呈圆形片状，直径 1.0～1.3 cm，有纵皱纹，表皮为黄白色，内部为淡黄色，有放射状纹理，味微甜。其水溶性浸出物、毛蕊异黄酮葡萄糖苷、黄芪甲苷含量均高于参照值，满足《中华人民共和国药典》要求，灰分、水分含量均优于参照值，满足《中华人民共和国药典》要求。

3. 评价鉴定依据

《中华人民共和国药典》2020 年版第一部。

4. 市场销售采购信息

武川县畅丰种植专业合作社

联系人：王树文　电话：13848929645

三十六 武川肉牛 CAQS-MTYX-20210239

1. 营养指标

参数	肌间脂肪(%)	剪切力(N)	胆固醇(mg/100g)	必需氨基酸(%总氨基酸)	不饱和脂肪酸(%总脂肪酸)
测定值	0.80	43.03	47.7	38.40	53.5
参照值	0.36	＜60.00	58.0	35.63	47.5

2. 产品外在特征及独特营养品质特征评价鉴定

武川肉牛肌肉有光泽，肉色深红，脂肪呈乳白色，有大理石花纹；外表微干，不黏手。其肌间脂肪、必需氨基酸、不饱和脂肪酸含量均高于参照值，剪切力及胆固醇含量优于参照值。

3. 评价鉴定依据

《中国食物成分表（第 6 版／第二册）》（北京大学医学出版社），GB/T 17238—2022《鲜、冻分割牛肉》，NY/T 676—2010《牛肉等级规格》，《大通牦牛肉质特性研究》甘肃农业大学硕士学位论文。

4. 市场销售采购信息

武川县上鱼得养殖专业合作社	联系人：李俊辉	电话：13947127105
武川县万禾利生种植专业合作社	联系人：范　军	电话：13848132244
武川金欣胜源养殖有限公司	联系人：董　鏖	电话：15661013036

三十七 赛罕番茄 CAQS-MTYX-20210559

1. 营养指标

参数	维生素 C (mg/100g)	总酸 (%)	可溶性固形物 (%)	番茄红素 (mg/kg)
测定值	20.3	0.420	5.40	41.20
参照值	14.0	0.476	4.88	21.32

2. 产品外在特征及独特营养品质特征评价鉴定

赛罕番茄果色为红色，果面无茸毛，果顶形状圆平，果肩形状微凹，果肉颜色为红色；表皮色泽均匀、光洁，果形圆润无筋棱，果腔充实，果实坚实，果肉肉质口感沙，风味甜，汁多爽口，有清香味。其维生素 C、可溶性固形物、番茄红素含量均高于参照值，总酸含量优于参照值。

3. 评价鉴定依据

《中国食物成分表（第 6 版 / 第一册）》（北京大学医学出版社），NY/T 940—2006《番茄等级规格》，《番茄果实可溶性糖含量遗传规律的研究及 QTL 定位》东北农业大学硕士学位论文，《影响番茄可溶性固形物含量的相关因素研究》收录于 2017 年 09 期《江西农业学报》，《改良型植物营养剂对番茄果实中番茄红素含量的影响》收录于 2018 年 09 期《湖北农业科学》。

4. 市场销售采购信息

呼和浩特市昊美果蔬专业合作社	联系人：马来喜	电话：13848710529
呼和浩特市宝丽鑫农牧业专业合作社	联系人：邢俊峰	电话：15661098212
呼和浩特市万鑫种植专业合作社	联系人：赵栓柱	电话：15661019898
呼和浩特市绿联种植专业合作社	联系人：陈俊英	电话：13704714924
内蒙古腾格里农业开发有限公司	联系人：于秀珍	电话：15849126668
呼和浩特市沸源种养殖专业合作社	联系人：杨艳荣	电话：13674747417
内蒙古善晟农业发展有限公司	联系人：李晓东	电话：15904896112
内蒙古四系生态农业科技有限公司	联系人：武　君	电话：13269699112

三十八 土默特左旗高粱红白酒 CAQS-MTYX-20210560

1. 营养指标

参数	酒精度（%）	总酸（以乙酸计）（g/L）	总酯（以乙酸乙酯计）(g/L)	固形物（g/L）	乙酸乙酯（g/L）
测定值	50	0.46	3.36	0.03	1.61
参照值	41～68	≥0.40	≥1.00	<0.40	0.60～2.60

2. 产品外在特征及独特营养品质特征评价鉴定

土默特左旗高粱红白酒为无色透明液体，该酒清香纯正，醇香柔和，回味悠长。其总酸、总酯含量均高于参照值，满足优级标准要求；酒精度、乙酸乙酯含量均符合参照值，固形物含量优于参照值，满足优级标准要求。

3. 评价鉴定依据

GB/T 10781.2—2022《白酒质量要求 第2部分：清香型白酒》。

4. 市场销售采购信息

内蒙古世纪呼白酒业有限责任公司　联系人：刘文斌　电话：18947127999

三十九 北得力图红树莓 CAQS-MTYX-20210561

1. 营养指标

参数	维生素C (mg/100g)	总酸 (%)	可溶性固形物 (%)	可溶性糖 (%)	总黄酮 (mg/100g)
测定值	34.2	1.81	11.3	5.64	16
参照值	9.0	1.27	8.1	5.30	15

2. 产品外在特征及独特营养品质特征评价鉴定

北得力图红树莓果实形状呈圆锥形，鲜红色，表面新鲜洁净，成熟度好，大小均匀一致，并伴有浓郁的芳香味，果肉鲜嫩，口感酸爽。其可溶性固形物、维生素C、可溶性糖、总黄酮、总酸含量均高于参照值。

3. 评价鉴定依据

《中国食物成分表（第6版/第一册）》（北京大学医学出版社），《盐碱地不同树莓品种果实品质比较》收录于2017年02期《天津农学院学报》，《两个红树莓品种在天津地区引种及生长适应性研究》天津农学院硕士学位论文。

4. 市场销售采购信息

土默特左旗新裕康特种果业种植农民专业合作社

联系人：王志国　电话：15034932080

四十 土默特左旗黑小麦 CAQS-MTYX-20210562

1. 营养指标

参数	锌 (mg/100g)	必需氨基酸 (% 总氨基酸)	不饱和脂肪酸 (% 总脂肪酸)	维生素 B_1 (mg/100g)	膳食纤维 (%)
测定值	3.36	28.28	75.5	0.42	9.35
参照值	2.33	26.33	63.6	0.20	8.60

2. 产品外在特征及独特营养品质特征评价鉴定

土默特左旗黑小麦颗粒呈卵形，百粒重约 3.91 g，粒色为黑褐色，颗粒饱满整齐、粒质坚硬。其蛋白质、锌、必需氨基酸含量较高，且硒、不饱和脂肪酸、维生素 B_1、膳食纤维含量高于参照值。

3. 评价鉴定依据

《中国食物成分表（第 6 版／第一册）》（北京大学医学出版社），《黑小麦品种选育与营养加工研究》收录于 2020 年 06 期《麦类作物学报》，《五种黑小麦的营养价值、抗氧化活性和淀粉消化性》收录于 2020 年 12 期《食品与发酵工程》，《黑小麦的营养特性及其在食品中的应用》收录于 2006 年 12 期《粮食与饲料工业》。

4. 市场销售采购信息

土默特左旗润兵农业专业种植合作社　联系人：周志兵　电话：13804717418

四十一 和林黄芪 CAQS-MTYX-20210563

1. 营养指标

参数	水分(%)	灰分(%)	黄芪甲苷(%)	毛蕊异黄酮葡萄糖苷（%）	水溶性浸出物(%)
测定值	6.8	2.8	0.100	0.021	32.3
参照值	≤10.0	≤5.0	≥0.080	≥0.020	≥17.0

2. 产品外在特征及独特营养品质特征评价鉴定

和林黄芪直径约 0.8 cm，表面呈淡黄色，断面外层为白色，中部为淡黄色，有放射状纹理，味甘，有生豆气。其水分、灰分含量优于参照值，水溶性浸出物、毛蕊异黄酮葡萄糖苷、黄芪甲苷含量高于参照值，满足《中华人民共和国药典》要求。

3. 评价鉴定依据

《中华人民共和国药典》2020 年版第一部。

4. 市场销售采购信息

内蒙古盛齐堂生态药植有限公司　　联系人：张　斌　电话：18504718665

四十二 和林马铃薯淀粉 CAQS-MTYX-20210564

1. 营养指标

参数	水分（%）	灰分（%）	蛋白质（%）	pH 值	电导率（μS/cm）
测定值	16.8	0.23	0.13	6.71	78
参照值	≤ 20.0	≤ 0.30	≤ 0.15	6.00～8.00	≤ 100

2. 产品外在特征及独特营养品质特征评价鉴定

和林马铃薯淀粉色泽洁白，带结晶光泽，颗粒度小。其水分、灰分含量及电导率均优于参照值，满足优级标准要求，蛋白质含量满足一级标准要求，pH 值满足标准范围要求。

3. 评价鉴定依据

《中国食物成分表（第 6 版 / 第一册）》（北京大学医学出版社），GB/T 8884—2017《食用马铃薯淀粉》。

4. 市场销售采购信息

内蒙古华欧淀粉工业股份有限公司　　联系人：孟逸飞　电话：15024985228

四十三 和林水晶粉丝 CAQS-MTYX-20210565

1. 营养指标

参数	水分(%)	灰分(%)	总淀粉(%)	酸度(°T)	二氧化硫(mg/kg)
测定值	10.5	0.48	79.2	1.36	未检出
参照值	≤17.0	≤0.80	≥70.0	2.73	≤0.03

2. 产品外在特征及独特营养品质特征评价鉴定

和林水晶粉丝粗细均匀，粉丝长约 23 cm，直径约 0.2 cm，其色泽晶莹，带有光泽；粉丝柔韧，弹性良好，劲道滑爽。其总淀粉含量高于参照值，水分、灰分、二氧化硫含量及酸度均优于参照值。

3. 评价鉴定依据

《中国食物成分表（第6版/第一册）》（北京大学医学出版社），GB/T 23587—2009《粉条》，GB 2760—2014《食品安全国家标准 食品添加剂使用标准》，《鲜湿米粉条保鲜及品质改良研究》武汉轻工大学硕士学位论文。

4. 市场销售采购信息

内蒙古华欧淀粉工业股份有限公司　联系人：孟逸飞　电话：15024985228

四十四 和林鲜食玉米 CAQS-MTYX-20210566

1. 营养指标

参数	蛋白质（%）	直链淀粉（%）	总淀粉（%）	硒（μg/100g）	赖氨酸（mg/100g）
测定值	4.9	1.1	18.20	2.00	170
参照值	4.0	≤3.0	15.45（鲜样）	1.63	82

2. 产品外在特征及独特营养品质特征评价鉴定

和林鲜食玉米每根长约 18 cm，外观呈淡黄色，其颗粒完整、饱满，口感软糯、香甜，具有玉米固有的气味。其总淀粉、蛋白质含量高于参照值，直链淀粉含量优于参照值，满足二级标准，且硒、赖氨酸含量高于参照值。

3. 评价鉴定依据

《中国食物成分表（第6版／第一册）》（北京大学医学出版社），《四个糯玉米品种加工后的品质比较》收录于2016年07期《山东农业科学》，GB/T 22326—2008《糯玉米》，DB22/T 1806—2013《速冻甜玉米粒》，《成熟度对渝甜糯玉米籽粒营养成分及色泽的影响》收录于2015年06期《中国粮油学报》。

4. 市场销售采购信息

和林格尔县盛丰玉米种植专业合作社

联系人：陈文斌　电话：15661021561

内蒙古大有生物肥业股份有限公司

联系人：郎宇飞　电话：15034783661

四十五 和林沙棘果汁 CAQS-MTYX-20210567

1. 营养指标

参数	总酸（以乙酸计）（g/L）	维生素 C（mg/100g）	总糖（%）
测定值	2.38	48.2	7.4
参照值	≥ 2.00	40.0	3.9

2. 产品外在特征及独特营养品质特征评价鉴定

和林沙棘果汁为瓶装果汁，单瓶净含量为 300 mL，果汁颜色为橘黄色，味道酸甜爽口，具有沙棘果汁特有的香味，无分层，无涨瓶。其维生素 C、总酸（以乙酸计）、总糖含量均高于参照值。

3. 评价鉴定依据

DBS63/0002—2017《食品安全地方标准 沙棘果醋（饮料）》，《沙棘果汁营养成分的分析》收录于 2008 年 35 期《安徽农业科学》。

4. 市场销售采购信息

内蒙古宇航人高技术产业有限责任公司　　联系人：董久霞　电话：13684746914
内蒙古和林格尔县摩天岭沙棘饮料厂　　联系人：张建春　电话：15848110135

四十六 和林火龙果 CAQS-MTYX-20210568

1. 营养指标

参数	维生素 C (mg/100g)	可溶性固形物 (%)	可滴定酸 (%)	可溶性糖 (%)
测定值	10.8	12.20	0.15	8.42
参照值	3.0	11.42	0.19	6.53

2. 产品外在特征及独特营养品质特征评价鉴定

和林火龙果果实为近圆形，果实个大饱满，单果重约 591 g，外观呈玫红色，果皮颜色均匀，果肉为紫红色，果肉较紧实，肉间均匀分布黑芝麻状种子，果皮薄且易剥离，果肉鲜红、汁水多，味清香。其维生素 C、可溶性固形物、可溶性糖含量均高于参照值，可滴定酸含量优于参照值。

3. 评价鉴定依据

《中国食物成分表（第 6 版／第一册）》（北京大学医学出版社），《红肉火龙果与白肉火龙果的品质分析》收录于 2015 年 04 期《保鲜与加工》，《红肉火龙果与白肉火龙果品质分析》收录于 2011 年 04 期《中国南方果树》。

4. 市场销售采购信息

内蒙古绿野农牧业发展有限公司　　联系人：解旭涛　电话：15352872008

呼和浩特市塞外桃园生态发展有限公司　　联系人：夏志强　电话：15661020648

四十七 和林马铃薯 CAQS-MTYX-20210569

1. 营养指标

参数	维生素C (mg/100g)	粗纤维 (%)	锌 (mg/100g)	还原糖（以葡萄糖计）(%)	淀粉 (%)
测定值	35.0	0.34	0.76	0.32	12.6
参照值	14.0	0.60	0.30	0.38	9.0～13.0

2. 产品外在特征及独特营养品质特征评价鉴定

和林马铃薯个头均匀，薯形好，单薯重约125 g，外皮颜色为黄色，该马铃薯芽眼数量较少，芽眼较浅，外观新鲜，成熟度好；煮食时，香味四溢，口感沙而甜，风味独特。其维生素C、锌含量均高于参照值，粗纤维、还原糖含量优于参照值，淀粉含量符合参考范围。

3. 评价鉴定依据

《中国食物成分表（第6版/第一册）》（北京大学医学出版社），《马铃薯营养特性及产业化发展的前景》收录于2019年12期《食品安全导刊》，全国农产品地理标志网凉山州马铃薯，中国地理标志网胶河土豆。

4. 市场销售采购信息

和林格尔县鑫兴农牧业专业合作社　联系人：贺志斐　电话：15847111808

四十八 和林鸡蛋 CAQS-MTYX-20210570

1. 营养指标

参数	胆固醇 (mg/100g)	卵磷脂 (%)	蛋氨酸 (mg/100g)	多不饱和脂肪酸 (%)	硒 (μg/100g)
测定值	336.9	6.19	410	1.10	20.00
参照值	648.0	3.67	327	0.50	13.96

2. 产品外在特征及独特营养品质特征评价鉴定

和林鸡蛋单颗重约 60 g，呈规则卵圆形，蛋皮为白色，蛋白黏稠透明，蛋黄居中，轮廓清晰；煮熟后，蛋白光滑香嫩，弹性好，蛋黄颜色较深，口感细嫩香浓。其卵磷脂、蛋氨酸、硒、多不饱和脂肪酸、亚油酸含量均高于参照值，胆固醇含量优于参照值。

3. 评价鉴定依据

《中国食物成分表（第 6 版 / 第二册）》（北京大学医学出版社），《不同品种蛋鸡的蛋品质及营养成分比较》收录于 2020 年 06 期《当代畜禽养殖业》，SB/T 10638—2011《鲜鸡蛋、鲜鸭蛋分级》。

4. 市场销售采购信息

内蒙古卜蜂畜牧业有限公司	联系人：杨　浩	电话：13238408130
盛谷原生态种养殖专业合作社	联系人：陈万青	电话：13134711242
内蒙古光彩裕华养殖有限公司	联系人：刘满仓	电话：15560902666
呼和浩特市塞外桃园生态发展有限公司	联系人：夏志强	电话：15661020648

四十九 和林鲤鱼 CAQS-MTYX-20210571

1. 营养指标

参数	脂肪(%)	蛋白质(%)	钙(mg/100g)	鲜味氨基酸(% 总氨基酸)	亚油酸(% 总脂肪酸)
测定值	0.1	19.4	102.4	26.89	23.9
参照值	4.1	17.6	50.0	23.36	14.2

2. 产品外在特征及独特营养品质特征评价鉴定

和林鲤鱼个体重约 1.7 kg，体长约 34 cm；外表呈青灰色，鱼鳞颜色为金色，其鳞片紧密，有光泽，肉质紧实有弹性。其钙、蛋白质、鲜味氨基酸、亚油酸含量均高于参照值，且其低脂肪形成原因可能与和林鲤鱼口粮中碳水化合物含量较低有关。

3. 评价鉴定依据

《中国食物成分表（第6版／第二册）》（北京大学医学出版社）。

4. 市场销售采购信息

呼和浩特园生养殖有限责任公司　　联系人：裴艳维　电话：18698436518

内蒙古绿野农牧业发展有限公司　　联系人：解旭涛　电话：15352872008

呼和浩特市塞外桃园生态发展有限公司　联系人：夏志强　电话：15661020648

五十 新城草莓 CAQS-MTYX-20220223

1. 营养指标

参数	可溶性固形物 (%)	总糖 (%)	维生素C (mg/100g)	锌 (mg/kg)	固酸比
测定值	12.2	8.00	71.4	0.34	21.4
参照值	≥ 7.0	5.34	47.0	0.14	≥ 10.0

注：品种为'圣诞红'。

参数	可溶性固形物 (%)	总酸 (%)	维生素C (mg/100g)	总糖 (%)	硒 (μg/100g)
测定值	12.6	0.75	62.8	7.80	8.6
参照值	≥ 7.0	0.70～1.00	47.0	5.34	7.0

注：品种为'红颜'。

2. 产品外在特征及独特营养品质特征评价鉴定

新城草莓（圣诞红）果实表面新鲜洁净，伴有浓郁香味，成熟度好，果实鲜嫩，口感香甜，美味多汁。其可溶性固形物、维生素C、总糖、锌含量及固酸比均高于参照值。

新城草莓（红颜）果形端正整齐，成熟度好，果面呈鲜红色有光泽，柔软多汁，甜酸适口，香气浓郁。其可溶性固形物、维生素C、总糖、硒含量均高于参照值，总酸含量符合参考范围。

3. 评价鉴定依据

新城草莓（圣诞红）：《中国食物成分表（第6版/第一册）》（北京大学医学出版社），NY/T 444—2001《草莓》，《草莓品种果实品质特性比较》收录于2022年63期《浙江农业科学》，《苯酚-硫酸法测定草莓中总糖含量》收录于2019年第04期《吉林农业》。

新城草莓（红颜）：《中国食物成分表（第6版／第一册）》（北京大学医学出版社），NY/T 444—2001《草莓》，《苯酚－硫酸法测定草莓中总糖含量》收录于2019年第04期《吉林农业》。

4. 市场销售采购信息

内蒙古百鲜农业有限公司

联系人：赵　洁　电话：13674784058

呼和浩特市鼎诚种养殖农民专业合作社

联系人：何英娇　电话：15598178222

内蒙古绿能农业科技有限公司

联系人：周　涛　电话：13704717950

呼和浩特市莓好农业发展有限公司

联系人：程永强　电话：13015208728

呼和浩特市新城区野马图裕丰种植农民专业合作社

联系人：周慧强　电话：18547126888

呼和浩特市新城区农丰蔬果种植农民专业合作社

联系人：陈建军　电话：18247134780

五十一 赛罕黄瓜 CAQS-MTYX-20220224

1. 营养指标

参数	水分（%）	维生素C（mg/100g）	可溶性固形物（%）	可溶性糖（%）	总酸（%）
测定值	95.8	12.0	4.0	2.06	0.15
参照值	≤96.0	≥6.0	1.1	1.50	0.30

2. 产品外在特征及独特营养品质特征评价鉴定

赛罕黄瓜瓜皮为翠绿色，瓜条顺直，硬实，大小均匀，肉厚质嫩，清脆多汁，风味清甜，有清香味。其维生素C、可溶性糖、可溶性固形物含量高，水分、总酸含量优于参照值。

3. 评价鉴定依据

《中国食物成分表（第6版/第一册）》（北京大学医学出版社），NY/T 578—2002《黄瓜》。

4. 市场销售采购信息

呼和浩特市蒙杭种养殖专业合作社	联系人：范春香	电话：13354718808
金桥开发区合众富鑫蔬菜种植农民专业合作社	联系人：牛俊平	电话：13704757764
呼和浩特市里金佰种养殖农民专业合作社	联系人：王白英	电话：15848168295
呼和浩特市盛彩种养殖农民专业合作社	联系人：赵占应	电话：15847770600
内蒙古腾格里农业开发有限公司	联系人：于秀珍	电话：15849126668
内蒙古叮咚农业开发有限责任公司	联系人：宋 瑶	电话：18347988353
呼和浩特市硕丰蔬菜种植农民专业合作社	联系人：董懿君	电话：13327129100
内蒙古奈吉农业科技有限公司	联系人：乌云吐	电话：15849338282

五十二 武川肉羊 CAQS-MTYX-20220225

1. 营养指标

参数	胆固醇 (mg/100g)	剪切力 (N)	亮氨酸 (mg/100g)	鲜味氨基酸 (% 总氨基酸)	不饱和脂肪酸 (% 总脂肪酸)
测定值	51.8	38.05	1 810	26.81	55.4
参照值	82.0	＜60.00	1 541	25.98	43.2

2. 产品外在特征及独特营养品质特征评价鉴定

武川肉羊肌肉有光泽，色泽鲜艳，脂肪为乳白色，肉质表面微湿润，不黏手，肉质紧密，有坚实感，肌纤维有韧性。其亮氨酸、不饱和脂肪酸、鲜味氨基酸含量高，剪切力、胆固醇含量低。

3. 评价鉴定依据

《中国食物成分表（第 6 版 / 第二册）》（北京大学医学出版社），GB/T 9961—2008《鲜、冻胴体羊肉》，NY/T 2793—2015《肉的食用品质客观评价方法》，NY/T 630—2002《羊肉质量分级》，NY/T 633—2002《冷却羊肉》，DB22/T 1003—2018《优质羊肉品质要求》，《龙陵黄山羊屠宰性能及肉质研究》收录于 1998 年 03 期《云南农业大学学报》。

4. 市场销售采购信息

武川县金宝地养殖专业合作社	联系人：王　瑞	电话：15049144118
内蒙古远牧生态农牧业发展有限公司	联系人：郭喜平	电话：13948117500
内蒙古武川县新鑫养殖场	联系人：赵志勇	电话：15847168062
武川县厚丰苑养殖专业合作社	联系人：王俊清	电话：15848173115

五十三 新城玉米 CAQS-MTYX-20220617

1. 营养指标

参数	蛋白质 (%)	总淀粉 (% 鲜样)	直链淀粉 (%)	赖氨酸 (mg/100g)	维生素A (μg/100g)	鲜味氨基酸 (% 总氨基酸)
测定值	4.86	24.80	1.9	140	36.8	27.32
参照值	4.00	22.66	≤ 3.0	82	8.0	24.78

2. 产品外在特征及独特营养品质特征评价鉴定

新城玉米每根长约 19 cm，外观呈黄色，煮熟后口感软糯香甜。颗粒排列整齐紧密，完整饱满，皮薄肉嫩，煮熟后口感软糯香甜。其蛋白质、总淀粉、赖氨酸、鲜味氨基酸含量较高，直链淀粉含量满足二级质量要求，且含有较高含量的维生素 A。

3. 评价鉴定依据

《中国食物成分表（第 6 版 / 第一册）》（北京大学医学出版社），《四个糯玉米品种加工后的品质比较》收录于 2016 年 07 期《山东农业科学》，GB/T 22326—2008《糯玉米》，DB22/T 1806—2013《速冻甜玉米粒》。

4. 市场销售采购信息

内蒙古荣坤生态农业有限公司　　联系人：王　娟　电话：15548729488
新城区入帘青盆栽蔬菜经销部　　联系人：王　焱　电话：18686014877

五十四 玉泉鸡蛋 CAQS-MTYX-20220618

1. 营养指标

参数	卵磷脂 (%)	硒 (μg/100g)	蛋氨酸 (mg/100g)	多不饱和脂肪酸 (% 总脂肪酸)
测定值	5.37	21.00	410	13.28
参照值	2.70	13.96	327	7.30

2. 产品外在特征及独特营养品质特征评价鉴定

玉泉鸡蛋单颗重约 54 g，蛋壳较硬呈均匀浅红褐色，蛋白黏稠透明，蛋黄轮廓清晰，煮熟后，蛋白光滑弹嫩，蛋黄颜色较深。其必需氨基酸、多不饱和脂肪酸、蛋氨酸、硒、卵磷脂含量高。

3. 评价鉴定依据

《中国食物成分表（第 6 版 / 第二册）》（北京大学医学出版社），《固原地区朝那鸡鸡蛋的品质分析》收录于 2022 年 01 期《饲料博览》。

4. 市场销售采购信息

内蒙古瑛荣养殖有限公司　　联系人：王在瑛　电话：13674742732

内蒙古蒙强农牧业有限公司　　联系人：寇志强　电话：15598132444

五十五 土默特左旗草莓 CAQS-MTYX-20220619

1. 营养指标

参数	可溶性固形物(%)	总糖(%)	总酸(g/kg)	维生素C(mg/100g)	锌(mg/kg)
测定值	11.7	7.60	7.60	77.2	0.748
参照值	≥7.0	5.34	7.00～10.00	47.0	0.140

2. 产品外在特征及独特营养品质特征评价鉴定

土默特左旗草莓呈圆锥形，单个重约 25 g，带有新鲜绿色萼片，果实呈鲜亮红色，肉质细嫩，甜蜜爽口，伴有浓郁清香味。其可溶性固形物、总糖、维生素 C、锌含量均高于参照值，总酸含量符合参考范围。

3. 评价鉴定依据

《中国食物成分表（第 6 版/第一册）》（北京大学医学出版社），NY/T 444—2001《草莓》，《草莓品种果实品质特性比较》收录于 2022 年 63 期《浙江农业科学》，《不同草莓品种果实品质的比较研究》收录于 2021 年 44 期《新疆农垦科技》，《苯酚－硫酸法测定草莓中总糖含量》收录于 2019 年第 04 期《吉林农业》。

4. 市场销售采购信息

土默特左旗阿勒坦农牧业发展投资有限责任公司

联系人：田　野　电话：18647103684

呼和浩特昌德和农牧业科技发展有限责任公司

联系人：董志宏　电话：13847111336

土默特左旗腾实果蔬种植农民专业合作社

联系人：郭　羽　电话：15924515582

五十六 和林猪肉 CAQS-MTYX-20220620

1. 营养指标

参数	蛋白质（%）	胆固醇（mg/100g）	亚油酸（% 总脂肪酸）	多不饱和脂肪酸（% 总脂肪酸）	鲜味氨基酸（% 总氨基酸）
测定值	22.6	57.2	11.5	14.8	26.87
参照值	20.3	86.0	4.3	6.5	23.31

2. 产品外在特征及独特营养品质特征评价鉴定

和林猪肉肌肉为鲜红色，光泽好，脂肪为白色；其肉质紧密弹性好，纹理致密；外表及切面湿润，不黏手；煮食肉质细嫩，肥而不腻，肉香味美。其蛋白质、鲜味氨基酸、多不饱和脂肪酸、亚油酸含量高，胆固醇含量低。

3. 评价鉴定依据

《中国食物成分表（第6版/第二册）》（北京大学医学出版社），GB/T 9959.1—2019《鲜、冻猪肉及猪副产品 第1部分：片猪肉》，NY/T 632—2002《冷却猪肉》，NY/T 1759—2009《猪肉等级规格》，NY/T 2793—2015《肉的食用品质客观评价方法》。

4. 市场销售采购信息

内蒙古正大鸿业食品有限公司

联系人：徐小培　电话：15691071199

五十七 和林羊肉 CAQS-MTYX-20220621

1. 营养指标

参数	蛋白质（%）	剪切力（N）	胆固醇（mg/100g）	不饱和脂肪酸（% 总脂肪酸）	鲜味氨基酸（% 总氨基酸）
测定值	22.6	30.66	57.9	60.7	27.35
参照值	20.5	< 60.00	82.0	47.5	25.98

2. 产品外在特征及独特营养品质特征评价鉴定

和林羊肉肌肉有光泽，色泽鲜艳，为暗红色，脂肪呈乳白色，肉质表面微湿润，不黏手；肉质紧密，有坚实感，煮沸后肉汤透明澄清，脂肪团聚于液面，具有羊肉特有的香味。其蛋白质、不饱和脂肪酸、鲜味氨基酸含量高，胆固醇含量、剪切力低。

3. 评价鉴定依据

《中国食物成分表（第6版/第二册）》（北京大学医学出版社），GB/T 9961—2008《鲜、冻胴体羊肉》，NY/T 2793—2015《肉的食用品质客观评价方法》，NY/T 630—2002《羊肉质量分级》，DB22/T 1003—2018《优质羊肉品质要求》，《龙陵黄山羊屠宰性能及肉质研究》收录于1998年03期《云南农业大学学报》。

4. 市场销售采购信息

蒙羊牧业股份有限公司　　联系人：常润年　电话：15248076247

五十八 和林花鲢 CAQS-MTYX-20220622

1. 营养指标

参数	脂肪(%)	多不饱和脂肪酸(% 总脂肪酸)	蛋白质(%)	鲜味氨基酸(% 总氨基酸)	DHA(% 总脂肪酸)
测定值	0.7	21.31	19.7	27.74	8.56
参照值	2.2	20.00	15.3	25.83	4.20

2. 产品外在特征及独特营养品质特征评价鉴定

和林花鲢鱼体长约 35 cm，重约 2.6 kg，背部及体侧上部微黑，有不规则的黑色斑点，腹部灰白色，各鳍呈灰色；鳞片紧密，有光泽，肌肉组织有弹性，熟食肉质紧实有弹性，鲜嫩多汁，腥味淡。其蛋白质、多不饱和脂肪酸、鲜味氨基酸、DHA 含量均高于参照值，脂肪含量优于参照值。

3. 评价鉴定依据

《中国食物成分表（第 6 版／第二册）》（北京大学医学出版社）。

4. 市场销售采购信息

呼和浩特园生养殖有限责任公司　联系人：裴艳维　电话：18698436518

内蒙古绿野农牧业发展有限公司　联系人：解旭涛　电话：15352872008

包头市
内蒙古名特优新农产品

九原甜瓜 CAQS-MTYX-20200182

1. 营养指标

参数	维生素C (mg/100g)	可溶性糖 (%)	可溶性固形物 (%)	锌 (mg/100g)	硒 (μg/100g)
测定值	35.2	9.07	12.50	0.419	1.9
参照值	15.0	8.38	6.67	0.090	0.4

2. 产品外在特征及独特营养品质特征评价鉴定

九原甜瓜果形端正，呈纺锤形；果皮光滑，着色均匀，皮薄肉厚，果皮呈黄色，果肉呈白色，内层为橘色；瓜瓤含水较少，果肉与瓜瓤易于分离；口感清脆，有浓香瓜果味。其可溶性固形物、可溶性糖、铁、锌、硒含量均高于参照值，可滴定酸优于参照值，其维生素C含量高于参照值2倍以上。

3. 评价鉴定依据

《中国食物成分表（第6版/第一册）》（北京大学医学出版社），《北京地区不同品种甜瓜营养品质分析》收录于2018年03期《北京农学院学报》，《甜瓜果实柠檬酸含量、可滴定酸和pH的遗传分析与QTL定位》中国农业科学院硕士学位论文。

4. 市场销售采购信息

包头市广恒农民专业合作社

联系人：李旺荣　电话：15848624156

九原黄河鲤鱼 CAQS-MTYX-20200183

1. 营养指标

参数	蛋白质（%）	亚油酸（% 总脂肪酸）	赖氨酸（mg/100g）	锌（mg/100g）	DHA（%总脂肪酸）
测定值	19.3	31.52	1 690	2.84	2.66
参照值	17.6	14.20	1 432	2.08	0.50

2. 产品外在特征及独特营养品质特征评价鉴定

九原黄河鱼体形为梭形，侧扁而腹部圆，体侧鳞片为金黄色，背部稍暗，腹部色淡而渐白；肌肉组织紧密有弹性，具有鱼肉固有的色泽和气味，有光泽；无干耗、变色现象，无外来杂质。其蛋白质、谷氨酸、赖氨酸、苯丙氨酸、锌、亚油酸、DHA 含量均高于参照值。

3. 评价鉴定依据

《中国食物成分表（第 5 版 / 第二册）》（北京大学医学出版社），《鲤鱼肌肉脂肪酸组成的 GC/MS 分析》收录于 2017 年 05 期《化学工程师》。

4. 市场销售采购信息

包头蒙富养殖农民专业合作社　　联系人：刘俊富　电话：13384849918

包头市三湖河农民养鱼专业合作社　　联系人：宋永兔　电话：13474921196

土默川葵花籽 CAQS-MTYX-20200184

1. 营养指标

参数	赖氨酸 (mg/100g)	亚油酸 (% 总脂肪酸)	铁 (mg/100g)	锌 (mg/100g)	蛋白质 (%)
测定值	1 000	71.50	6.94	5.56	23.75
参照值	610	65.13	2.90	0.50	19.10

2. 产品外在特征及独特营养品质特征评价鉴定

土默川葵花籽主色为黑色，籽实条纹颜色为白色；籽实较长，为长卵形，顶端稍尖，基部较宽、颗粒饱满；具有葵花籽固有的颜色和色泽，口感油香可口；其蛋白质、赖氨酸、亮氨酸、天冬氨酸、铁、锌、亚油酸含量均高于参照值。

3. 评价鉴定依据

《中国食物成分表（第 6 版 / 第一册）》（北京大学医学出版社），《几种油料脂肪酸组成及化学成分与制油工艺相关性分析》收录于 2015 年 01 期《江苏农业科学》，《葵花籽生物活性物质及熟制后风味化合物研究进展》收录于 2020 年 21 期《食品工业科技》。

4. 市场销售采购信息

土默特右旗发彦申范金梅家庭农场	联系人：范金梅	电话：15849231680
土默特右旗张二喜农民专业合作社	联系人：张二喜	电话：15044950638
土默特右旗云伟农民专业合作社	联系人：杨云伟	电话：13804728434
土默特右旗德亿顺种养殖农民专业合作社	联系人：倪建平	电话：15947360677
土默特右旗刘凯雄农民专业合作社	联系人：刘凯雄	电话：13848257400

四 土默川玉米 CAQS-MTYX-20200185

1. 营养指标

参数	粗纤维(%)	可溶性糖(%)	钙(mg/100g)	赖氨酸(mg/100g)	蛋白质(%)
测定值	1.4	7.30	52.4	150	8.59
参照值	1.6	1.53	14.0	130	8.70

2. 产品外在特征及独特营养品质特征评价鉴定

土默特右旗玉米籽粒呈长方形，籽粒完整、饱满；胚的部分呈白色，胚乳呈金黄色，具有玉米固有的气味，无异味，口感香甜。其赖氨酸、可溶性糖、淀粉、铁、钙含量均高于参照值，粗纤维含量低于参照值，口感较好，直链淀粉含量低于参照值，其糯性相对较好。

3. 评价鉴定依据

《中国食物成分表（第6版/第一册）》（北京大学医学出版社），《四个糯玉米品种加工后的品质比较》收录于2016年07期《山东农业科学》，《不同来源玉米稻谷常规营养成分及微量元素含量的比较研究》收录于2018年13期《饲料工业》，《不同直链淀粉含量玉米淀粉研究进展》收录于2013年06期《粮食与油脂》。

4. 市场销售采购信息

包头市欣禾农业开发有限责任公司	联系人：刘　熙	电话：13947212032
包头市禧年农商商贸有限公司	联系人：张忠良	电话：13080221740
土默特右旗月旺肉羊养殖专业合作社	联系人：王月旺	电话：13848249100
土默特右旗光丰农民专业合作社	联系人：康建光	电话：13347187999
土默特右旗万乐种植农民专业合作社	联系人：周贵表	电话：15047409002
包头市北辰饲料科技股份有限公司	联系人：刘　熙	电话：13947212032

五 土默川地梨 CAQS-MTYX-20200186

1. 营养指标

参数	维生素C (mg/100g)	可溶性糖 (%)	总酸 (%)	水分 (%)	蛋白质 (%)
测定值	10.4	11.9	0.182	79.8	2.68
参照值	7.0	20.0	0.428	79.0	4.30

2. 产品外在特征及独特营养品质特征评价鉴定

地梨又名螺丝菜、草石蚕、地笋，其形似蚕体、呈短节状、两头略尖，有 5～10 个环节，部分节与节之间有点状芽痕；外皮呈黄褐色、肉质为白色；口味甘甜鲜美，质地脆嫩。其维生素 C、水分含量均高于参照值，总酸含量优于参照值。

3. 评价鉴定依据

《中国食物成分表（第 6 版／第一册）》（北京大学医学出版社）。

4. 市场销售采购信息

土默特右旗蒙农综合产业专业合作社　联系人：云同善　电话：13664064608
土默特右旗薪川种养殖专业合作社　联系人：杨佳运　电话：17604724745
土默特右旗绿兴园农民专业合作社　联系人：贺永清　电话：0472-8888205

六 土默特羊肉 CAQS-MTYX-20200187

1. 营养指标

参数	脂肪（%）	水分（%）	铁（mg/100g）	总不饱和脂肪酸（%）	亚油酸（%总脂肪酸）
测定值	18.9	62.9	4.58	6.8	8.9
参照值	6.5	78.0	3.90	3.2	7.2

2. 产品外在特征及独特营养品质特征评价鉴定

土默特羊肉肌肉呈暗红色，有光泽，脂肪呈乳白色；肉质紧密，有坚实感，肌纤维有韧性；表面微湿润，不黏手；具有羊肉固有的气味，无异味，煮沸后，肉汤透明澄清。其组氨酸、总不饱和脂肪酸、铁、亚油酸含量均高于参照值，剪切力、蒸煮损失均优于参照值，满足标准要求，水分含量优于参照值，满足优质羊肉要求。

3. 评价鉴定依据

《中国食物成分表（第6版/第二册）》（北京大学医学出版社），GB/T 9961—2008《鲜、冻胴体羊肉》，NY/T 2793—2015《肉的食用品质客观评价方法》，NY/T 630—2002《羊肉质量分级》，NY/T 633—2002《冷却羊肉》。

包头市

4. 市场销售采购信息

土默特右旗天牧肉羊养殖专业合作社	联系人：彭胜利	电话：13947777871
包头市丰闰园养殖贸易发展有限责任公司	联系人：王屯良	电话：13848290082
包头市长信农牧业开发有限责任公司	联系人：苏兰保	电话：13947223544
土默特右旗蒙滩羊生态养种植专业合作社	联系人：孙有亮	电话：18904726588
内蒙古小尾羊牧业科技股份有限公司	联系人：余佳荣	电话：15847798366

七 固阳黄芪 CAQS-MTYX-20200188

1. 营养指标

参数	多糖（%）	黄芪甲苷（%）	毛蕊异黄酮葡萄糖苷（%）	黄芪浸出物（%）	总灰分（%）
测定值	10.32	0.10	0.023	22.0	4.7
参照值	3.05	≥ 0.04	≥ 0.020	> 17.0	≤ 5.0

2. 产品外在特征及独特营养品质特征评价鉴定

固阳黄芪根呈圆柱形，表面呈淡黄色，有不整齐的纵皱纹或纵沟，表面粗糙，有碎根须；黄芪直径 0.5～0.8 cm，长度 15～20 cm，整体纤细修长；黄芪断面外层为白色，中部为淡黄色，有放射状纹理，有粉性，入口微甘，有生豆气。其毛蕊异黄酮葡萄糖苷、黄芪甲苷、黄芪浸出物、总灰分、水分、铜含量均满足《中华人民共和国药典》要求，多糖含量优于参照值。

3. 评价鉴定依据

《中国药典》2015 年版第一部，《不同种类黄芪中多糖含量的比较》收录于 2006 年 06 期《黑龙江医药》。

4. 市场销售采购信息

固阳县绿之源土特产专业合作社	联系人：屈果枣	电话：13848018436
固阳县蒙芪王农民专业合作社	联系人：尚　俊	电话：13848272145
固阳县道地农产品专业合作社	联系人：范文宏	电话：13804779099

八 固阳荞麦 CAQS-MTYX-20200189

1. 营养指标

参数	脂肪（%）	总黄酮（mg/100g）	铁（mg/100g）	锌（mg/100g）	蛋白质（%）
测定值	1.8	14.49	10.4	2.04	13.15
参照值	2.8	18.50	7.0	1.94	11.30

2. 产品外在特征及独特营养品质特征评价鉴定

固阳荞麦种皮颜色有褐色、棕色、黑色，形状比较规则，为三棱卵圆形瘦果，表面与边缘平滑，千粒重约为 27.5 g；颗粒完整、饱满，去壳后种子颜色呈乳白色，具有荞麦特有的光泽和气味。其蛋白质、淀粉、粗纤维、铁、锌含量均高于参照值。

3. 评价鉴定依据

《中国食物成分表（第 6 版 / 第一册）》（北京大学医学出版社），GB/T 10458—2008《荞麦》，《宁南山区不同甜荞麦品种产量和品质的比较研究》收录于 2015 年 16 期《湖北农业科学》，《我国主要荞麦品种资源品质评价及加工处理对荞麦成分和活性的影响》中国农业科学院博士学位论文。

4. 市场销售采购信息

内蒙古蒙降三高食品有限责任公司　联系人：刘海贵　电话：15849299608

内蒙古绿博汇有限公司　联系人：武培青　电话：18504727798

九 达茂羊肉 CAQS-MTYX-20200190

1. 营养指标

参数	水分（%）	不饱和脂肪酸（%）	亚油酸（% 总脂肪酸）	胆固醇（mg/100g）	谷氨酸（mg/100g）
测定值	61.9	6.5	9.6	54	3 200
参照值	≤78.0	3.2	7.2	82	2 974

2. 产品外在特征及独特营养品质特征评价鉴定

达茂羊肉色泽鲜红，有光泽，脂肪呈乳白色，肌纤维致密，有坚实感、有韧性且富有弹性；切面光滑、不黏手，无血水；具有羊肉正常气味，无异味，煮沸后，肉汤透明澄清。其不饱和脂肪酸、亚油酸、铁、锌、谷氨酸、亮氨酸、异亮氨酸含量均高于参照值，胆固醇、水分含量及剪切力均优于参照值，满足标准要求。

3. 评价鉴定依据

《中国食物成分表（第6版/第二册）》（北京大学医学出版社），GB/T 9961—2008《鲜、冻胴体羊肉》，NY/T 2793—2015《肉的食用品质客观评价方法》，NY/T 630—2002《羊肉质量分级》，NY/T 633—2002《冷却羊肉》，DB22/T 1003—2018《优质羊肉品质要求》。

4. 市场销售采购信息

内蒙古三中养殖有限责任公司	联系人：曹　峥	电话：18173305128
包头市茼香农牧业科技有限责任公司	联系人：王建波	电话：13847202755
达茂旗龙鹏农牧业专业合作社	联系人：王海龙	电话：13947298027
内蒙古丰域农牧业科技有限责任公司	联系人：王　磊	电话：13947278218
内蒙古呼德戈日农牧业有限责任公司	联系人：吉　雅	电话：18347805777

达茂牛肉 CAQS-MTYX-20200191

1. 营养指标

参数	亚油酸（% 总脂肪酸）	总不饱和脂肪酸（%）	铁（mg/100g）	钙（mg/100g）	天冬氨酸（mg/100g）
测定值	3.4	7.2	2.19	6.68	1 810
参照值	2.9	3.8	1.80	50.00	1 725

2. 产品外在特征及独特营养品质特征评价鉴定

达茂牛肉肉色鲜红，有光泽，脂肪呈乳白色，外表有膜微干，不黏手；肉质富有弹性，指压后凹陷立即恢复；无血污、碎骨等杂质，具有牛肉特有的气味，无异味；煮沸后，肉汤透明澄清。其总不饱和脂肪酸、亚油酸、天冬氨酸、谷氨酸、丙氨酸、铁、钙含量均高于参照值，水分含量、剪切力优于参照值，满足标准要求。

3. 评价鉴定依据

《中国食物成分表（第 6 版 / 第二册）》（北京大学医学出版社），GB/T 9960—2008《鲜、冻四分体牛肉》，NY/T 676—2010《牛肉等级规格》，NY/T 2793—2015《肉的食用品质客观评价方法》。

4. 市场销售采购信息

达茂旗寶龍农牧业发展有限公司　　　联系人：武德彪　电话：15848804899

内蒙古丰域农牧业科技有限责任公司　联系人：王　磊　电话：13947278218

十一 东河海岱蒜 CAQS-MTYX-20200472

1. 营养指标

参数	维生素C (mg/100g)	可溶性糖 (%)	大蒜素 (mg/kg)	锌 (mg/100g)	铁 (mg/100g)
测定值	14.2	28.26	361	1.83	2.59
参照值	7.0	24.20	27	0.64	1.30

2. 产品外在特征及独特营养品质特征评价鉴定

东河海岱蒜蒜皮为紫色，形状规则，坚实饱满，蒜头外皮完整；蒜头横径5～6 cm，单头重约49.50 g；去皮后呈白色蒜瓣，蒜瓣肥厚，味道辛辣，无异味。其大蒜素、维生素C、干物质、可溶性糖、蛋白质、总酸、铁、锌含量均高于参照值。

3. 评价鉴定依据

《中国食物成分表（第6版/第一册）》（北京大学医学出版社），NY/T 1791—2009《大蒜等级规格》，DB13/T 1493—2011《地理标志产品 永年大蒜》，《3种金乡大蒜中营养活性成分的含量比较》收录于2016年32期《安徽农业科学》，《5种大蒜制备黑蒜的品质比较》收录于2019年01期《中国调味品》，《高效液相色谱法测定大蒜愈伤组织中大蒜素的含量》收录于2019年02期《中国调味品》，《大蒜可溶性糖积累与分配特性研究》收录于2014年04期《浙江农业学报》。

4. 市场销售采购信息

包头市利丰种养殖农民专业合作社　　联系人：郭贵生　电话：13847294226
包头市老海岱种养殖农民专业合作社　联系人：尚全明　电话：13847253018

十二 固阳羊肉 CAQS-MTYX-20200473

1. 营养指标

参数	蛋白质 (%)	不饱和脂肪酸 (% 总脂肪酸)	钙 (mg/100g)	铁 (mg/100g)	胆固醇 (mg/100g)
测定值	18.6	49.31	23.57	12.34	39.8
参照值	18.5	43.24	16.00	3.90	82.0

2. 产品外在特征及独特营养品质特征评价鉴定

固阳羊肉肌肉呈鲜红色，有光泽，脂肪呈乳白色；肌纤维致密，有弹性，指压后凹陷立即恢复；外表及切面湿润，不黏手；具有羊肉固有气味，无异味；煮沸后，肉汤透明澄清，无肉眼可见杂质。其蛋白质、钙、铁、锌、不饱和脂肪酸、鲜味氨基酸含量均高于参照值，胆固醇、脂肪、水分含量及剪切力、蒸煮损失均优于参照值，满足标准要求。

3. 评价鉴定依据

《中国食物成分表（第 6 版 / 第二册）》（北京大学医学出版社），GB/T 9961—2008《鲜、冻胴体羊肉》，NY/T 2793—2015《肉的食用品质客观评价方法》，NY/T 630—2002《羊肉质量分级》，DB22/T 1003—2018《优质羊肉品质要求》。

4. 市场销售采购信息

包头市草原百盈农牧业发展有限公司　　联系人：马晋伟　电话：18604728391

内蒙古朕元农牧业有限公司　　　　　　联系人：刘美银　电话：15847299444

十三 达茂奶豆腐 CAQS-MTYX-20200474

1. 营养指标

参数	铁 (mg/100g)	多不饱和脂肪酸 (% 总脂肪酸)	亚油酸 (% 总脂肪酸)	胆固醇 (mg/100g)	蛋白质 (%)
测定值	6.16	8.27	8.52	17	58.6
参照值	3.10	1.35	1.10	36	46.2

2. 产品外在特征及独特营养品质特征评价鉴定

达茂奶豆腐外观呈乳白色，具有清香的乳香味和淡淡的酸味，无异味；其质地均匀，组织细腻，味道爽口，无正常视力可见外来异物和霉斑。其蛋白质、铁、锌、亚油酸、谷氨酸、多不饱和脂肪酸含量均高于参照值，胆固醇含量优于参照值。

3. 评价鉴定依据

《中国食物成分表（第6版／第二册）》（北京大学医学出版社），DBS 15/001.3—2017《食品安全地方标准 蒙古族传统乳制品 第3部分：奶豆腐》，《蒙古族奶豆腐的制作及营养价值》收录于1997年03期《中国乳品工业》。

4. 市场销售采购信息

达茂旗乌日根菊拉养殖专业合作社	联系人：娜仁其木格	电话：15147265683
达茂旗圣达农牧产业发展有限公司	联系人：张 渊 博	电话：13848530555
内蒙古牛佩奇食品有限责任公司	联系人：斯庆图格素	电话：18686111197

十四 达茂奶皮 CAQS-MTYX-20200475

1. 营养指标

参数	水分(%)	亚油酸(% 总脂肪酸)	铁(mg/100g)	锌(mg/100g)	蛋白质(%)
测定值	14.8	2.68	7.41	3.60	16.3
参照值	36.9	1.07	1.00	2.22	12.2

2. 产品外在特征及独特营养品质特征评价鉴定

达茂奶皮为黄色奶饼，厚度约 0.2～0.4cm，其表面似蜂窝状，奶皮酥柔味美，不油不腻，自身散发出清新的奶香与淡淡的酸味，味道爽口。其蛋白质、脂肪、铁、锌、硒、亚油酸、天冬氨酸、异亮氨酸、赖氨酸、多不饱和脂肪酸含量均高于参照值，胆固醇含量优于参照值。

3. 评价鉴定依据

《中国食物成分表（第6版/第二册）》（北京大学医学出版社），《传统发酵奶皮子营养、品质及分离乳酸菌的抑菌特性研究》内蒙古农业大学硕士学位论文。

4. 市场销售采购信息

达茂旗乌日根菊拉养殖专业合作社	联系人：娜仁其木格	电话：15147265683
达茂旗圣达农牧产业发展有限公司	联系人：张　渊　博	电话：13848530555
内蒙古牛佩奇食品有限责任公司	联系人：斯庆图格素	电话：18686111197

十五 达茂奶酪 CAQS-MTYX-20200476

1. 营养指标

参数	酪氨酸 (mg/100g)	亚油酸 (% 总脂肪酸)	多不饱和脂肪酸 (% 总脂肪酸)	硒 (μg/100g)	蛋白质 (%)
测定值	3 064	5.78	6.69	17.85	61.5
参照值	2 702	1.40	2.61	14.68	55.1

2. 产品外在特征及独特营养品质特征评价鉴定

达茂奶酪为碎块状、硬质的干酪；颜色呈淡黄色，表面较粗糙，有油性；自身散发出清新的奶香与淡淡的酸味，味道爽口。其蛋白质、脂肪、硒、亚油酸、赖氨酸、酪氨酸、异亮氨酸、多不饱和脂肪酸含量均高于参照值。

3. 评价鉴定依据

《中国食物成分表（第 6 版 / 第二册）》（北京大学医学出版社）。

4. 市场销售采购信息

达茂旗乌日根菊拉养殖专业合作社	联系人：娜仁其木格	电话：15147265683
达茂旗圣达农牧产业发展有限公司	联系人：张　渊　博	电话：13848530555
内蒙古牛佩奇食品有限责任公司	联系人：斯庆图格素	电话：18686111197

十六 东园葡萄 CAQS-MTYX-20210572

1. 营养指标

参数	总糖(%)	可溶性固形物(%)	维生素C(mg/100g)	天冬氨酸(mg/100g)	甘氨酸(mg/100g)
测定值	17.00	18.40	6.3	44	32
参照值	8.24	13.34	4.0	20	11

2. 产品外在特征及独特营养品质特征评价鉴定

东园葡萄紧密度适中，整齐度好，粒大而均匀，果皮呈紫红色，果肉呈淡黄绿色，皮薄肉嫩，酸甜可口。其可溶性固形物、总糖、维生素C、天冬氨酸、甘氨酸含量均高于参照值。

3. 评价鉴定依据

《中国食物成分表（第6版/第一册）》（北京大学医学出版社），《48个葡萄品种果实大小粒性状调查及差异分析》收录于2020年04期《植物资源与环境学报》，《不同贮藏方式对5种水果中维生素C和总糖含量的影响》收录于2020年11期《食品工业》，《'阳光玫瑰'葡萄果实质量分级评价研究》收录于2020年07期《江西农业学报》。

4. 市场销售采购信息

包头市沁园蔬菜水果产销专业合作社　　联系人：吴文国　电话：13947202700

包头市润泽园农业科技农民专业合作社　联系人：张胜利　电话：13947276901

十七 昆区小麦粉 CAQS-MTYX-20210573

1. 营养指标

参数	湿面筋（%）	不饱和脂肪酸（% 总脂肪酸）	谷氨酸（% 总氨基酸）	锌（mg/100g）	蛋白质（%）
测定值	32.6	75.83	37.45	0.82	13.2
参照值	>30.0	63.64	32.85	0.69	12.4

2. 产品外在特征及独特营养品质特征评价鉴定

昆区小麦粉色泽白净，颗粒度小，筋度大，具有小麦粉固有的色泽和气味。其蛋白质、湿面筋、锌含量较高，且不饱和脂肪酸、谷氨酸含量高于参照值。

3. 评价鉴定依据

《中国食物成分表（第6版/第一册）》（北京大学医学出版社），《不同面筋含量小麦淀粉及蛋白质特性分析》河南工业大学硕士学位论文，GB/T 8607—1988《高筋小麦粉》。

4. 市场销售采购信息

包头宏基面粉有限公司　联系人：岳　雷　电话：15394729919

十八 昆区猪肉 CAQS-MTYX-20210574

1. 营养指标

参数	亚油酸（% 总脂肪酸）	不饱和脂肪酸（% 总脂肪酸）	鲜味氨基酸（% 总氨基酸）	胆固醇（mg/100g）	蛋白质（%）
测定值	15.6	59.51	26.82	42.4	23.8
参照值	7.6	58.49	23.31	86.0	15.1

2. 产品外在特征及独特营养品质特征评价鉴定

昆区猪肉肌肉质地坚实有光泽，肉色为暗红色，纹理致密，纤维清晰，有韧性，外表及切面湿润，不黏手，脂肪呈乳白色；煮熟后，肉汤透明澄清，肉质柔嫩，味道鲜美。其蛋白质、亚油酸、鲜味氨基酸、不饱和脂肪酸含量均高于参照值，胆固醇含量、剪切力均优于参照值。

3. 评价鉴定依据

《中国食物成分表（第6版／第二册）》（北京大学医学出版社），GB/T 9959.1—2019《鲜、冻猪肉及猪副产品 第1部分：片猪肉》，NY/T 632—2002《冷却猪肉》、NY/T 1759—2009《猪肉等级规格》，NY/T 2793—2015《肉的食用品质客观评价方法》。

4. 市场销售采购信息

包头草原立新食品有限公司　联系人：田　雪　电话：15548111190

十九 昆区羊肉 CAQS-MTYX-20210575

1. 营养指标

参数	胆固醇 (mg/100g)	剪切力 (N)	不饱和脂肪酸 (% 总脂肪酸)	鲜味氨基酸 (% 总氨基酸)
测定值	54.1	34.08	44.3	28.45
参照值	82.0	＜60.00	43.2	25.98

2. 产品外在特征及独特营养品质特征评价鉴定

昆区羊肉肌肉色泽为暗红，脂肪呈乳白色，肉质紧密，有坚实感，有韧性，肉质表面微湿润，不黏手；具有羊肉正常气味，无异味；煮熟后，肉汤透明澄清，脂肪团聚于表面，肉质柔嫩，无膻味，具有典型羊肉香味。其不饱和脂肪酸、鲜味氨基酸含量高于参照值，胆固醇含量、剪切力优于参照值，满足标准要求。

3. 评价鉴定依据

《中国食物成分表（第6版/第二册）》（北京大学医学出版社），GB/T 9961—2008《鲜、冻胴体羊肉》，NY/T 2793—2015《肉的食用品质客观评价方法》，NY/T 630—2002《羊肉质量分级》，NY/T 633—2002《冷却羊肉》，DB22/T 1003—2018《优质羊肉品质要求》，《龙陵黄山羊屠宰性能及肉质研究》收录于1998年03期《云南农业大学学报》。

4. 市场销售采购信息

内蒙古蒙源肉羊种业（集团）有限公司　联系人：张　敏　电话：18247210089

二十 土默川大杏 CAQS-MTYX-20210576

1. 营养指标

参数	维生素 C (mg/100g)	总酸 (%)	β-胡萝卜素 (μg/100g)	可溶性糖 (%)
测定值	14.8	0.93	2 710	6.32
参照值	4.0	2.17	2 089	3.50

2. 产品外在特征及独特营养品质特征评价鉴定

土默川大杏呈圆球形，单颗重约 47.6 g，其色泽金黄带红晕，果形端正，成熟饱满，果肉松软，香甜可口。其 β-胡萝卜素、维生素 C、可溶性糖含量均高于参照值，总酸含量优于参照值。

3. 评价鉴定依据

《中国食物成分表（第 6 版 / 第一册）》（北京大学医学出版社），《18 个杏品种在山西太谷的品质特性鉴评》收录于 2018 年 06 期《山西果树》，《2 个杏品种不同成熟期果实品质变化研究》收录于 2010 年 16 期《中国农学通报》，《杏果实糖酸组成及其不同发育阶段的变化》收录于 2006 年 04 期《园艺学报》，《直接溶剂萃取 / 高压液相色谱检测杏中的 β-胡萝卜素》收录于 2014 年 01 期《食品安全质量检测学报》，《巨鹿杏中 β-胡萝卜素的 HPLC 分析及多地域杏果中含量比对》收录于 2021 年 14 期《现代食品》。

4. 市场销售采购信息

土默特右旗美岱召镇诚浩种养殖专业合作社　　联系人：董瑞青　电话：15149351399
土默特右旗瑞元农民专业合作社　　联系人：程志瑞　电话：15047240333

二十一 土默川胡麻 CAQS-MTYX-20210577

1. 营养指标

参数	脂肪（%）	亚油酸（% 总脂肪酸）	单不饱和脂肪酸（% 总脂肪酸）	鲜味氨基酸（% 总氨基酸）	蛋白质（%）
测定值	41.4	12.85	33.58	33.27	24.2
参照值	30.7	12.12	24.79	32.53	19.1

2. 产品外在特征及独特营养品质特征评价鉴定

土默川胡麻呈扁椭圆形，颜色为黑褐色，有光泽；其大小均匀，长约 4 mm，千粒重约 6.91 g；具有胡麻固有的颜色和气味，无其他杂质、无霉粒。其蛋白质、脂肪、亚油酸、单不饱和脂肪酸、鲜味氨基酸含量均高于参照值。

3. 评价鉴定依据

《中国食物成分表（第 6 版／第一册）》（北京大学医学出版社），《亚麻种质脂肪酸成分差异及其相关性研究》收录于 2016 年 09 期《分子植物育种》，《不同亚麻籽品种氨基酸含量测定及品质综合评价》收录于 2021 年 09 期《食品与机械》。

4. 市场销售采购信息

土默特右旗双有农民专业合作社

联系人：赵天喜　电话：15304711887

土默特右旗心畅农民专业合作社

联系人：杨根心　电话：15848794279

内蒙古鲁蕊香油脂有限责任公司

联系人：张志国　电话：15047245999

二十二 土默川小麦 CAQS-MTYX-20210578

1. 营养指标

参数	湿面筋 (%)	谷氨酸 (mg/100g)	必需氨基酸 (% 总氨基酸)	硒 (μg/100g)	蛋白质 (%)
测定值	34.5	4 330	26.96	5.00	15.0
参照值	25.5	4 074	26.33	4.05	11.9

2. 产品外在特征及独特营养品质特征评价鉴定

土默川小麦颗粒呈卵形，百粒重约 4.96 g，粒色为黄褐色，其大小均匀，颗粒饱满，粒质坚硬。其蛋白质、湿面筋、谷氨酸含量较高，且含有较高含量的硒和必需氨基酸。

3. 评价鉴定依据

《中国食物成分表（第 6 版 / 第一册）》（北京大学医学出版社），《藜麦及其他谷物的常规营养成分测定》收录于 2019 年 16 期《现代食品》，《不同麦区小麦籽粒蛋白质与氨基酸含量及评价》收录于 2015 年 06 期《作物学报》，GB 1351—2008《小麦》。

4. 市场销售采购信息

包头市禧年农商商贸有限公司	联系人：张快乐	电话：15561437644
内蒙古晴川面粉有限公司	联系人：丁玉英	电话：15147201099
包头市白莹面粉有限公司	联系人：王翰祥	电话：18686179822
包头市润良面粉有限责任公司	联系人：寇 瑞	电话：15391039311

二十三 固阳莜麦 CAQS-MTYX-20210579

1. 营养指标

参数	缬氨酸 (mg/100g)	鲜味氨基酸 (mg/100g)	直链淀粉 (%)	粗纤维 (%)	蛋白质 (%)
测定值	580	3 520	17.4	0.60	15.7
参照值	541	3 263	16.2	2.78	10.1

2. 产品外在特征及独特营养品质特征评价鉴定

固阳莜麦外观呈浅褐色，百粒重约2.12 g，其大小均匀，籽实长约0.6～1.0 cm，颗粒饱满，具有莜麦固有的气味，有淡淡的莜麦香味。其蛋白质、直链淀粉含量较高，粗纤维含量较低，且鲜味氨基酸和缬氨酸含量高于参照值。

3. 评价鉴定依据

《中国食物成分表（第6版/第一册）》（北京大学医学出版社），《莜麦面可溶性膳食纤维的研究》收录于1998年01期《中国粮油学报》，《燕麦淀粉含量测定及颗粒结合型淀粉合成酶基因（GBSS I）片段克隆》四川农业大学硕士学位论文。

4. 市场销售采购信息

内蒙古蒙降三高食品有限责任公司

联系人：刘海贵　电话：15849299608

内蒙古优丰乡源农民专业合作社

联系人：王永强　电话：15034758458

内蒙古永盛祥农牧业发展有限公司

联系人：王永胜　电话：13674720556

二十四 固阳马铃薯 CAQS-MTYX-20210580

1. 营养指标

参数	维生素C (mg/100g)	粗纤维 (%)	淀粉 (%)	锌 (mg/100g)
测定值	27.4	0.4	11.3	0.37
参照值	14.0	0.6	9.0～13.0	0.30

2. 产品外在特征及独特营养品质特征评价鉴定

固阳马铃薯个头均匀，呈长圆形，单薯重约 180 g，该马铃薯芽眼数量较少，芽眼较浅，外皮颜色为黄色，成熟度好，薯形好；蒸熟后，薯味鲜香，口感沙甜，不易断裂。其维生素 C、锌含量均高于参照值，粗纤维含量优于参照值。

3. 评价鉴定依据

《中国食物成分表（第 6 版／第一册）》（北京大学医学出版社），《马铃薯营养特性及产业化发展的前景》收录于 2019 年 12 期《食品安全导刊》，全国农产品地理标志网凉山州马铃薯，中国地理标志网胶河土豆。

4. 市场销售采购信息

内蒙古田丰农牧有限责任公司　联系人：罗　华　电话：15174999891

二十五 达茂黄芪 CAQS-MTYX-20210581

1. 营养指标

参数	水分（%）	水溶性浸出物（%）	灰分（%）	毛蕊异黄酮葡萄糖苷（%）	黄芪甲苷（%）
测定值	6.76	38.8	3.8	0.036	0.107
参照值	≤10.00	≥17.0	≤5.0	≥0.020	≥0.080

2. 产品外在特征及独特营养品质特征评价鉴定

达茂黄芪为斜切面片状，其表面呈淡黄色，外表有褐色斑点，断面外层为白色，中部为淡黄色，有放射状纹理，味甘，有生豆气。其水分、灰分含量优于参照值，满足《中华人民共和国药典》要求；水溶性浸出物、毛蕊异黄酮葡萄糖苷、黄芪甲苷含量高于参照值，满足《中华人民共和国药典》要求。

3. 评价鉴定依据

《中华人民共和国药典》2020年版第一部。

4. 市场销售采购信息

达茂旗天创中药材科技有限公司

联系人：张月旺 电话：15049326528

二十六 达茂小米 CAQS-MTYX-20210582

1. 营养指标

参数	直链淀粉 (%)	必需氨基酸 (% 总氨基酸)	硒 (μg/100g)	锌 (mg/100g)	谷氨酸 (mg/100g)
测定值	23.0	39.05	5.00	3.35	2 070
参照值	18.0	29.44	4.74	1.87	1 871

2. 产品外在特征及独特营养品质特征评价鉴定

达茂小米色泽呈金黄色，米粒大小均匀；其外观鲜黄明亮，无明显感官色差；千粒重约2.26 g，粒形饱满完整，散发着小米特有的自然清香气味；蒸后，米粒完整金黄，软而不黏结，米饭香味浓郁；煮后，米、汤融合，汤色淡黄纯正，有香味。其蛋白质、直链淀粉、锌含量较高，且硒、谷氨酸、必需氨基酸含量均高于参照值。

3. 评价鉴定依据

《中国食物成分表（第6版/第一册）》（北京大学医学出版社），《黑龙江省小米主栽品种理化特性与感官品质的相关性研究》黑龙江八一农垦大学硕士学位论文，《呼和浩特市售不同品种小米的品质特性比较研究》内蒙古农业大学硕士学位论文。

4. 市场销售采购信息

内蒙古天边草原农牧业有限公司　　联系人：杜稀蜓　电话：13337032188
达茂旗西口子农牧业专业合作社　　联系人：杜双林　电话：15049333111

二十七 达茂厚皮甜瓜 CAQS-MTYX-20210583

1. 营养指标

参数	可溶性固形物(%)	可溶性糖(%)	总酸(%)	钾(mg/100g)	鲜味氨基酸(% 总氨基酸)
测定值	9.1	6.74	0.039	187.1	198
参照值	9.0	3.60	0.068	139.0	153

2. 产品外在特征及独特营养品质特征评价鉴定

达茂厚皮甜瓜瓜形呈椭圆形，单瓜重约 1.3 kg，瓜皮表面洁净呈金黄色，瓜瓢鲜嫩呈淡黄色，肉质细软，香甜可口。其可溶性固形物、可溶性糖、钾、鲜味氨基酸含量均高于参照值，总酸含量优于参照值。

3. 评价鉴定依据

《中国食物成分表（第 6 版 / 第一册）》（北京大学医学出版社），《北京地区不同品种甜瓜营养品质分析》收录于 2018 年 03 期《北京农学院学报》，《甜瓜营养品质分析及其代表性指标探究》收录于 2019 年 09 期《食品与机械》。

4. 市场销售采购信息

内蒙古天边草原农牧业有限公司　联系人：杜稀蜓　电话：13337032188

达茂旗西口子农牧业专业合作社　联系人：杜双林　电话：15049333111

二十八 达茂绿头蒜 CAQS-MTYX-20210584

1. 营养指标

参数	维生素 C (mg/100g)	大蒜素 (mg/kg)	鲜味氨基酸 (% 总氨基酸)	钾 (mg/100g)	蛋白质 (%)
测定值	12.4	479	1 260	350	7.02
参照值	7.0	330	1 107	302	5.20

2. 产品外在特征及独特营养品质特征评价鉴定

达茂绿头蒜蒜皮为白色，形状规则，蒜瓣肥厚饱满，蒜头外皮完整，蒜头横径 2～3 cm，去皮后呈白色蒜瓣，味道辛辣。其维生素 C、蛋白质、钾、大蒜素、鲜味氨基酸含量均高于参照值。

3. 评价鉴定依据

《中国食物成分表（第 6 版 / 第一册）》（北京大学医学出版社），NY/T 1791—2009《大蒜等级规格》，DB13/T 1493—2011《地理标志产品永年 大蒜》，《3 种金乡大蒜中营养活性成分的含量比较》收录于 2016 年 32 期《安徽农业科学》，《5 种大蒜制备黑蒜的品质比较》收录于 2019 年 01 期《中国调味品》，《高效液相色谱法测定大蒜愈伤组织中大蒜素的含量》收录于 2019 年 02 期《中国调味品》，《大蒜可溶性糖积累与分配特性研究》收录于 2014 年 04 期《浙江农业学报》，《蚯粪对大蒜中蒜氨酸和大蒜素含量及大蒜精油抗菌活性的影响》收录于 2021 年 10 期《中国瓜菜》。

4. 市场销售采购信息

达茂旗塞北有庆农牧业有限责任公司　联系人：侯建国　电话：13704727970

二十九 青山牛奶 CAQS-MTYX-20220226

1. 营养指标

参数	亚麻酸 （%总脂肪酸）	必需氨基酸 （%总氨基酸）	蛋白质 （%）	多不饱和脂肪酸 （%总脂肪酸）
测定值	0.4	40.30	3.22	32.5
参照值	0.3	37.88	2.90	30.7

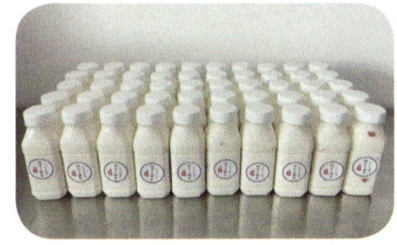

2. 产品外在特征及独特营养品质特征评价鉴定

青山牛奶外观为乳白色液体，奶香纯正，状态均匀细腻，煮热后口感香醇浓郁，具有鲜美的乳香味，无异常气味。其蛋白质、多不饱和脂肪酸、亚麻酸、必需氨基酸含量均高于参照值。

3. 评价鉴定依据

《中国食物成分表（第6版/第二册）》（北京大学医学出版社），《内蒙古不同地区牛乳中常规营养成分及氨基酸的比较研究》内蒙古农业大学硕士学位论文，《牛乳的营养结构、生理功能与食用方法浅议》收录于2008年01期《中国食物与营养》。

4. 市场销售采购信息

包头市广益佳农牧业开发有限公司　联系人：刘志强　电话：15049251333

三十 固阳菜籽油 CAQS-MTYX-20220230

1. 营养指标

参数	亚油酸（%）	亚麻酸（%）	折光指数（20℃）	过氧化值（%）	多不饱和脂肪酸（%）
测定值	28.59	10.59	1.4750	0.081	53.81
参照值	15.00～30.00	5.00～14.00	1.4705～1.4750	＜0.125	25.70

2. 产品外在特征及独特营养品质特征评价鉴定

固阳菜籽油外观呈黄褐色，澄清，无任何悬浮物；具有菜籽油固有的气味和滋味，无异味，气味浓香，滋味纯正。其亚油酸、亚麻酸含量及折光系数满足标准范围要求，过氧化值优于参照值，多不饱和脂肪酸含量高于参照值。

3. 评价鉴定依据

《中国食物成分表（第6版/第一册）》（北京大学医学出版社），NY/T 416—2000《低芥酸菜籽油》，GB/T 1536—2021《菜籽油》。

4. 市场销售采购信息

内蒙古永盛祥农牧业发展有限公司	联系人：王永胜	电话：13674720556
包头市美丽牧园农牧业开发有限公司	联系人：刘美丽	电话：15661482666
内蒙古蒙降三高食品有限责任公司	联系人：刘海贵	电话：15848299608
内蒙古优丰乡源农民专业合作社	联系人：王永强	电话：15034758458
内蒙古鹿粮实业有限责任公司	联系人：刘俊文	电话：13214928888

三十一　固阳红皮小麦粉 CAQS-MTYX-20220231

1. 营养指标

参数	湿面筋（%）	淀粉（%）	锌（mg/100g）	必需氨基酸（%总氨基酸）	蛋白质（%）
测定值	35	69.9	1.08	26.66	13.0
参照值	≥30	67.3	0.69	25.34	12.4

2. 产品外在特征及独特营养品质特征评价鉴定

固阳红皮小麦粉色泽白净，颗粒度小，粉质细腻，流散性好，筋度大，麦香浓郁。其蛋白质、淀粉、湿面筋、锌含量较高，且总膳食纤维和必需氨基酸含量高于参照值。

3. 评价鉴定依据

《中国食物成分表（第6版／第一册）》（北京大学医学出版社），GB/T 8607—1988《高筋小麦粉》，《出粉率对小麦粉中营养素及有害物质含量的影响》收录于2021年06期《食品科技》。

4. 市场销售采购信息

包头市美丽牧园农牧业开发有限公司	联系人：刘美丽	电话：15661482666
内蒙古永盛祥农牧业发展有限公司	联系人：王永胜	电话：13674720556
内蒙古鹿粮实业有限责任公司	联系人：刘俊文	电话：13214928888

三十二 九原南瓜 CAQS-MTYX-20220229

1. 营养指标

参数	维生素C (mg/100g)	粗纤维 (%)	锌 (mg/100g)	β-胡萝卜素 (μg/100g)	可溶性固形物 (%)
测定值	24.7	2.0	0.86	2 160	5.7
参照值	8.0	0.8	0.14	1 518	5.6

2. 产品外在特征及独特营养品质特征评价鉴定

九原南瓜果形为扁圆形，单瓜瓜重约 600 g，果面较光滑，表皮为墨绿色，其色泽较均匀一致；果肉颜色为橙黄色，果肉厚，质地脆硬，烹熟后绵软细腻、香甜可口。其维生素 C、粗纤维、锌、β-胡萝卜素、可溶性固形物含量均高于参照值。

3. 评价鉴定依据

《中国食物成分表（第 6 版／第一册）》（北京大学医学出版社），《湖南省蜜本南瓜营养品质的分析与评价》收录于 2015 年 06 期《湖南农业科学》，《南瓜果肉营养成分相关性分析及综合营养品质评价》收录于

2013 年 08 期《江苏农业科学》，《鲜切南瓜不同部位生理代谢的研究》收录于 2011 年 08 期《食品工业科技》，《南瓜品质资源的营养分析》收录于 2005 年 04 期《河南科技学院学报（自然科学版）》，《南瓜的感官品质、质构及生化分析》收录于 2013 年 05 期《食品科学》。

4. 市场销售采购信息

包头市卫东南瓜农民专业合作社　　联系人：石卫东　　电话：13474821646

三十三 九原樱桃 CAQS-MTYX-20220227

1. 营养指标

参数	可溶性固形物(%)	维生素C(mg/100g)	硒(μg/100g)	可溶性糖(%)	总酸(g/kg)
测定值	18.80	19.5	0.28	13.41	6.28
参照值	16.25	10.0	0.21	11.51	18.20

2. 产品外在特征及独特营养品质特征评价鉴定

九原樱桃果皮暗红色，平均单果重约10.6 g，果实坚挺，肉质细嫩，美味多汁，口感清甜。其维生素C、可溶性固形物、硒、可溶性糖含量均高于参照值，总酸含量优于参照值。

3. 评价鉴定依据

《中国食物成分表（第6版/第一册）》（北京大学医学出版社），《沭东丘陵地区甜樱桃品种筛选研究》收录于2022年54期《落叶果树》，《贵州中部避雨栽培条件下4个甜樱桃品种的果实品质比较》收录于2021年49期《贵州农业科学》，《新疆大樱桃生长规律及营养成分比较分析》收录于2017年04期《防护林科技》。

4. 市场销售采购信息

包头市田禾种养殖农民专业合作社

联系人：周长城　电话：13848299528

三十四 九原草莓 CAQS-MTYX-20220228

1. 营养指标

参数	可溶性固形物（%）	总糖（%）	总酸（%）	锌（mg/100g）	硒（μg/100g）
测定值	8	6.60	0.724	0.20	1.1
参照值	≥7	5.34	0.700～1.000	0.14	0.7

2. 产品外在特征及独特营养品质特征评价鉴定

九原草莓呈圆锥形，单果重量约 22 g，果实鲜红有光泽，果面种子分布均匀，带有新鲜绿色萼片，肉质细嫩，酸甜爽口，美味多汁，芳香浓郁。其可溶性固形物、总糖、锌、硒含量均高于参照值，总酸含量符合参照值。

3. 评价鉴定依据

《中国食物成分表（第 6 版／第一册）》（北京大学医学出版社），NY/T 444—2001《草莓》，《草莓品种果实品质特性比较》收录于 2022 年 63 期《浙江农业科学》，《不同草莓品种果实品质的比较研究》收录于 2021 年 44 期《新疆农垦科技》，《苯酚－硫酸法测定草莓中总糖含量》收录于 2019 年 04 期《吉林农业》，《富硒草莓优质高产栽培技术》收录于 2011 年 24 期《湖南农业科学》。

4. 市场销售采购信息

包头市田禾种养殖农民专业合作社　　联系人：周长城　电话：13848299528
包头市山浓谷艳种养殖农民专业合作社　联系人：张文礼　电话：15148234696

三十五 石拐区猪肉 CAQS-MTYX-20220623

1. 营养指标

参数	蛋白质(%)	亚油酸(%总脂肪酸)	多不饱和脂肪酸(%总脂肪酸)	鲜味氨基酸(%总氨基酸)	胆固醇(mg/100g)
测定值	21.0	14.9	16.7	26.70	50.6
参照值	20.3	4.3	6.5	23.31	86.0

2. 产品外在特征及独特营养品质特征评价鉴定

石拐区猪肉样品为生鲜肉，肌肉色为鲜红色，有光泽，肌肉截面有大理石花纹，肉质紧密，有坚实感，外表及切面湿润，不黏手，具有猪肉正常气味，煮熟后，肉汤透明澄清，肉质柔嫩。其具有蛋白质、多不饱和脂肪酸、亚油酸、鲜味氨基酸含量高，胆固醇含量低等特点。

3. 评价鉴定依据

《中国食物成分表（第6版/第二册）》（北京大学医学出版社），GB/T 9959.1—2019《鲜、冻猪肉及猪副产品 第1部分：片猪肉》，NY/T 632—2002《冷却猪肉》，NY/T 1759—2009《猪肉等级规格》，NY/T 2793—2015《肉的食用品质客观评价方法》。

4. 市场销售采购信息

包头市八戒农牧有限责任公司　　联系人：王　静　电话：18147278769

包头德康农牧有限公司　　　　　联系人：李晓青　电话：15661101258

鄂尔多斯市

内蒙古名特优新农产品

一 达拉特鹌鹑蛋 CAQS-MTYX-20190139

1. 营养指标

参数	蛋白质(%)	脂肪(%)	钙(mg/100g)	铜(mg/100g)	铁(mg/100g)
测定值	13.7	6.20	63.9	1.56	4.9
参照值	13.1	8.22	59.0	1.27	3.8

2. 产品外在特征及独特营养品质特征评价鉴定

达拉特鹌鹑蛋形状近椭圆形，表面褐色斑点或斑块较多；重量约为12～13 g，灯光透视时整个蛋呈黄色，无其他异常颜色，蛋液无异味。其水分、蛋白质、脂肪、钙、铜、铁含量均优于参照值，硒含量为27 μg/100 g。

3. 评价鉴定依据

GB 2749—2015《食品安全国家标准蛋与蛋制品》，《鹌鹑蛋与鸡蛋营养成分比较》收录于1987年05期《中国畜牧杂志》，《鸡蛋、乌鸡蛋、鹌鹑蛋营养成分测定比较》收录于2005年07期《饲料工业》，《火焰原子吸收光谱法测定鹌鹑蛋中8种微量元素的含量》收录于2006年05期《黑龙江医药科学》。

4. 市场销售采购信息

内蒙古俊泰种养殖专业合作社

联系人：闫 挺　电话：15344012277

东胜鸡蛋 CAQS-MTYX-20190267

1. 营养指标

参数	总不饱和脂肪酸（%）	组氨酸（mg/100g）	蛋氨酸（mg/100g）	铁（mg/100g）	硒（μg/100g）
测定值	2.19	320	450	2.2	13.0
参照值	1.10	282	183	1.7	11.5

2. 产品外在特征及独特营养品质特征评价鉴定

东胜鸡蛋呈规则卵圆形，蛋黄居中，轮廓较清晰；蛋白澄清透明、稀稠分明；蛋内容物中无血斑、肉斑等异物。其水分、铁、硒、锌、蛋氨酸、组氨酸、脯氨酸、总不饱和脂肪酸含量均高于参照值。

3. 评价鉴定依据

《中国食物成分表（第6版/第二册）》（北京大学医学出版社），SB/T 10638—2011《鲜鸡蛋、鲜鸭蛋分级》。

4. 市场销售采购信息

鄂尔多斯市东胜区蒙瑞亚养殖场　　联系人：樊　喜　电话：15147728865

鄂尔多斯市亨盛农牧业有限公司　　联系人：乔守清　电话：15334775550

鄂尔多斯市昕农养殖有限公司　　　联系人：刘　涛　电话：18647270005

三 达拉特大米 CAQS-MTYX-20190268

1. 营养指标

参数	垩白度（%）	碱消值（级）	胶稠度（mm）	蛋白质（%）	钙（mg/100g）
测定值	0.7	5.20	83	8.22	8.2
参照值	1.0	3.97	≥ 80	7.90	8.0

2. 产品外在特征及独特营养品质特征评价鉴定

达拉特大米米粒呈半纺锤形或长形，米质坚实，耐压性好。表面光滑，整体颜色呈白色，呈不透明状，有部分垩白，散发自然稻米香味，口感软糯，香气浓郁。其蛋白质、钙含量及碱消值均高于参照值，胶稠度属于一级品，垩白度优于参照值。

3. 评价鉴定依据

《中国食物成分表（第 6 版／第一册）》（北京大学医学出版社），国家农作物种质资源平台国家作物科学数据中心《水稻种质资源数据质量标准》，GB/T 1354—2018《大米》，《大米品质分析中的碱消度法优化研究》收录于 2000 年 05 期《粮食与饲料工业》，《大米胶稠度测定的影响因素研究》收录于 2017 年 23 期《湖北农业科学》。

4. 市场销售采购信息

鄂尔多斯市方天农业开发有限责任公司	联系人：许凯新	电话：13948876886
鄂尔多斯市津津乐稻农牧业开发有限公司	联系人：翁家义	电话：15704772203
达拉特旗达拉滩水稻种植专业合作社	联系人：李清云	电话：15048715555
内蒙古敕勒古道农业发展有限公司	联系人：赵清双	电话：15248438584

四 达拉特羊肉 CAQS-MTYX-20190269

1. 营养指标

参数	脂肪（%）	水分（%）	必需氨基酸（除色氨酸外）（%）	钙（mg/100g）	蛋白质（%）
测定值	6.3	48.2	34.30	17	19.2
参照值	≤6.5	72.5	29.23	16	18.5

2. 产品外在特征及独特营养品质特征评价鉴定

达拉特羊肉肌肉呈红色，有光泽，脂肪呈白色，肥瘦均匀，有大理石花纹，肌纤维致密有韧性富有弹性，指压后凹陷立即恢复，脂肪和肌肉较硬实，切面湿润不黏手，具有羊肉固有气味，无异味，无膻味。其水分、蛋白质、脂肪、钙、铁、必需氨基酸含量优于参照值。

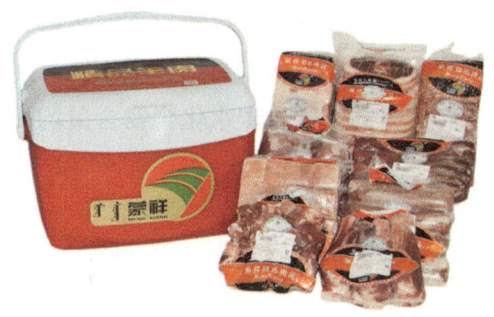

3. 评价鉴定依据

《中国食物成分表（第6版/第二册）》（北京大学医学出版社），NY/T 633—2002《冷却羊肉》。

4. 市场销售采购信息

鄂尔多斯市四季青农业开发有限公司　　联系人：郑晓利　电话：14794840555

内蒙古西敖都农牧业有限公司　　　　　联系人：赵海军　电话：15849798955

五 准格尔荞麦粉 CAQS-MTYX-20190270

1. 营养指标

参数	脂肪(%)	淀粉(%)	钙(mg/100g)	锌(mg/100g)	碳水化合物(%)
测定值	1.2	49.60	7.59	2.32	76.29
参照值	2.8	69.02	8.00	1.94	≥22.70

2. 产品外在特征及独特营养品质特征评价鉴定

准格尔荞麦粉外观颜色为白灰色，粒度较小，手感略涩，具有荞麦粉固有的色泽和气味。其脂肪含量优于参照值，锌、铁、碳水化合物含量均高于参照值。

3. 评价鉴定依据

《中国食物成分表（第6版/第一册）》（北京大学医学出版社），《荞麦淀粉的加工工艺、特性及其改性研究》西北农林科技大学硕士学位论文，《荞麦营养品质及流变学特性研究》西北农林科技大学硕士学位论文，《玉米杂粮馒头与荞麦面杂粮馒头的营养对比》收录于2018年01期《现代食品》。

4. 市场销售采购信息

内蒙古农乡丰工贸有限公司　　　　　　联系人：董培强　电话：13384779255
准格尔旗瑞生小杂粮加工有限责任公司　联系人：邬瑞生　电话：15894939935
鄂尔多斯市正谊小杂粮加工有限责任公司　联系人：王云峰　电话：15847372737

六 准格尔小米 CAQS-MTYX-20190271

1. 营养指标

参数	蛋白质（%）	淀粉（%）	铁（mg/100g）	锌（mg/100g）
测定值	9.94	60.00	6.64	2.47
参照值	9.00	70.90～82.75	5.10	1.87

2. 产品外在特征及独特营养品质特征评价鉴定

准格尔小米色泽呈金黄色，米粒大小均匀，粒形饱满；外观鲜黄明亮；散发着小米固有的自然清香气味。其蛋白质、铁、锌含量均高于参照值。

3. 评价鉴定依据

《中国食物成分表（第 6 版 / 第一册）》（北京大学医学出版社），GB/T 19503—2008《地理标志产品沁州黄小米》，《呼和浩特市售不同品种小米的品质特性比较研究》内蒙古农业大学硕士学位论文。

4. 市场销售采购信息

内蒙古农乡丰工贸有限公司　　　　　联系人：董培强　电话：13384779255
准格尔旗瑞生小杂粮加工有限责任公司　联系人：邬瑞生　电话：15894939935
鄂尔多斯市正谊小杂粮加工有限责任公司　联系人：王云峰　电话：15847372737

七 准格尔羯羊 CAQS-MTYX-20190272

1. 营养指标

参数	脂肪(%)	钠(mg/100g)	水分(%)	锌(mg/100g)	硒(μg/100g)
测定值	14.2	83	66.0	3.60	6.0
参照值	6.5	81	72.5	3.52	32.2

2. 产品外在特征及独特营养品质特征评价鉴定

准格尔羯羊肌肉红色均匀，有光泽，脂肪呈白色，肉质以瘦肉为主，有大理石花纹；肌纤维致密有韧性富有弹性，脂肪和肌肉硬实，切面湿润不黏手；具有羊肉固有气味，无异味。其水分含量优于参照值，脂肪、锌、钠含量均高于参照值。

3. 评价鉴定依据

《中国食物成分表（第6版/第二册）》（北京大学医学出版社），NY/T 633—2002《冷却羊肉》。

4. 市场销售采购信息

准格尔旗良园欣种养殖专业合作社	联系人：张　良	电话：15924583966
内蒙古真涮美食品有限公司	联系人：韩　宇	电话：15248496663
准格尔旗恒盛祥食品有限责任公司	联系人：魏　三	电话：13310331806
准格尔旗奇来种养殖专业合作社	联系人：奇　来	电话：13848471761
准格尔旗李家塔种养殖专业合作社	联系人：蔺外姓	电话：14747962333
准格尔旗科农种养殖专业合作社	联系人：王文兵	电话：15326778311

八 准格尔大米 CAQS-MTYX-20190273

1. 营养指标

参数	蛋白质（%）	胶稠度（mm）	碱消值（级）	亮氨酸（mg/100g）	硒（μg/100g）
测定值	7.92	82	6.20	450	2.5
参照值	7.90	≥80	3.97	260	/

2. 产品外在特征及独特营养品质特征评价鉴定

准格尔大米米粒呈长椭圆形或中长形；米质坚实，耐压性好；米粒表面光滑，整体颜色呈白褐色，呈不透明状；米粒背沟和粒表面留皮程度小，近于无皮；米粒颗粒饱满，涨水性好，出饭率高，大小均匀，散发自然稻米香味。其亮氨酸、蛋白质含量及碱消值均高于参照值；胶稠度为一级品。

3. 评价鉴定依据

《中国食物成分表（第 6 版 / 第一册）》（北京大学医学出版社），国家农作物种质资源平台国家作物科学数据中心《水稻种质资源数据质量标准》，GB/T 1354—2018《大米》，《大米胶稠度测定的影响因素研究》收录于 2017 年 23 期《湖北农业科学》，《大米品质分析中的碱消度法优化研究》收录于 2000 年 05 期《粮食与饲料工业》。

4. 市场销售采购信息

准格尔旗溢乡甜种养殖专业合作社

联系人：靳元占　电话：13847787565

准格尔旗益丰园种养殖专业合作社

联系人：骆永益　电话：15548187666

九 鄂托克前旗辣椒 CAQS-MTYX-20190274

1. 营养指标

参数	维生素C (mg/100g)	可溶性糖 (%)	钾 (mg/100g)	β-胡萝卜素 (μg/100g)
测定值	229.7	4.84	263	450
参照值	86.0	1.66	154	260

2. 产品外在特征及独特营养品质特征评价鉴定

鄂托克前旗尖辣椒外观颜色为绿色，油亮光洁，外形纤细修长；个头较均匀，长19～24 cm；肉质厚，自带鲜辣椒特有的辛辣味，口感鲜嫩，辣味适中。其维生素C、可溶性糖、钾、β-胡萝卜素含量均高于参照值。

3. 评价鉴定依据

《中国食物成分表（第6版／第一册）》（北京大学医学出版社），NY/T 944—2006《辣椒等级规格》，《尖椒长期贮藏的研究》2000年01期《保鲜与加工》，《辣椒品种资源评价和影响辣椒素含量因素的初探》湖南农业大学硕士学位论文。

4. 市场销售采购信息

鄂托克前旗鸿野农牧业开发有限公司　　联系人：李　宏　电话：13664852888

鄂托克前旗城川镇辣椒经纪人协会　　联系人：张万里　电话：18648388788

鄂尔多斯市润蒙园农业科技有限公司　　联系人：白　涛　电话：15934904913

鄂托克旗螺旋藻 CAQS-MTYX-20190275

1. 营养指标

参数	铁 (mg/kg 干基)	锌 (mg/100g)	蛋白质 (%)	脂肪 (% 干基)	碳水化合物 (%)
测定值	988	3.74	69.8	2.7	6
参照值	150	3.00	50.0	2.0	10

2. 产品外在特征及独特营养品质特征评价鉴定

鄂托克旗螺旋藻粉为深蓝绿色粉末，粉末颗粒均匀，自带海藻类特有的鲜味、无异味。其蛋白质、铁、锌、脂肪含量均高于参照值。

3. 评价鉴定依据

《中国食物成分表（第 6 版 / 第一册）》（北京大学医学出版社），《螺旋藻粉在水产饲料中的应用研究进展》收录于 2018 年 04 期《海洋渔业》。

4. 市场销售采购信息

内蒙古怡健蓝藻有限责任公司　　联系人：张德智　电话：13905181274

鄂尔多斯市加力螺旋藻业有限责任公司　联系人：张宏伟　电话：18647748666

十一 乌审奶酪 CAQS-MTYX-20190276

1. 营养指标

参数	蛋白质(%)	脂肪(%)	铁(mg/100g)	酪氨酸(mg/100g)	不饱和脂肪酸(%)
测定值	49.2	29.4	0.86	2 790	10.2
参照值	25.7	23.5	2.40	1 480	9.3

2. 产品外在特征及独特营养品质特征评价鉴定

乌审奶酪为直径约 0.2 cm 的线状、硬质、中脂干酪；颜色呈白色，表面较粗糙，有油性；自身散发出清新的奶香与淡淡的酸味，味道爽口。其蛋白质、脂肪、赖氨酸、酪氨酸、不饱和脂肪酸含量均高于参照值。

3. 评价鉴定依据

《中国食物成分表（第 6 版 / 第二册）》（北京大学医学出版社）。

4. 市场销售采购信息

内蒙古牧名食品有限责任公司	联系人：傲特更脑日布	电话：15295755833
乌审旗巴音萨利奶食品专业合作社	联系人：布音巴亚尔	电话：13847703327
乌审旗三洁养殖专业合作社	联系人：洁如木图	电话：15947275858

十二 乌审乳清 CAQS-MTYX-20190277

1. 营养指标

参数	蛋白质 (%)	天冬氨酸 (mg/100g)	谷氨酸 (mg/100g)	亮氨酸 (mg/100g)	多糖 (%)
测定值	1.14	5 873	8 653	5 366	2.8
参照值	0.60～1.00	5 448	6 118	4 850	2.5～2.7

2. 产品外在特征及独特营养品质特征评价鉴定

乌审乳清为黄绿色半透明液体，静置状态下有少量白色絮状物，摇一摇即溶化；该乳清口感偏酸，伴有乳清特有的香气。其乌审乳清为酸性乳清，脂肪、钙、铁、必需氨基酸含量均高于参照值。

3. 评价鉴定依据

《中国食物成分表（第6版/第二册）》（北京大学医学出版社），《乳清的营养成分及开发应用现状》收录于2011年10期《新疆畜牧业》，《牛乳清的超过滤浓缩法》收录于1982年04期《化学世界》，《人、牛、羊乳乳清蛋白质组成及二级结构的研究》沈阳农业大学硕士学位论文。

4. 市场销售采购信息

内蒙古牧名食品有限责任公司	联系人：傲特更脑日布	电话：15295755833
乌审旗巴音萨利奶食品专业合作社	联系人：布音巴亚尔	电话：13847703327
乌审旗三洁养殖专业合作社	联系人：洁如木图	电话：15947275858

十三 乌审酥油 CAQS-MTYX-20190278

1. 营养指标

参数	脂肪(%)	水分(%)	胆固醇(mg/100g)	锌(mg/100g)	总不饱和脂肪酸(%)
测定值	99.4	0.28	209	0.41	32.6
参照值	74.9	14.00	193	0.24	18.5

2. 产品外在特征及独特营养品质特征评价鉴定

乌审酥油是一种牛奶黄油，其色泽鲜黄，常温下呈蜡状固体，带有光泽；该酥油可塑性好，带有酥油特有的香味。其水分含量优于参照值，脂肪、胆固醇、锌、总不饱和脂肪酸含量均高于参照值。

3. 评价鉴定依据

《中国食物成分表（第6版／第二册）》（北京大学医学出版社）。

4. 市场销售采购信息

内蒙古牧名食品有限责任公司	联系人：傲特更脑日布	电话：15295755833
乌审旗巴音萨利奶食品专业合作社	联系人：布音巴亚尔	电话：13847703327
乌审旗三洁养殖专业合作社	联系人：洁如木图	电话：15947275858

十四 乌审旗甲鱼 CAQS-MTYX-20190279

1. 营养指标

参数	组氨酸（%）	不饱和脂肪酸（% 总脂肪酸）	锌（mg/100g）	铁（mg/100g）	DHA（% 总脂肪酸）
测定值	0.472	74.63	2.200	2.280	4.82
参照值	0.381	72.66	0.506	0.886	4.54

2. 产品外在特征及独特营养品质特征评价鉴定

乌审旗甲鱼外形呈椭圆形，吻长，鼻孔开于吻端。四肢粗短稍扁平，为五趾形，趾间有蹼膜；四肢与背甲为墨绿色，腹甲为乳白色；背腹甲质地坚硬，裙边较柔软细腻；背甲长约 20 cm，背甲宽约 7 cm，腹甲长约 7 cm，腹甲宽约 6 cm。其脂肪、铁、锌、组氨酸、不饱和脂肪酸、DHA 含量均高于参照值。

3. 评价鉴定依据

《甲鱼营养成分分析研究》收录于 2003 年 04 期《营养学报》，《白甲鱼肌肉营养成分与品质的评价》收录于 2007 年 08 期《西南大学学报（自然科学版）》，《甲鱼脂肪酸的分析》收录于 2003 年 05 期《东北林业大学学报》，《秦巴山区野生多鳞白甲鱼的营养成分分析与评价》收录于 2019 年 02 期《生物资源》。

4. 市场销售采购信息

内蒙古巴图湾渔业有限责任公司	联系人：张海龙	电话：15947595444
乌审旗神水泉水产养殖专业合作社	联系人：刘冬梅	电话：15924509498
乌审旗纳林滩农牧业农民专业合作社	联系人：任建新	电话：15048729797

十五 伊金霍洛旗鸡蛋 CAQS-MTYX-20190280

1. 营养指标

参数	脯氨酸 (mg/100g)	蛋氨酸 (mg/100g)	铁 (mg/100g)	锌 (mg/100g)	硒 (μg/100g)
测定值	273	270	3.24	1.64	13.0
参照值	150	183	1.70	1.28	11.5

2. 产品外在特征及独特营养品质特征评价鉴定

伊金霍洛旗鸡蛋蛋壳光滑，呈规则卵圆形；蛋白澄清透明、稀稠分明，蛋黄居中，轮廓清晰；蛋内无杂质、无血块、无其他异物。其脂肪、水分、铁、锌、硒、蛋氨酸、脯氨酸、总不饱和脂肪酸含量均高于参照值。

3. 评价鉴定依据

《中国食物成分表（第6版/第二册）》（北京大学医学出版社），SB/T 10638—2011《鲜鸡蛋、鲜鸭蛋分级》。

4. 市场销售采购信息

伊金霍洛旗凯源种养殖有限责任公司　　联系人：李　梅　电话：15504776377

内蒙古益丰寨生态农业开发有限公司　　联系人：杨建斌　电话：15047141144

十六 东胜猪肉 CAQS-MTYX-20200496

1. 营养指标

参数	蛋白质（%）	脂肪（%）	多不饱和脂肪酸（% 总脂肪酸）	亚油酸（% 总脂肪酸）	胆固醇（mg/100g）
测定值	22.3	3.0	14.19	11.59	73.6
参照值	20.3	6.2	6.50	4.30	81.0

2. 产品外在特征及独特营养品质特征评价鉴定

东胜猪肉肌肉为鲜红色，有光泽，肉质紧密，有坚实感，外表及切面湿润，不黏手，煮沸后，肉汤澄清透明，具有猪肉香味的特性。其蛋白质、钙、铁、锌、多不饱和脂肪酸、亚油酸、天冬氨酸、赖氨酸、异亮氨酸含量均高于参照值，胆固醇、脂肪含量及蒸煮损失、剪切力均优于参照值，满足标准要求。

3. 评价鉴定依据

《中国食物成分表（第6版/第二册）》（北京大学医学出版社），GB/T 9959.1—2019《鲜、冻猪肉及猪副产品 第1部分：片猪肉》，NY/T 632—2002《冷却猪肉》，NY/T 1759—2009《猪肉等级规格》，NY/T 2793—2015《肉的食用品质客观评价方法》。

4. 市场销售采购信息

鄂尔多斯市东胜区双益农民专业合作社	联系人：王海燕	电话：15947199188
鄂尔多斯市德鑫种养殖有限责任公司	联系人：白彦平	电话：15947494977
鄂尔多斯市景泰农牧业有限公司	联系人：刘 平	电话：18947080190
内蒙古东盛达农牧业发展有限公司	联系人：郭 雄	电话：18248143777

十七 达拉特南瓜 CAQS-MTYX-20200497

1. 营养指标

参数	维生素C (mg/100g)	可溶性糖 (%)	可溶性固形物 (%)	蛋白质 (%)	铁 (mg/100g)
测定值	22.3	3.0	14.19	11.59	73.6
参照值	20.3	6.2	6.50	4.30	81.0

2. 产品外在特征及独特营养品质特征评价鉴定

达拉特南瓜瓜色为墨绿色，其色泽较均匀一致，单瓜重 250～350 g，瓜肉颜色为橘黄色，瓜肉厚，肉质细腻味甜的特性。其蛋白质、维生素C、可溶性固形物、铁、锌、硒、粗纤维含量均高于参照值，是较好的粗粮食品。

3. 评价鉴定依据

《中国食物成分表（第 6 版／第一册）》（北京大学医学出版社），《湖南省蜜本南瓜营养品质的分析与评价》收录于 2015 年 06 期《湖南农业科学》，《南瓜果肉营养成分相关性分析及综合营养品质评价》收录于 2013 年 08 期《江苏农业科学》，《鲜切南瓜不同部位生理代谢的研究》收录于 2011 年 08 期《食品工业科技》。

4. 市场销售采购信息

达拉特旗郑守坝农产品购销专业合作社　　联系人：訾永军　电话：13722192227

达拉特旗上禾种养殖专业合作社　　　　　联系人：刘海燕　电话：13030486786

十八 达拉特鸡蛋 CAQS-MTYX-20200498

1. 营养指标

参数	总不饱和脂肪酸（%）	亚油酸（% 总脂肪酸）	蛋氨酸（mg/100g）	谷氨酸（mg/100g）
测定值	5.12	13.1	395	1 605
参照值	2.40	5.3	183	1 593

2. 产品外在特征及独特营养品质特征评价鉴定

达拉特鸡蛋呈规则卵圆形，蛋黄居中，轮廓较清晰，蛋白澄清透明、稀稠分明。其亚油酸、总不饱和脂肪酸、蛋氨酸、谷氨酸、缬氨酸、铁、锌、硒含量均高于参照值；胆固醇含量优于参照值。

3. 评价鉴定依据

《中国食物成分表（第 6 版 / 第二册）》（北京大学医学出版社），SB/T 10638—2011《鲜鸡蛋、鲜鸭蛋分级》，《泰和乌鸡蛋与普通鸡蛋维生素含量差异分析》收录于 2018 年 06 期《食品科技》。

4. 市场销售采购信息

鄂尔多斯市惠兴种养殖专业合作社

联系人：王小燕　电话：15247799331

鄂尔多斯市真兴养殖有限公司

联系人：郝纹锐　电话：15248411832

达拉特旗子睿种养殖专业合作社

联系人：敖永强　电话：13500679339

十九 准格尔糜米 CAQS-MTYX-20200499

1. 营养指标

参数	蛋白质(%)	锌(mg/100g)	谷氨酸(%)	蛋氨酸(%)	淀粉(%)
测定值	13.0	3.02	3.04	0.296 0	76.2
参照值	8.1	1.89	2.87	0.219 6	67.6～75.1

2. 产品外在特征及独特营养品质特征评价鉴定

准格尔糜米色泽呈金黄色，米粒直径约 20 mm，米粒大小均匀，粒形饱满；外观鲜黄明亮，无明显感官色差；散发着糜米固有的清香气味，无其他异味。其蛋白质、锌、谷氨酸、蛋氨酸、淀粉含量均高于参照值。

3. 评价鉴定依据

《中国食物成分表（第 6 版／第一册）》（北京大学医学出版社），《糜米营养价值的研究》收录于 1995 年 03 期《内蒙古农牧业学院学报》，《糜子淀粉理化性质的分析》收录于 2009 年 09 期《中国粮油学报》，《河北省主要杂粮营养成分分析及评价》收录于 2017 年 10 期《食品工业科技》。

4. 市场销售采购信息

内蒙古农乡丰工贸有限公司	联系人：董培强	电话：13384779255
准格尔旗瑞生小杂粮加工有限责任公司	联系人：邬瑞生	电话：15894939935
鄂尔多斯市正谊小杂粮加工有限责任公司	联系人：王云峰	电话：15847372737

二十 准格尔海红果 CAQS-MTYX-20200500

1. 营养指标

参数	维生素 C (mg/100g)	可溶性固形物 (%)	锌 (mg/100g)	铁 (mg/100g)
测定值	15.60	22.5	0.28	2.91
参照值	4.55	18.0	0.04	0.40

2. 产品外在特征及独特营养品质特征评价鉴定

准格尔海红果单果重约 15 g，果肉为乳黄色，果皮薄肉质细脆多汁，口感酸爽可口。其可溶性糖、可溶性固形物、维生素 C、铁、锌含量均高于参照值，可滴定酸含量优于参照值。

3. 评价鉴定依据

《中国食物成分表（第 6 版／第一册）》（北京大学医学出版社）。

4. 市场销售采购信息

内蒙古蒙特农牧业发展有限公司

联系人：周　兵　电话：15548555577

二十一 暖水山地苹果 CAQS-MTYX-20200501

1. 营养指标

参数	维生素C (mg/100g)	可溶性糖 (%)	铁 (mg/100g)	锌 (mg/100g)
测定值	7.71	12.69	14.52	0.082
参照值	3.00	5.34	0.30	0.040

2. 产品外在特征及独特营养品质特征评价鉴定

暖水山地苹果单果重约 300 g，外观为红色，果皮薄，果肉为淡黄色，果核较小，果肉致密口感脆甜。其可溶性糖、维生素 C、铁、锌、硒含量均高于参照值，可溶性固形物含量满足特级标准范围要求，可滴定酸含量满足标准范围要求。

3. 评价鉴定依据

《中国食物成分表（第 6 版／第一册）》（北京大学医学出版社），《苹果果肉可溶性固形物、可溶性糖与光学性质的关联》收录于 2019 年 18 期《食品科学》，《苹果果实发育过程中绿原酸和总黄酮含量的变化》收录于 2013 年 01 期《延边大学农学学报》，《天水花牛苹果品质评价指标研究》收录于 2019 年 05 期《中国果树》，NY/T 1075—2006《红富士苹果》。

4. 市场销售采购信息

准格尔旗绿苹林果产业专业合作社

联系人：赵勇军　电话：18747752345

二十二 鄂托克前旗炒米 CAQS-MTYX-20200502

1. 营养指标

参数	蛋白质(%)	淀粉(%)	锌(mg/100g)	直链淀粉(%)	亚油酸(% 总脂肪酸)
测定值	11.3	81.8	2.20	29.3	58.87
参照值	8.1	71.4	1.89	15.7	51.17

2. 产品外在特征及独特营养品质特征评价鉴定

鄂托克前旗炒米色泽呈金黄色，米粒直径1.6～1.9 mm，千粒重约5.21 g，米粒大小均匀，粒形饱满，外观金黄明亮，无明显感官色差的特性。其蛋白质、亚油酸、淀粉、缬氨酸、蛋氨酸、异亮氨酸、锌含量均高于参照值；粗纤维含量优于参照值；鄂托克前旗炒米属于高直链淀粉炒米，其糯性小，咀嚼有渣感。

3. 评价鉴定依据

《中国食物成分表（第6版/第一册）》（北京大学医学出版社），《糜米营养价值的研究》收录于1995年03期《内蒙古农牧业学院学报》，《糜子淀粉理化性质的分析》收录于2009年09期《中国粮油学报》，《河北省主要杂粮营养成分分析及评价》收录于2017年10期《食品工业科技》。

4. 市场销售采购信息

鄂托克前旗旺穗炒货加工厂

联系人：万世魁　电话：13084770646

鄂托克前旗晟辉杂粮加工厂

联系人：庞国伟　电话：15049409409

二十三 鄂托克前旗羊肉 CAQS-MTYX-20200503

1. 营养指标

参数	蛋白质（%）	不饱和脂肪酸（% 总脂肪酸）	亚油酸（% 总脂肪酸）	脂肪（%）	胆固醇（mg/100g）
测定值	21.4	67.61	13.26	3.2	39.4
参照值	18.5	43.24	7.20	6.5	82.0

2. 产品外在特征及独特营养品质特征评价鉴定

鄂托克前旗羊肉肌肉红色均匀，有光泽，脂肪呈乳白色；肌纤维致密结实，有弹性，指压后凹陷立即恢复；外表微干，切面湿润，不黏手；煮沸后，肉汤透明澄清，无肉眼可见杂质。其蛋白质、钙、铁、锌、硒、亚油酸、不饱和脂肪酸含量均高于参照值，剪切力、蒸煮损失优于参照值，满足标准要求，胆固醇、脂肪含量优于参照值，水分含量优于参照值，满足优质羊肉要求。

3. 评价鉴定依据

《中国食物成分表（第6版/第二册）》（北京大学医学出版社），GB/T 9961—2008《鲜、冻胴体羊肉》，NY/T 2793—2015《肉的食用品质客观评价方法》，NY/T 630—2002《羊肉质量分级》，DB22/T 1003—2018《优质羊肉品质要求》。

4. 市场销售采购信息

鄂尔多斯市恒科农牧业开发有限责任公司	联系人：王　　鹏	电话：13847724702
内蒙古人人益清真食品有限责任公司	联系人：张仙飞	电话：0477-7624333
鄂托克前旗巴音温都尔养殖专业合作社	联系人：劳布桑斯仁	电话：13947732893
鄂托克前旗瑞祥农牧产品开发有限公司	联系人：郭建成	电话：13904774763
鄂尔多斯市草原侠食品有限公司	联系人：呼　　兵	电话：13704770076
内蒙古蒙野荟农牧业有限公司	联系人：白高峰	电话：15149692777

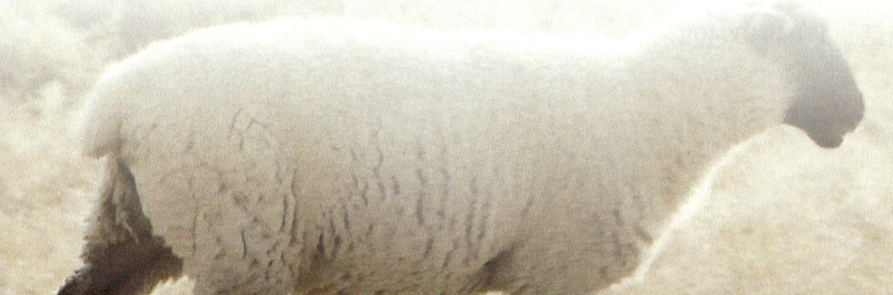

二十四 鄂托克前旗牛肉 CAQS-MTYX-20200504

1. 营养指标

参数	蛋白质（%）	脂肪（%）	亚油酸（% 总脂肪酸）	多不饱和脂肪酸（% 总脂肪酸）
测定值	21.7	1.8	6.08	8.39
参照值	21.3	2.5	2.90	3.80

2. 产品外在特征及独特营养品质特征评价鉴定

鄂托克前旗牛肉肉色为鲜红色，有光泽，脂肪呈乳白色，具有牛肉特有的气味，无异味；牛肉肌纤维致密结实，有弹性，韧性强，指压后凹陷立即恢复，外表微干，切面湿润，不黏手。煮沸后，肉汤透明澄清。其蛋白质、钙、铁、锌、硒、蛋氨酸、异亮氨酸、亚油酸、多不饱和脂肪酸含量均高于参照值，剪切力、蒸煮损失优于参照值，满足标准要求，胆固醇、脂肪含量优于参照值。

3. 评价鉴定依据

《中国食物成分表（第 6 版 / 第二册）》（北京大学医学出版社），GB/T 9960—2008《鲜、冻四分体牛肉》，NY/T 676—2010《牛肉等级规格》，NY/T 2793—2015《肉的食用品质客观评价方法》。

4. 市场销售采购信息

鄂尔多斯市恒科农牧业开发有限责任公司	联系人：王　鹏	电话：13847724702
内蒙古人人益清真食品有限责任公司	联系人：张仙飞	电话：0477-7624333
内蒙古劲牛现代农牧业开发有限公司	联系人：白能礼	电话：18947079711

二十五 阿尔巴斯山羊肉 CAQS-MTYX-20200505

1. 营养指标

参数	蛋白质(%)	多不饱和脂肪酸(% 总脂肪酸)	亚油酸(% 总脂肪酸)	胆固醇(mg/100g)	组氨酸(mg/100g)
测定值	21.3	12.04	9.42	31.5	770
参照值	20.5	10.80	7.20	60.0	539

2. 产品外在特征及独特营养品质特征评价鉴定

阿尔巴斯山羊肉肌肉红色均匀，有光泽，脂肪呈乳白色，肌纤维致密结实，有弹性，切面湿润，不黏手，煮沸后，肉汤透明澄清，无肉眼可见杂质，高蛋白低脂肪，营养价值高，有益人、益气、滋补之功效，被称为"肉中人参"。其蛋白质、组氨酸、多不饱和脂肪酸、亚油酸、钙、铁、锌、硒含量均高于参照值，胆固醇、脂肪、水分含量及剪切力、蒸煮损失均优于参照值，满足优质羊肉要求。

3. 评价鉴定依据

《中国食物成分表（第6版/第二册）》（北京大学医学出版社），GB/T 9961—2008《鲜、冻胴体羊肉》，NY/T 2793—2015《肉的食用品质客观评价方法》，NY/T 630—2002《羊肉质量分级》，DB22/T 1003—2018《优质羊肉品质要求》。

4. 市场销售采购信息

鄂托克旗好利宝种养殖农牧民专业合作社	联系人：刘小平	电话：13704775782
鄂托克旗蓝原畜牧专业合作社	联系人：那仁德力格尔	电话：13947797012
鄂托克旗满达农牧业农民专业合作社	联系人：阿拉腾达来	电话：13847708135
鄂尔多斯市嘉远生态开发有限责任公司	联系人：勒凯	电话：15049881586
鄂尔多斯市三羊牧业科技有限公司	联系人：孙彦平	电话：15044876392
鄂托克旗牧之源农牧业开发有限公司	联系人：朱海兵	电话：15047753777

二十六 杭锦旗杭盖羊肉 CAQS-MTYX-20200506

1. 营养指标

参数	蛋白质(%)	硒(μg/100g)	脂肪(%)	不饱和脂肪酸(% 总脂肪酸)	胆固醇(mg/100g)
测定值	20.6	6.90	1.2	56.58	38.8
参照值	18.5	5.95	6.5	43.24	60.0

2. 产品外在特征及独特营养品质特征评价鉴定

杭锦旗杭盖羊肉肉质细腻，肌肉红色均匀，有光泽，脂肪呈乳白色；肌纤维致密结实，有弹性，指压后凹陷立即恢复；切面湿润，不黏手；煮沸后，肉汤透明澄清，无肉眼可见杂质；口感鲜香、营养滋补；具有无膻味、高蛋白、低醇低脂等特点。其蛋白质、蛋氨酸、组氨酸、不饱和脂肪酸、亚油酸、铁、硒含量均高于参照值，胆固醇、脂肪、水分含量及剪切力、蒸煮损失均优于参照值，满足优质羊肉要求。

3. 评价鉴定依据

《中国食物成分表（第 6 版 / 第二册）》（北京大学医学出版社），GB/T 9961—2008《鲜、冻胴体羊肉》，NY/T 2793—2015《肉的食用品质客观评价方法》，NY/T 630—2002《羊肉质量分级》，DB22/T 1003—2018《优质羊肉品质要求》。

4. 市场销售采购信息

杭锦旗羚丰养殖专业合作社	联系人：王兰柱	电话：13789477023
内蒙古瑞德兴泰源农牧业科技开发有限公司	联系人：杨建中	电话：13304775818
杭锦旗库布奇黄河湾养殖专业合作社	联系人：闫利宽	电话：13789476298
杭锦旗马拉沁种植专业合作社	联系人：白月虹	电话：18847727266

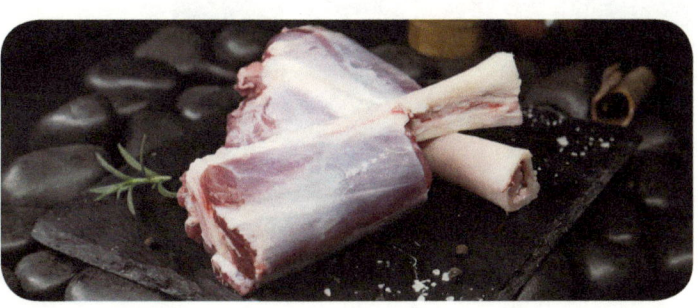

二十七 杭锦旗库布齐牛肉 CAQS-MTYX-20200507

1. 营养指标

参数	硒 (μg/100g)	蛋白质 (%)	脂肪 (%)	铁 (mg/100g)	胆固醇 (mg/100g)
测定值	8.80	21.6	3.5	5.04	47.2
参照值	3.15	20.0	8.7	1.80	58.0

2. 产品外在特征及独特营养品质特征评价鉴定

杭锦旗库布齐牛肉肌肉有光泽，肉色为深红色，脂肪呈乳白色，外表微干，不黏手，指压后的凹陷可恢复，煮沸后，肉汤透明澄清。其蛋白质、赖氨酸、天冬氨酸、亮氨酸、铁、钙、硒、不饱和脂肪酸、亚油酸含量均高于参照值，胆固醇、脂肪含量及蒸煮损失、剪切力均优于参照值，满足标准要求。

3. 评价鉴定依据

《中国食物成分表（第6版/第二册）》（北京大学医学出版社），GB/T 17238—2022《鲜、冻分割牛肉》，NY/T 676—2010《牛肉等级规格》，NY/T 2793—2015《肉的食用品质客观评价方法》。

4. 市场销售采购信息

杭锦旗新顺家庭牧场	联系人：赵海强	电话：15049432445
杭锦旗格根兆农牧业开发有限公司	联系人：额定达来	电话：15947176520
杭锦旗丰宜种植专业合作社	联系人：杨　楞	电话：13947747778
杭锦旗库布奇黄河湾养殖专业合作社	联系人：闫利宽	电话：13789476298

二十八 乌审西瓜 CAQS-MTYX-20200508

1. 营养指标

参数	维生素C (mg/100g)	硒 (μg/100g)	铁 (μg/100g)	锌 (μg/100g)
测定值	22.3	3.0	14.19	11.59
参照值	20.3	6.2	6.50	4.30

2. 产品外在特征及独特营养品质特征评价鉴定

乌审西瓜瓜形端正，外形呈椭圆形，果实完整良好，发育正常，个头中等偏大，单瓜重约5.9 kg；瓜皮纹路清晰光亮，表皮呈深绿色，瓜肉呈鲜红色；其肉质较棉，甘甜多汁，无黄筋，具有西瓜特有的水果香味。其维生素C、铁、锌含量均高于参照值，可滴定酸含量低于参照值，口感较好。

3. 评价鉴定依据

《中国食物成分表（第6版／第一册）》（北京大学医学出版社），GH/T 1153—2017《西瓜》，《西瓜果实总糖含量QTL分析》收录于2013年01期《果树学报》，GB/T 22446—2008《地理标志产品 大兴西瓜》。

4. 市场销售采购信息

乌审旗王窑湾农产品销售有限责任公司

联系人：李 丹 丹 电话：13722179282

内蒙古自治区瓜果蔬菜协会

联系人：周 增 富 电话：13947762867

乌审旗文公希礼农畜产品开发有限公司

联系人：额尔德尼 电话：13947755658

二十九 乌审大米 CAQS-MTYX-20200509

1. 营养指标

参数	直链淀粉（%）	胶稠度（mm）	碱消值（级）	铁（mg/100g）	锌（mg/100g）
测定值	19.8	89	6.67	5.7	1.87
参照值	13.0～20.0	≥80	3.97	1.1	1.54

2. 产品外在特征及独特营养品质特征评价鉴定

乌审大米米粒呈半纺锤形或长形，百粒重约2g，表面光滑，洁净度好，米质坚实，耐压性好，米粒涨性大，口感软糯，米饭香气浓郁。其碱消值及铁、锌、硒含量均高于参照值；直链淀粉、水分含量均处于优质粳米范围；胶稠度优于参照值，属于一级品。

3. 评价鉴定依据

《中国食物成分表（第6版/第一册）》（北京大学医学出版社），《大米胶稠度测定的影响因素研究》收录于2017年23期《湖北农业科学》，GB/T 1354—2018《大米》。

4. 市场销售采购信息

乌审旗无定河农牧业开发有限责任公司	联系人：梁小平	电话：13947379203
乌审旗塞外江南农业专业合作社	联系人：李建春	电话：13847977770
乌审旗鸿嘎鲁种养殖专业合作社	联系人：赵　娜	电话：18947745454
乌审旗绿萌农牧业专业合作社	联系人：杨彩峰	电话：18647199990
乌审旗张冯畔有机水稻种植专业合作社	联系人：李宏伟	电话：15924482055

三十 鄂尔多斯细毛羊肉 CAQS-MTYX-20200510

1. 营养指标

参数	蛋白质(%)	不饱和脂肪酸(% 总脂肪酸)	亚油酸(% 总脂肪酸)	天冬氨酸(mg/100g)	亮氨酸(mg/100g)
测定值	22.0	52.95	6.24	1 890	1 660
参照值	18.5	43.24	2.90	1 832	1 541

2. 产品外在特征及独特营养品质特征评价鉴定

鄂尔多斯细毛羊肉肌肉呈浅红色，脂肪呈乳白色，肌纤维致密结实，有韧性富有弹性，外表微干，切面湿润不黏手；煮沸后，肉汤透明澄清，味道鲜美。其蛋白质、亮氨酸、天冬氨酸、缬氨酸、不饱和脂肪酸、亚油酸、钙、铁、锌、硒含量均高于参照值，胆固醇、脂肪、水分含量及剪切力、蒸煮损失均优于参照值，满足优质羊肉要求。

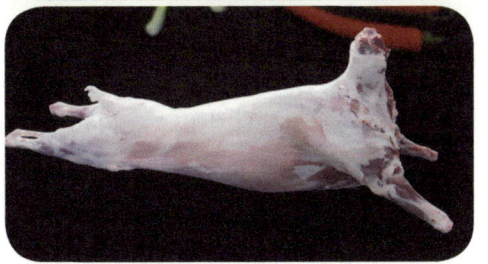

3. 评价鉴定依据

《中国食物成分表（第 6 版 / 第二册）》（北京大学医学出版社），GB/T 9961—2008《鲜、冻胴体羊肉》，NY/T 2793—2015《肉的食用品质客观评价方法》，NY/T 630—2002《羊肉质量分级》，DB22/T 1003—2018《优质羊肉品质要求》。

4. 市场销售采购信息

内蒙古伟业生态农牧业综合开发有限公司	联系人：王 俊 怀	电话：17747747771
乌审旗桑玛养殖专业合作社	联系人：朝日格图	电话：13848673327
乌审旗文贡塔拉养殖专业合作社	联系人：苏雅拉满都呼	电话：13847720036
乌审旗乌源肉食品有限公司	联系人：乌 拉	电话：15049458333

三十一 乌审草原红牛肉 CAQS-MTYX-20200511

1. 营养指标

参数	亚油酸 (% 总脂肪酸)	多不饱和脂肪酸 (% 总脂肪酸)	异亮氨酸 (mg/100g)	胆固醇 (mg/100g)	钙 (mg/100g)
测定值	7.71	11.92	900	38.3	23.2
参照值	3.30	3.45	879	60.0	5.0

2. 产品外在特征及独特营养品质特征评价鉴定

乌审草原红牛肉肌肉有光泽，色深红，脂肪呈乳白色，有大理石花纹，外表微干，不黏手，指压后的凹陷可恢复；煮沸后，肉汤透明澄清，具有其特有的香味，无肉眼可见异物。其异亮氨酸、蛋氨酸、苯丙氨酸、多不饱和脂肪酸、亚油酸、钙、铁、锌、硒含量均高于参照值，胆固醇、脂肪含量及剪切力、蒸煮损失均优于参照值，满足标准要求。

3. 评价鉴定依据

《中国食物成分表（第5版/第二册）》（北京大学医学出版社），GB/T 9960—2008《鲜、冻四分体牛肉》，NY/T 676—2010《牛肉等级规格》，NY/T 2793—2015《肉的食用品质客观评价方法》。

4. 市场销售采购信息

内蒙古伟业生态农牧业综合开发有限公司	联系人：王俊怀	电话：17747747771
乌审旗桑玛养殖专业合作社	联系人：朝日格图	电话：13848673327
乌审旗文贡塔拉养殖专业合作社	联系人：苏雅拉满都呼	电话：13847720036
乌审旗乌源肉食品有限公司	联系人：乌拉	电话：15049458333

三十二 乌审皇香猪肉 CAQS-MTYX-20200512

1. 营养指标

参数	蛋白质（%）	脂肪（%）	胆固醇（mg/100g）	亚油酸（% 总脂肪酸）	赖氨酸（mg/100g）
测定值	23.0	5.7	37.2	6.27	1 840
参照值	20.3	6.2	81.0	4.30	1 521

2. 产品外在特征及独特营养品质特征评价鉴定

乌审皇香猪肉肌肉色为深红色，光泽好，脂肪为白色，肌肉质地坚实，纹理致密，煮沸后，肉汤澄清透明，肉香浓郁。其蛋白质、天冬氨酸、赖氨酸、异亮氨酸、铁、锌、多不饱和脂肪酸、亚油酸含量均高于参照值，胆固醇、脂肪含量及剪切力、蒸煮损失均优于参照值，满足标准要求。

3. 评价鉴定依据

《中国食物成分表（第 6 版 / 第二册）》（北京大学医学出版社），GB/T 9959.1—2019《鲜、冻猪肉及猪副产品　第 1 部分：片猪肉》，NY/T 632—2002《冷却猪肉》，NY/T 1759—2009《猪肉等级规格》，NY/T 2793—2015《肉的食用品质客观评价方法》。

4. 市场销售采购信息

乌审旗宝辰农牧业开发有限责任公司	联系人：许宝成	电话：15947589939
乌审旗绿凭种养殖有限责任公司	联系人：刘录平	电话：13754072105
乌审旗福瑞达食品有限责任公司	联系人：朱海霞	电话：18604772585

三十三 伊金霍洛肉牛 CAQS-MTYX-20200513

1. 营养指标

参数	胆固醇(mg/100g)	蛋白质(%)	赖氨酸(mg/100g)	硒(μg/100g)	脂肪(%)
测定值	41	21.4	1 740	9.00	3.9
参照值	58	20.0	1 722	3.15	8.7

2. 产品外在特征及独特营养品质特征评价鉴定

伊金霍洛肉牛肌肉有光泽，肉质富有弹性，煮沸后，肉汤透明澄清。其蛋白质、赖氨酸、天冬氨酸、缬氨酸、铁、钙、硒、不饱和脂肪酸、亚麻酸含量均高于参照值，胆固醇、脂肪含量及蒸煮损失、剪切力均优于参照值，满足标准要求。

3. 评价鉴定依据

《中国食物成分表（第5版/第二册）》（北京大学医学出版社），GB/T 9960—2008《鲜、冻四分体牛肉》，NY/T 676—2010《牛肉等级规格》，NY/T 2793—2015《肉的食用品质客观评价方法》。

4. 市场销售采购信息

鄂尔多斯市乌兰煤炭（集团）有限责任公司大自然农业开发分公司　　　　　　　　　　联系人：康　　慨　电话：13847704500
伊金霍洛旗兴农养殖基地　　　　　　　　联系人：呼　福　明　电话：13947717616
伊金霍洛旗昊邦乳业有限责任公司　　　　联系人：刘　云　忠　电话：13310338466
伊金霍洛旗鑫牛生态种养殖有限责任公司　联系人：杨　建　忠　电话：15389838988
伊金霍洛旗力元种养殖农民专业合作社　　联系人：张　凤　山　电话：13947725459
伊金霍洛旗田禾种养殖农民专业合作社　　联系人：张　文　盛　电话：13224772433
伊金霍洛旗沙巴日太种养殖农民专业合作社　联系人：阿拉腾生布尔　电话：18704779890

三十四 达拉特鲜食玉米 CAQS-MTYX-20210608

1. 营养指标

参数	蛋白质（%）	总淀粉（%）	直链淀粉（%）	赖氨酸（mg/100g）
测定值	5.2	24.80	3	140
参照值	4.0	22.66	≤3	82

2. 产品外在特征及独特营养品质特征评价鉴定

达拉特鲜食玉米每根长约 19 cm，外观呈白色，颗粒完整、饱满，口感软糯、香甜。其蛋白质、总淀粉含量较高，且赖氨酸含量高于参照值，直链淀粉含量优于参照值。

3. 评价鉴定依据

《中国食物成分表（第 6 版／第一册）》（北京大学医学出版社），《四个糯玉米品种加工后的品质比较》收录于 2016 年 07 期《山东农业科学》，GB/T 22326—2008《糯玉米》，DB22/T 1806—2013《速冻甜玉米粒》，《成熟度对渝甜糯玉米籽粒营养成分及色泽的影响》收录于 2015 年 06 期《中国粮油学报》。

4. 市场销售采购信息

内蒙古王爱召农业观光有限公司　　联系人：邬　永　电话：15134863483
内蒙古真金种业科技有限公司　　　联系人：张　钧　电话：13484779088
内蒙古普晨农牧科技有限公司　　　联系人：郝用增　电话：15661918982

三十五 达拉特黄河鱼 CAQS-MTYX-20210609

1. 营养指标

参数	蛋白质（%）	鲜味氨基酸（% 总氨基酸）	亚油酸（% 总脂肪酸）	钙（mg/100g）
测定值	18.6	27.35	31.4	99.1
参照值	17.6	23.36	14.2	50.0

2. 产品外在特征及独特营养品质特征评价鉴定

达拉特黄河鱼个体重约 1.8 kg，体长约 35 cm，身体侧扁而腹部圆；外表呈青灰色，鳞片紧密，有光泽，肉质紧实有弹性且脂肪含量低。其蛋白质、钙、亚油酸、鲜味氨基酸含量均高于参照值，且其鲜味氨基酸、亚油酸含量比较高可能与当地黄河水源及养殖技术有关。

3. 评价鉴定依据

《中国食物成分表（第 6 版 / 第二册）》（北京大学医学出版社）。

4. 市场销售采购信息

达拉特旗鑫博生态有限责任公司　　联系人：王翻月　电话：18686231193

鄂尔多斯市沿河兴昌农业开发有限公司　联系人：李晓瑞　电话：18847702345

三十六 准格尔山杏 CAQS-MTYX-20210610

1. 营养指标

参数	维生素C (mg/100g)	总酸 (%)	可溶性固形物 (%)	铁 (mg/100g)	β-胡萝卜素 (μg/100g)
测定值	24.5	1.97	14.30	1.31	322
参照值	4.0	2.17	13.99	0.60	201

2. 产品外在特征及独特营养品质特征评价鉴定

准格尔山杏呈球形，单果重约 11 g，果皮光滑，色泽金黄，果肉松软多汁，口感甘甜爽口。其β-胡萝卜素、维生素C、可溶性固形物、铁含量均高于参照值，总酸含量优于参照值。

3. 评价鉴定依据

《中国食物成分表（第6版/第一册）》（北京大学医学出版社），《高效液相色谱法测定5个杏品种的糖和酸》收录于2010年01期《果树学报》，国家农作物种质资源平台国家作物科学数据中心《杏种质资源描述规范》，《杏果实糖酸组成及其不同发育阶段的变化》

收录于2006年04期《园艺学报》，《摘心和植物生长调节剂处理对山杏果实品质的影响》收录于2015年09期《天津农业科学》，《直接溶剂萃取/高效液相色谱检测杏中的β-胡萝卜素》收录于2014年01期《食品安全质量检测学报》。

4. 市场销售采购信息

内蒙古高原杏仁露有限公司　联系人：乔文斌　电话：18547777320

三十七 布尔陶亥蒿召赖猪肉 CAQS-MTYX-20210611

1. 营养指标

参数	蛋白质（%）	多不饱和脂肪酸（% 总脂肪酸）	脂肪（%）	钙（mg/100g）	铁（mg/100g）
测定值	22	13.95	9.4	7.43	6.15
参照值	19	9.40	11.7	4.00	0.90

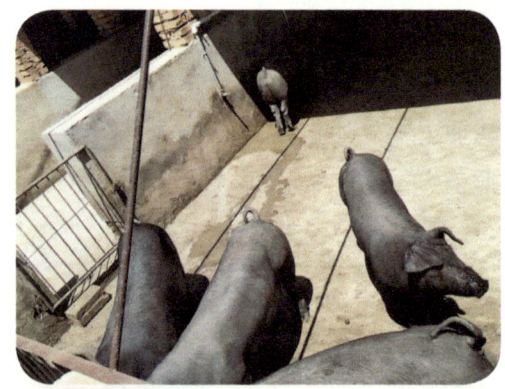

2. 产品外在特征及独特营养品质特征评价鉴定

布尔陶亥蒿召赖猪肉肌肉为暗红色，有光泽，外表及切面湿润，不黏手，肉质紧密，有坚实感，煮沸后，肉汤澄清透明。其蛋白质、天冬氨酸、赖氨酸、亮氨酸、钙、铁、多不饱和脂肪酸、亚油酸含量均高于参照值，胆固醇、脂肪含量及剪切力、蒸煮损失均优于参照值，满足标准要求。

3. 评价鉴定依据

《中国食物成分表（第6版/第二册）》（北京大学医学出版社），GB/T 9959.1—2019《鲜，冻猪肉及猪副产品 第1部分：片猪肉》，NY/T 632—2002《冷却猪肉》，NY/T 1759—2009《猪肉等级规格》，NY/T 2793—2015《肉的食用品质客观评价方法》。

4. 市场销售采购信息

准格尔旗蒿召赖雄风养猪专业合作社
联系人：王治军　电话：15849788945

三十八 鄂前旗西瓜 CAQS-MTYX-20210612

1. 营养指标

参数	维生素 C (mg/100g)	可溶性固形物 (%)	钾 (mg/100g)	总酸 (%)
测定值	7.77	4.7	120.6	0.07
参照值	7.00	≥ 8.0	97.0	0.20

2. 产品外在特征及独特营养品质特征评价鉴定

鄂前旗西瓜果实大，近于球形或椭圆形，肉质，多汁，果皮光滑，色泽及纹饰各式。种子多数，卵形，黑色、红色，有时为白色、黄色、淡绿色或有斑纹，两面平滑，基部钝圆，通常边缘稍拱起；沙绵多汁，口感香甜。其维生素 C、钾含量均高于参照值，总酸含量优于参照值。

3. 评价鉴定依据

《中国食物成分表（第 6 版 / 第一册）》（北京大学医学出版社），GH/T 1153—2017《西瓜》。

4. 市场销售采购信息

鄂托克前旗三道泉则农牧业专业合作社

联系人：罗怀清　电话：13947732717

三十九 鄂托克旗土鸡蛋 CAQS-MTYX-20210613

1. 营养指标

参数	胆固醇 (mg/100g)	硒 (μg/100g)	卵磷脂 (%)	亚油酸 (% 总脂肪酸)	蛋氨酸 (mg/100g)
测定值	375	22.00	5.28	6.7	400
参照值	648	13.96	4.46	5.3	327

2. 产品外在特征及独特营养品质特征评价鉴定

鄂托克旗土鸡蛋呈规则卵圆形，单颗重约 43 g，蛋壳呈白色、表面洁净光滑，蛋白黏稠透明，蛋黄居中，轮廓清晰。其卵磷脂、硒、蛋氨酸、多不饱和脂肪酸、亚油酸含量均高于参照值，胆固醇含量优于参照值。

3. 评价鉴定依据

《中国食物成分表（第 6 版 / 第二册）》（北京大学医学出版社），SB/T 10638—2011《鲜鸡蛋、鲜鸭蛋分级》，《藏鸡蛋与普通鸡蛋脂类物质营养价值比较》收录于 2017 年 03 期《黑龙江畜牧兽医》。

4. 市场销售采购信息

鄂托克旗昊惠畜禽养殖有限责任公司　　　　联系人：黄建虎　电话：13309591726
鄂托克旗木凯淖尔基层供销合作社有限公司　联系人：杨国清　电话：13947716026

四十 伊金霍洛旗羊肉 CAQS-MTYX-20210614

1. 营养指标

参数	剪切力(N)	胆固醇(mg/100g)	蛋氨酸(mg/100g)	不饱和脂肪酸(% 总脂肪酸)
测定值	36.6	51.9	480	51.2
参照值	< 60.0	82.0	389	43.2

2. 产品外在特征及独特营养品质特征评价鉴定

伊金霍洛旗羊肉肌肉色泽鲜艳，肉质紧密，有韧性富有弹性，熟制后，肉汤澄清透明，肉质松软可口，颜色柔和，滋味鲜美。其蛋氨酸、不饱和脂肪酸含量均高于参照值，胆固醇含量、剪切力均优于参照值，满足标准要求。

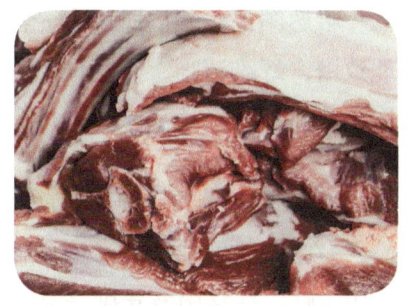

3. 评价鉴定依据

《中国食物成分表（第6版/第二册）》（北京大学医学出版社），GB/T 9961—2008《鲜、冻胴体羊肉》，NY/T 2793—2015《肉的食用品质客观评价方法》，NY/T 630—2002《羊肉质量分级》，NY/T 633—2002《冷却羊肉》，DB22/T 1003—2018《优质羊肉品质要求》，《龙陵黄山羊屠宰性能及肉质研究》收录于1998年03期《云南农业大学学报》。

4. 市场销售采购信息

伊金霍洛旗子义种养殖农民专业合作社	联系人：折子义	电话：13947773179
内蒙古驼铃农牧业发展有限公司	联系人：马文义	电话：13624779777
伊金霍洛旗建飞养羊厂	联系人：郝建飞	电话：15714871487
伊金霍洛旗呼日崑农畜产品营销部	联系人：乌德尔色地	电话：13354779714

四十一 哈达图淖尔猪肉 CAQS-MTYX-20210615

1. 营养指标

参数	维生素 C （mg/100g）	硒 （μg/100g）	鲜味氨基酸 （mg/100g）
测定值	20.3	0.21	4 900
参照值	2.3	0.10	3 660

2. 产品外在特征及独特营养品质特征评价鉴定

哈达图淖尔猪肉肌肉有光泽，肉色为暗红色，脂肪呈乳白色；其肌肉质地坚实，纹理致密，纤维清晰，有韧性，外表及切面湿润，不黏手。其蛋白质、鲜味氨基酸、多不饱和脂肪酸含量均高于参照值，胆固醇含量、剪切力均优于参照值。

3. 评价鉴定依据

《中国食物成分表（第 6 版／第二册）》（北京大学医学出版社），GB/T 9959.1—2019《鲜、冻猪肉及猪副产品 第 1 部分：片猪肉》，NY/T 632—2002《冷却猪肉》，NY/T 1759—2009《猪肉等级规格》，NY/T 2793—2015《肉的食用品质客观评价方法》。

4. 市场销售采购信息

内蒙古聚生泰商贸有限责任公司

联系人：崔广胜　电话：13947765755

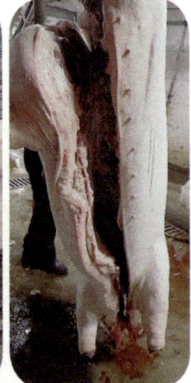

四十二 达拉特小麦粉 CAQS-MTYX-20220240

1. 营养指标

参数	湿面筋(%)	膳食纤维(%)	锌(mg/100g)	谷氨酸(mg/100g)	亮氨酸(mg/100g)
测定值	35.1	3.24	1.44	4 540	840
参照值	≥ 26.0	2.52	0.69	3 625	718

2. 产品外在特征及独特营养品质特征评价鉴定

达拉特小麦粉色泽白净，颗粒度小，粉质细腻，流散性好，吸水率高，筋度大，有麦香味。其总淀粉、湿面筋、膳食纤维、锌含量较高，且亮氨酸、谷氨酸含量高于参照值。

3. 评价鉴定依据

《中国食物成分表（第6版/第一册）》（北京大学医学出版社），《不同面筋含量小麦淀粉及蛋白质特性分析》河南工业大学硕士学位论文，GB/T 1355—2021《小麦粉》。

4. 市场销售采购信息

内蒙古蛇肯点素面业有限公司	联系人：陈露遥	电话：19804775001
达拉特旗海子湾农副产品加工有限公司	联系人：张建宏	电话：13654776636
达拉特旗营西种养殖专业合作社	联系人：王　伟	电话：18647171998

四十三 达拉特红葱 CAQS-MTYX-20220241

1. 营养指标

参数	水分（%）	维生素C（mg/100g）	锌（mg/100g）	粗纤维（%）	可溶性糖（%）
测定值	81.7	11.8	0.47	0.70	15.40
参照值	82.0	8.0	0.13	0.95	7.66

2. 产品外在特征及独特营养品质特征评价鉴定

达拉特红葱外层鳞片光滑有光泽，无裂皮，葱头呈蒜瓣状，直白部分长度 16～19 cm，外表整齐美观，口感爽脆，浓香辛辣，肉质组织紧密，切开后有丰满且黏稠的汁液。其维生素C、锌、可溶性糖含量高于参照值，粗纤维、水分含量优于参照值。

3. 评价鉴定依据

《中国食物成分表（第6版／第一册）》（北京大学医学出版社），DB4418/T 008—2020《地理标志产品星子红葱》，《大葱不同类型品种主要营养成分分析》收录于2008年04期《山东农业科学》。

4. 市场销售采购信息

内蒙古蓿亥图红葱种植专业合作社	联系人：王文慧	电话：13734831166
鄂尔多斯市正北方农业发展有限公司	联系人：冯小东	电话：15804779535
鄂尔多斯市智农种养殖专业合作社	联系人：王美琴	电话：13347061660

四十四 准格尔甜糯玉米 CAQS-MTYX-20220242

1. 营养指标

参数	直链淀粉（%）	蛋白质（%）	赖氨酸（mg/100g）	总淀粉（% 鲜样）
测定值	1.8	4.24	130	26.00
参照值	≤ 3.0	4.00	82	22.66

2. 产品外在特征及独特营养品质特征评价鉴定

准格尔甜糯玉米每根长约 16 cm，外观呈金黄色，颗粒完整、饱满、口感软糯、香甜，具有玉米固有的气味。其蛋白质、总淀粉含量较高，直链淀粉含量较低，且赖氨酸含量高于参照值。

3. 评价鉴定依据

《中国食物成分表（第 6 版／第一册）》（北京大学医学出版社），《四个糯玉米品种加工后的品质比较》收录于 2016 年 07 期《山东农业科学》，GB/T 22326—2008《糯玉米》，DB22/T 1806—2013《速冻甜玉米粒》，《成熟度对渝甜糯玉米籽粒营养成分及色泽的影响》收录于 2015 年 06 期《中国粮油学报》。

4. 市场销售采购信息

准格尔旗玉禾食品有限公司　联系人：邬　飞　电话：15947509066

四十五 准格尔小甜瓜 CAQS-MTYX-20220243

1. 营养指标

参数	总酸（%）	维生素C（mg/100g）	钾（mg/100g）	天冬氨酸（mg/100g）	可溶性固形物（%）
测定值	0.11	35	224	45	9.2
参照值	0.14	15	139	41	9.0

2. 产品外在特征及独特营养品质特征评价鉴定

准格尔小甜瓜瓜形呈椭圆形，平均单瓜重约 360 g，瓜皮表面光滑，瓜瓤呈乳白色，果肉鲜嫩，口感清脆，香甜可口。其可溶性固形物、维生素 C、钾、天冬氨酸含量均高于参照值，总酸含量优于参照值。

3. 评价鉴定依据

《中国食物成分表（第 6 版 / 第一册）》（北京大学医学出版社），NY/T 427—2016《绿色食品西甜瓜》。

4. 市场销售采购信息

准格尔旗三永种养殖专业合作社

联系人：张永福　电话：18947476818

准格尔旗绿园种养殖专业合作社

联系人：邬　飞　电话：15947509066

准格尔旗聚义种养殖专业合作社

联系人：王建强　电话：13734871245

准格尔旗天顺达种养殖专业合作社

联系人：刘二军　电话：15149561888

准格尔旗贺家圪塄十里长香生态农业专业合作社

联系人：张存小　电话：15847442888

四十六 伊金霍洛旗黄盖希里鸡 CAQS-MTYX-20220244

1. 营养指标

参数	胆固醇 (mg/100g)	蒸煮损失 (%)	蛋氨酸 (mg/100g)	鲜味氨基酸 (% 总氨基酸)	单不饱和脂肪酸 (% 总脂肪酸)
测定值	32	16.54	560	26.54	52.9
参照值	106	22.81	428	24.26	41.3

2. 产品外在特征及独特营养品质特征评价鉴定

伊金霍洛旗黄盖希里鸡皮肤呈黄色，表皮紧致有弹性，肉色鲜亮，肌纤维纤细，肌肉外表面微湿润，不黏手，煮熟后肉质嫩滑，鸡汤透明清澈。其蛋氨酸、鲜味氨基酸、单不饱和脂肪酸含量高，胆固醇含量、蒸煮损失低。

3. 评价鉴定依据

《中国食物成分表（第 6 版 / 第二册）》（北京大学医学出版社），《冷藏条件对鸡肉品质影响及豌豆蛋白对其凝胶特性改善》河南科技学院硕士学位论文。

4. 市场销售采购信息

伊金霍洛旗绿川生态养殖有限公司　　联系人：王　伟　电话：15048755517

四十七 伊金霍洛旗黄盖希里鸡蛋 CAQS-MTYX-20220245

1. 营养指标

参数	卵磷脂（%）	蛋氨酸（mg/100g）	单不饱和脂肪酸（% 总脂肪酸）	多不饱和脂肪酸（% 总脂肪酸）
测定值	4.58	380	43.7	18.76
参照值	2.70	327	27.0	7.30

2. 产品外在特征及独特营养品质特征评价鉴定

伊金霍洛旗黄盖希里鸡蛋单个重约 67 g，呈规则卵圆形，蛋白黏稠透明，蛋黄居中轮廓清晰，煮熟后，蛋白光滑弹嫩，蛋黄颜色较深。其卵磷脂、多不饱和脂肪酸、蛋氨酸、单不饱和脂肪酸含量高。

3. 评价鉴定依据

《中国食物成分表（第 6 版 / 第二册）》（北京大学医学出版社），《固原地区朝那鸡鸡蛋的品质分析》收录于 2022 年 01 期《饲料博览》。

4. 市场销售采购信息

伊金霍洛旗绿川生态养殖有限公司　　联系人：王　伟　电话：15048755517

四十八 东胜羊肉 CAQS-MTYX-20220652

1. 营养指标

参数	蛋白质(%)	肌间脂肪(%)	鲜味氨基酸(% 总氨基酸)	胆固醇(mg/100g)	不饱和脂肪酸(% 总脂肪酸)
测定值	19.8	2.20	27.39	46.8	50.1
参照值	18.5	0.83	25.98	82.0	43.2

2. 产品外在特征及独特营养品质特征评价鉴定

东胜羊肉肌肉色泽为暗红色，脂肪呈乳白色，肌肉纹理致密，富有弹性，肉质表面微湿润，不黏手；煮熟后，肉汤透明澄清，肉质柔嫩，无膻味。其蛋白质、肌间脂肪、鲜味氨基酸、不饱和脂肪酸含量高，剪切力、胆固醇含量低。

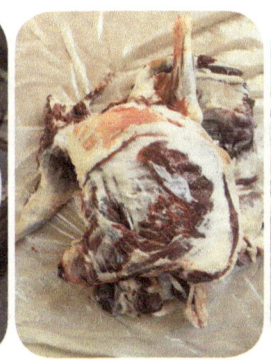

3. 评价鉴定依据

《中国食物成分表（第 6 版／第二册）》（北京大学医学出版社），GB/T 9961—2008《鲜、冻胴体羊肉》，NY/T 2793—2015《肉的食用品质客观评价方法》，NY/T 630—2002《羊肉质量分级》，NY/T 633—2002《冷却羊肉》，DB22/T 1003—2018《优质羊肉品质要求》，《龙陵黄山羊屠宰性能及肉质研究》收录于 1998 年 03 期《云南农业大学学报》。

4. 市场销售采购信息

鄂尔多斯市云乐养殖有限责任公司　　　联系人：刘三云　电话：14747929888
鄂尔多斯市郝世伟种养殖专业合作社　　联系人：郝世伟　电话：18047784577
鄂尔多斯市之路农牧业有限公司　　　　联系人：李俊莲　电话：15947374881

四十九 木凯淖尔土鸡 CAQS-MTYX-20220653

1. 营养指标

参数	蛋白质（%）	鲜味氨基酸（mg/100g）	多不饱和脂肪酸（% 总脂肪酸）	胆固醇（mg/100g）	硒（μg/100g）
测定值	23.6	5 020	22.1	25.8	14.00
参照值	20.3	4 925	21.3	106.0	11.92

2. 产品外在特征及独特营养品质特征评价鉴定

木凯淖尔土鸡胴体完整，单只重约 2.96 kg，皮肤白色，表面无毛根和绒毛，表皮紧致有弹性，肉色鲜亮呈淡粉色。煮熟后，肉汤清亮，肉质细嫩，滋味鲜美。其蛋白质、硒、鲜味氨基酸、多不饱和脂肪酸含量高，胆固醇含量低。

3. 评价鉴定依据

《中国食物成分表（第 6 版 / 第一册）》（北京大学医学出版社），《冷藏条件对鸡肉品质影响及豌豆蛋白对其凝胶特性改善》河南科技学院硕士学位论文，《不同品种和饲养环境下鸡肉的营养和风味比较》收录于 2022 年 41 期《华中农业大学学报》。

4. 市场销售采购信息

鄂旗昊惠畜禽养殖有限责任公司　　　　联系人：黄建虎　电话：13309591726
鄂旗木凯淖尔镇基层供销合作社有限公司　联系人：杨国清　电话：13947716026

五十 杭锦大米 CAQS-MTYX-20220654

1. 营养指标

参数	蛋白质(%)	胶稠度(mm)	碱消值(级)	硒(μg/100g)	锌(mg/100g)
测定值	7.44	62	6.1	3.80	1.17
参照值	7.20	≥ 60	≥ 6.0	2.83	0.93

2. 产品外在特征及独特营养品质特征评价鉴定

杭锦大米米粒呈半纺锤形，百粒重约 1.92 g；米粒表面光滑，晶莹油亮，有光泽，质地坚韧，洁净度好，整体颜色呈白色半透明状；米粒涨性大，口感软糯，米饭香气浓郁。其蛋白质含量、胶稠度、碱消值均高于参照值，且锌、硒含量较高。

3. 评价鉴定依据

《中国食物成分表（第 6 版 / 第一册）》（北京大学医学出版社），《大米胶稠度测定的影响因素研究》收录于 2017 年 23 期《湖北农业科学》，GB/T 1354—2018《大米》，NY/T 595—2022《食用籼米》。

4. 市场销售采购信息

杭锦旗鸿帅养殖专业合作社	联系人：李 栓	电话：13947375229
鄂尔多斯市母亲河农贸有限公司	联系人：韩文军	电话：15344038816
杭锦旗惠农种植专业合作社	联系人：刘永军	电话：13150872023

五十一 乌审大红糜子 CAQS-MTYX-20220655

1. 营养指标

参数	水分(%)	维生素C(mg/100g)	锌(mg/100g)	粗纤维(%)	可溶性糖(%)
测定值	81.7	11.8	0.47	0.70	15.40
参照值	82.0	8.0	0.13	0.95	7.66

2. 产品外在特征及独特营养品质特征评价鉴定

乌审大红糜子色泽呈金黄色，米粒直径约2 mm，千粒重约6.6 g，米粒大小均匀，粒形饱满，外观鲜黄明亮，散发着糜米固有的清香气味。其蛋白质、直链淀粉、总淀粉、膳食纤维含量较高，且β葡聚糖和必需氨基酸含量较高。

3. 评价鉴定依据

《中国食物成分表（第6版/第一册）》（北京大学医学出版社），《糜子淀粉理化性质的分析》收录于2009年09期《中国粮油学报》，《河北省主要杂粮营养成分分析及评价》收录于2017年10期《食品工业科技》，《糜子资源遗传多样性及品质差异分析》山西农业大学硕士学位论文，《酶法降解糜米中蛋白的初步研究》吉林大学硕士学位论文，《谷物饲料中的主要抗营养因子》收录于1999年03期《中国饲料》。

4. 市场销售采购信息

乌审旗塔来乌素农牧业综合开发有限责任公司

联系人：萨日娜拉　电话：18904777771

五十二 乌审甜糯玉米 CAQS-MTYX-20220656

1. 营养指标

参数	蛋白质 (%)	赖氨酸 (mg/100g)	总淀粉 (% 鲜样)	β-胡萝卜素 (μg/100g)	直链淀粉 (%)
测定值	5.14	140	34.20	52.5	2.6
参照值	4.00	82	22.66	9.0	≤3.0

2. 产品外在特征及独特营养品质特征评价鉴定

乌审甜糯玉米每根长约 17 cm，外观呈黄色，颗粒排列整齐紧密，完整饱满，皮薄柔嫩，煮熟后，口感软糯香甜。其蛋白质、总淀粉、赖氨酸含量较高，直链淀粉含量满足二级质量要求，且 β-胡萝卜素含量较高。

3. 评价鉴定依据

《中国食物成分表（第 6 版 / 第一册）》（北京大学医学出版社），《四个糯玉米品种加工后的品质比较》收录于 2016 年 07 期《山东农业科学》，GB/T 22326—2008《糯玉米》，DB22/T 1806—2013《速冻甜玉米粒》。

4. 市场销售采购信息

乌审旗绿萌农牧业专业合作社

联系人：杨彩峰　电话：15714778288

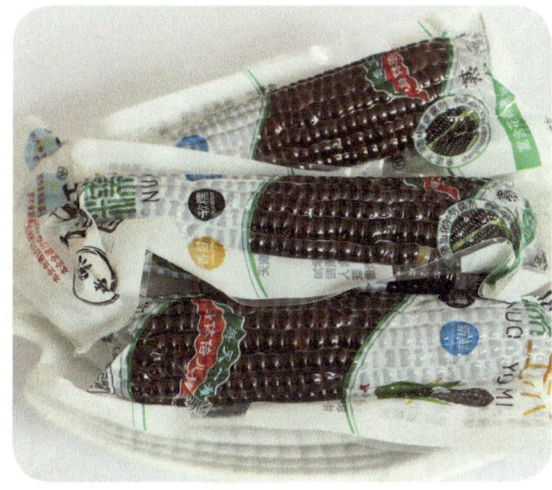

五十三　无定河牛肉 CAQS-MTYX-20220657

1. 营养指标

参数	蛋白质（%）	胆固醇（mg/100g）	钙（mg/100g）	鲜味氨基酸（% 总氨基酸）	不饱和脂肪酸（% 总脂肪酸）
测定值	20.9	43	49.7	26.59	56.93
参照值	20.0	58	5.0	22.79	47.50

2. 产品外在特征及独特营养品质特征评价鉴定

无定河牛肉肉色为暗红色，有光泽，脂肪呈淡黄色，肌肉截面有大理石花纹，切面湿润，不黏手；肉质富有弹性，指压后凹陷立即恢复；煮沸后肉汤澄清透明，肉质紧实、味道醇香。其蛋白质、钙、不饱和脂肪酸、鲜味氨基酸含量高，胆固醇含量、剪切力低。

3. 评价鉴定依据

《中国食物成分表（第 6 版／第二册）》（北京大学医学出版社），GB/T 9960—2008《鲜、冻四分体牛肉》，NY/T 676—2010《牛肉等级规格》，NY/T 2793—2015《肉的食用品质客观评价方法》，《大通牦牛肉质特性研究》甘肃农业大学硕士学位论文。

4. 市场销售采购信息

乌审旗现代化农业专业合作社　联系人：巴雅力格　电话：15248430014

五十四 无定河山羊肉 CAQS-MTYX-20220658

1. 营养指标

参数	肌间脂肪（%）	胆固醇（mg/100g）	不饱和脂肪酸（% 总脂肪酸）	鲜味氨基酸（% 总氨基酸）	蒸煮损失（%）
测定值	3.40	43	51.7	27.97	30.71
参照值	0.83	82	43.2	25.98	< 35.00

2. 产品外在特征及独特营养品质特征评价鉴定

无定河山羊肉肌肉色泽鲜艳，肉色为暗红色，脂肪呈乳白色，肌肉组织饱满、坚韧、纹理致密，富有弹性，指压后凹陷立即恢复；肉质表面微湿润，不黏手，膻味淡；煮熟后肉汤澄清透明，肉质细嫩、肥而不腻。其具有肌间脂肪、鲜味氨基酸、不饱和脂肪酸含量高，胆固醇含量、蒸煮损失低等特性。

3. 评价鉴定依据

《中国食物成分表（第6版/第二册）》（北京大学医学出版社），GB/T 9961—2008《鲜、冻胴体羊肉》，NY/T 2793—2015《肉的食用品质客观评价方法》，NY/T 630—2002《羊肉质量分级》，NY/T 633—2002《冷却羊肉》，《龙陵黄山羊屠宰性能及肉质研究》收录于1998年03期《云南农业大学学报》。

4. 市场销售采购信息

乌审旗现代化农业专业合作社联合社　联系人：巴雅力格　电话：15248430014

巴彦淖尔市

内蒙古名特优新农产品

新华韭菜 CAQS-MTYX-20190311

1. 营养指标

参数	维生素 C (mg/100g)	可溶性糖 (%)	水分 (%)	粗纤维 (% 新鲜)
测定值	11.6	2.93	9.6	1.60
参照值	2.0	0.70	8.0	2.48

2. 产品外在特征及独特营养品质特征评价鉴定

新华韭菜为多年生宿根草本植物，成品高度 30～50 cm，叶宽 0.5～0.8 cm，叶片宽厚，叶鞘粗壮，品质柔嫩，香味浓郁，叶色浓绿，叶面鲜亮。其维生素 C、可溶性糖、水分含量均高于参照值，粗纤维含量优于参照值。

3. 评价鉴定依据

《中国食物成分表（第 6 版／第一册）》（北京大学医学出版社），《不同光质和基质对韭菜生长及营养品质影响规律研究》东北农业大学硕士学位论文，《夏季和冬季普定县韭黄韭菜的营养与香气成分分析》收录于 2021 年 03 期《食品与发酵工业》。

4. 市场销售采购信息

巴彦淖尔市华丰韭菜产业专业合作社　联系人：侯文凯　电话：15334988282

二 临河小麦 CAQS-MTYX-20190312

1. 营养指标

参数	蛋白质(%)	维生素 B_1 (mg/100g)	赖氨酸(mg/100g)	锌(mg/100g)	谷氨酸(mg/100g)
测定值	12.99	0.42	360	3.11	4 180
参照值	11.90	0.20	271	2.33	3 950

2. 产品外在特征及独特营养品质特征评价鉴定

临河小麦颗粒呈卵形或椭圆形，粒色为红色，籽粒腹沟较深，有少量冠毛，颗粒饱满整齐、粒质坚硬；具有小麦固有的光泽、颜色、气味。其蛋白质、维生素 B_1、赖氨酸、锌、谷氨酸含量均高于参照值。

3. 评价鉴定依据

《中国食物成分表（第 6 版／第一册）》（北京大学医学出版社），《藜麦及其他谷物的常规营养成分测定》收录于 2019 年 16 期《现代食品》，《不同麦区小麦籽粒蛋白质与氨基酸含量及评价》收录于 2015 年 06 期《作物学报》，GB 1351—2008《小麦》。

4. 市场销售采购信息

内蒙古恒丰食品工业（集团）股份有限公司　　联系人：王金帅　电话：13947888015

内蒙古兆丰河套面业有限公司　　　　　　　　联系人：王艳茹　电话：15044898922

三 五原黄柿子 CAQS-MTYX-20190313

1. 营养指标

参数	维生素C (mg/100g)	可溶性固形物 (%)	可溶性糖 (%)
测定值	16.6	5.80	3.55
参照值	14.0	4.88	2.66

2. 产品外在特征及独特营养品质特征评价鉴定

五原黄柿子果实为圆形，果皮光滑，果皮果肉为纯黄色，单果重约390 g，果色鲜亮，果肉较厚；果顶形状圆平，果肩形状微凹，无筋棱；果汁丰富，口感酸甜，肉质沙绵，番茄味浓郁。其维生素C、可溶性固形物、可溶性糖等含量均高于参照值。

3. 评价鉴定依据

《中国食物成分表（第6版/第一册）》（北京大学医学出版社），《影响番茄可溶性固形物含量的相关因素研究》收录于2017年09期《江西农业学报》，《番茄果实可溶性糖含量遗传规律的研究及QTL定位》东北农业大学硕士学位论文。

4. 市场销售采购信息

五原县古郡田园农民专业合作社

联系人：韩福胜　电话：13847860699

五原县隆兴昌镇绿色有机蔬菜农民专业合作社

联系人：王东琴　电话：13947894177

五原县雷大哥农民专业合作社

联系人：潘健宇　电话：18947897764

五原县胜丰镇新红村晏安和桥香蜜瓜农民专业合作社

联系人：张建军　电话：13154782866

四 五原灯笼红香瓜 CAQS-MTYX-20190314

1. 营养指标

参数	维生素 C (mg/100g)	可溶性固形物 (%)	可溶性糖 (%)	总酸 (%)
测定值	33.4	10.8	9.64	0.18
参照值	15.0	9.0	8.87	2.00

2. 产品外在特征及独特营养品质特征评价鉴定

五原灯笼红香瓜果形端正，近圆柱形或阔梨形；果皮光滑，着色均匀，皮薄肉厚，果皮呈灰绿色，果肉外层绿色，内层为橘色；瓜瓤含水较少，果肉与瓜瓤易于分离；口感甜脆，芳香味浓。其可溶性糖高于同类产品平均值，维生素 C、可溶性固形物、可溶性糖含量均高于参照值，总酸含量优于参照值。

3. 评价鉴定依据

《中国食物成分表（第 6 版 / 第一册）》（北京大学医学出版社），NY/T 427—2016《绿色食品西甜瓜》，《甜瓜果实含糖量遗传分析及糖分积累与蔗糖代谢酶关系的研究》浙江大学硕士学位论文。

4. 市场销售采购信息

五原县古郡田园农民专业合作社　　　　　　　联系人：韩福胜　电话：13847860699

五原县隆兴昌镇绿色有机蔬菜农民专业合作社　联系人：王东琴　电话：13947894177

五原县胜丰镇新红村晏安和桥香蜜瓜农民专业合作社　联系人：张建军　电话：13154782866

五原县浩宏农民专业合作社　　　　　　　　　联系人：全玉生　电话：13848486104

五原县胜丰镇新丰村庙壕香蜜瓜农民专业合作社　联系人：辛计小　电话：13394852681

五 乌拉山山羊肉 CAQS-MTYX-20190315

1. 营养指标

参数	蛋白质(%)	肌间脂肪(%)	胆固醇(mg/100g)	鲜味氨基酸(% 总氨基酸)	不饱和脂肪酸(% 总脂肪酸)
测定值	19.3	2.40	44.2	27.19	50.87
参照值	18.5	0.83	82.0	25.98	43.20

2. 产品外在特征及独特营养品质特征评价鉴定

乌拉山山羊肉肌肉色泽鲜艳，肉色为暗红色，脂肪呈乳白色，肌肉组织饱满、坚韧、纹理致密，富有弹性，膻味淡，煮熟后肉汤澄清透明，肉质细嫩、肥而不腻。其蛋白质、肌间脂肪、鲜味氨基酸、不饱和脂肪酸含量均高于参照值，胆固醇含量低于参照值。

3. 评价鉴定依据

《中国食物成分表（第6版/第二册）》（北京大学医学出版社），GB/T 9961—2008《鲜、冻胴体羊肉》，NY/T 2793—2015《肉的食用品质客观评价方法》，NY/T 630—2002《羊肉质量分级》，NY/T 633—2002《冷却羊肉》，《龙陵黄山羊屠宰性能及肉质研究》收录于1998年03期《云南农业大学学报》。

4. 市场销售采购信息

内蒙古物华农林牧开发有限责任公司

联系人：宋　婷　电话：15894959307

乌拉特前旗白彦花镇欣旺肉羊养殖专业合作社

联系人：赵秋生　电话：13847834889

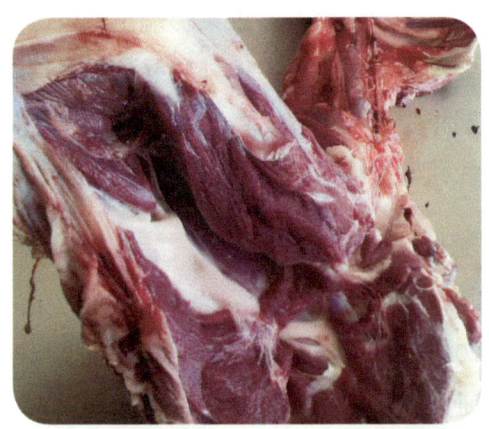

六 明安黄芪 CAQS-MTYX-20190316

1. 营养指标

参数	多糖（%）	灰分（%）	黄芪甲苷（%）	毛蕊异黄酮葡萄糖苷（%）
测定值	3.74	3.2	0.108	0.036
参照值	3.05	≥ 5.0	≥ 0.080	≥ 0.020

2. 产品外在特征及独特营养品质特征评价鉴定

明安黄芪为蒙古黄芪，直径多在 0.5～1.2 cm，主根长 20～40 cm，外皮土黄色，断面韧皮部白玉色，肉质紧致，木质部淡黄色，具有清晰的"菊花心"和"金井玉栏"。根色微黄或褐，皮黄肉白，药材粉性大，豆腥气足，口尝微甜。其多糖、黄芪甲苷、毛蕊异黄酮葡萄糖苷含量均高于参照值。

3. 评价鉴定依据

《中华人民共和国药典》2020 年版第一部，《黄芪的营养成分测定及保健功能研究》收录于 2018 年 22 期《黑龙江科学》。

4. 市场销售采购信息

乌拉特前旗茂盛业农贸专业合作社　　联系人：贾利军　电话：13088499819

内蒙古天衡制药有限公司　　　　　　联系人：樊新民　电话：18604789030

七 乌拉特羊肉 CAQS-MTYX-20190317

1. 营养指标

参数	蛋白质(%)	肌间脂肪(%)	胆固醇(mg/100g)	蛋氨酸(mg/100g)	组氨酸(mg/100g)	不饱和脂肪酸(% 总脂肪酸)
测定值	19.2	4.40	52.1	430	640	56.0
参照值	18.5	0.83	82.0	389	556	43.2

巴彦淖尔市

2. 产品外在特征及独特营养品质特征评价鉴定

乌拉特羊肉肌肉色泽鲜艳，肉色为暗红色，脂肪呈乳白色，肌肉组织饱满、坚韧、纹理致密，富有弹性，营养丰富，煮熟后肉汤澄清透明，肉质细嫩、肥而不腻。其蛋白质、肌间脂肪、蛋氨酸、组氨酸、不饱和脂肪酸含量高，胆固醇含量低。

3. 评价鉴定依据

《中国食物成分表（第6版/第二册）》（北京大学医学出版社），GB/T 9961—2008《鲜、冻胴体羊肉》，NY/T 2793—2015《肉的食用品质客观评价方法》，NY/T 630—2002《羊肉质量分级》，NY/T 633—2002《冷却羊肉》。

4. 市场销售采购信息

乌拉特中旗草原恒通食品有限公司　联系人：任海军　电话：13904780090

八 石哈河荞麦粉 CAQS-MTYX-20190318

1. 营养指标

参数	总淀粉（%）	膳食纤维（%）	维生素 B_1（mg/100g）	总黄酮（mg/100g）	直链淀粉（%）
测定值	76.20	9.78	0.64	110.0	25.00
参照值	69.02	6.50	0.28	15.8	16.43

2. 产品外在特征及独特营养品质特征评价鉴定

石哈河荞麦粉外观颜色为白色，粒度较小，手感略涩，具有荞麦粉固有的色泽和气味；荞麦面具有促进新陈代谢，降血脂等功效。其总淀粉、直链淀粉、膳食纤维含量较高，维生素 B_1 和总黄酮含量高于参照值。

3. 评价鉴定依据

《中国食物成分表（第 6 版 / 第一册）》（北京大学医学出版社），《荞麦淀粉的加工工艺，特性及其改性研究》西北农林科技大学硕士学位论文，《玉米杂粮馒头与荞麦面杂粮馒头的营养对比》收录于 2018 年 01 期《现代食品》。

4. 市场销售采购信息

乌拉特中旗高塔梁原生有机食品有限责任公司　　联系人：王建亮　电话：13947890096
乌拉特中旗套宽粮油有限公司　　　　　　　　　联系人：鲁永亮　电话：13947830938

九 石哈河莜麦粉 CAQS-MTYX-20190319

1. 营养指标

参数	直链淀粉（%）	组氨酸（mg/100g）	必需氨基酸（% 总氨基酸）	总不饱和脂肪酸（%）
测定值	24.6	330	33.42	4.4
参照值	18.5	280	26.28	4.0

2. 产品外在特征及独特营养品质特征评价鉴定

石哈河莜麦色泽发黄，表面质地较为粗糙，粗粒感较强，手感微涩，莜麦粉颗粒度较均匀，颗粒大小一致，具有莜麦粉固有的气味，有淡淡的莜麦香味；莜麦粉具有降低胆固醇增加免疫力的作用。其直链淀粉、组氨酸含量较高，总不饱和脂肪酸、必需氨基酸含量高于参照值。

3. 评价鉴定依据

《中国食物成分表（第6版／第一册）》（北京大学医学出版社），《燕麦淀粉含量测定及颗粒结合型淀粉合成酶基因（GBSS Ⅰ）片段克隆》四川农业大学硕士学位论文，《燕麦淀粉物化特性及燕麦粉中风味成分的研究》南昌大学硕士学位论文。

4. 市场销售采购信息

乌拉特中旗高塔梁原生有机食品有限责任公司　　联系人：王建亮　电话：13947890096

乌拉特中旗套宽粮油有限公司　　　　　　　　　联系人：鲁永亮　电话：13947830938

十 临河葵花籽 CAQS-MTYX-20200214

1. 营养指标

参数	蛋白质（%）	铁（mg/100g）	锌（mg/100g）	硒（μg/100g）	天冬氨酸（mg/100g）
测定值	30.64	9.06	3.33	12.20	2 420
参照值	19.10	2.90	0.50	5.78	1 800

2. 产品外在特征及独特营养品质特征评价鉴定

临河葵花籽实主色为黑色，籽实条纹颜色为白色。长卵形，扁而长，颗粒饱满；籽实长 2.5～2.8 cm，百粒重约 25 g；具有葵花籽固有的颜色和色泽，油香可口；瓜子仁大，肉厚饱满，口感醇脆。其蛋白质、铁、锌、亚油酸、天冬氨酸等含量均高于参照值。

3. 评价鉴定依据

《中国食物成分表（第 6 版／第一册）》（北京大学医学出版社），国家农作物种质资源平台国家作物科学数据中心《向日葵种质资源描述规范》，GB/T 11764—2022《葵花籽》，《关于降低葵花粕中含壳（粗纤维）的研究与试验》收录于 1986 年 04 期《中国油脂》，《几种油料脂肪酸组成及化学成分与制油工艺相关性分析》收录于 2015 年 01 期《江苏农业科学》，《葵花籽生物活性物质及熟制后风味化合物研究进展》收录于 2020 年 21 期《食品工业科技》。

4. 市场销售采购信息

内蒙古葵先生食品有限公司　　联系人：宋博文　电话：13224786959

巴彦淖尔市三胖蛋食品有限公司　联系人：赵　春　电话：17647305987

十一 临河巴美肉羊 CAQS-MTYX-20200214

1. 营养指标

参数	蛋白质（%）	脂肪（%）	硒（μg/100g）	锌（mg/100g）	铁（mg/100g）
测定值	30.64	41.3	12.20	3.33	9.06
参照值	19.10	53.4	5.78	0.50	2.90

2. 产品外在特征及独特营养品质特征评价鉴定

临河巴美羊肉样品为新鲜羊肉，其肌肉色泽鲜艳；脂肪呈乳白色，有大理石花纹；肉质紧密，有坚实感，肌纤维有韧性；肉质表面微湿润，不黏手；具有羊肉正常气味，煮沸后，肉嫩不膻，肉汤透明澄清，无异味。其蛋白质、锌、铁、亚油酸含量均高于参照值。

3. 评价鉴定依据

《中国食物成分表（第6版/第二册）》（北京大学医学出版社），GB/T 9961—2008《鲜、冻胴体羊肉》，NY/T 2793—2015《肉的食用品质客观评价方法》，NY/T 630—2002《羊肉质量分级》，NY/T 633—2002《冷却羊肉》。

4. 市场销售采购信息

内蒙古富川养殖科技股份有限公司	联系人：黄月洁	电话：15204788684
内蒙古草原宏宝食品股份有限公司	联系人：王爱玲	电话：15047086918
经济开发区众富养殖专业合作社	联系人：高 远	电话：18904780797
巴彦淖尔市东泽种养殖专业合作社	联系人：蔺美元	电话：15048588688

十二 临河封缸肉 CAQS-MTYX-20200216

1. 营养指标

参数	水分（%）	蛋白质（%）	胆固醇（mg/100g）	铁（mg/100g）	亚油酸（% 总脂肪酸）
测定值	30	30.8	53.1	4.02	11.5
参照值	≤58	16.5	72.0	2.60	10.3

2. 产品外在特征及独特营养品质特征评价鉴定

临河封缸肉为腌制肉，瘦肉切面呈红色，脂肪切面呈白色，有光泽；其肥瘦均匀，切面平整，有层次感，肉质紧密富有弹性，有坚实感；具有腌猪肉正常气味，肉质软滑Q弹，瘦肉筋道有嚼劲。其水分、胆固醇含量优于参照值，蛋白质、铁、锌、天冬氨酸、亚油酸含量均高于参照值。

3. 评价鉴定依据

《中国食物成分表（第6版/第二册）》（北京大学医学出版社），SB/T 10294—2012《腌猪肉》。

4. 市场销售采购信息

巴彦淖尔市绿生园商贸有限责任公司

联系人：杨开旺 电话：13847871555

十三 临河黄河鲤鱼 CAQS-MTYX-20200217

1. 营养指标

参数	脂肪(%)	铁(mg/100g)	DHA(% 总脂肪酸)	赖氨酸(mg/100g)	亚油酸(% 总脂肪酸)
测定值	1.7	4.37	3.31	1 490	30.2
参照值	4.1	1.00	0.50	1 432	14.2

2. 产品外在特征及独特营养品质特征评价鉴定

临河黄河鲤鱼其体形为梭形，侧扁而腹部圆，体侧鳞片为金黄色，背部稍暗，腹部色淡而渐白，黏液为无色；肌肉组织紧密有弹性，具有鱼肉固有的色泽和气味，眼睛清亮，颜色正常，体态均匀。其蛋白质、铁、谷氨酸、苯丙氨酸、赖氨酸、亚油酸、DHA含量均高于参照值。

3. 评价鉴定依据

《中国食物成分表（第6版/第二册）》（北京大学医学出版社），SC 1043—2001《黄河鲤》，GB/T 37062—2018《水产品感官评价指南》。

4. 市场销售采购信息

临河区运久农民专业合作社	联系人：李建光	电话：14794889677
临河区白脑包镇渔角农业水产专业合作社	联系人：石欢喜	电话：13947875833
临河区双喜水产养殖专业合作社	联系人：石挨喜	电话：13604789677

十四 五原葵花籽 CAQS-MTYX-20200218

1. 营养指标

参数	蛋白质（%）	粗纤维（%）	铁（mg/100g）	锌（mg/100g）	亚油酸（% 总脂肪酸）
测定值	26.3	8.98	13.14	6.39	72.50
参照值	19.1	2.69	2.90	0.50	65.13

2. 产品外在特征及独特营养品质特征评价鉴定

五原葵花籽籽实较长，为长卵形，顶端稍尖，基部较宽；籽实主色为黑色，籽实条纹在边缘，条纹颜色为白色；具有葵花籽固有的色泽和气味，口感油香可口。其蛋白质、赖氨酸、亮氨酸、天冬氨酸、粗纤维、铁、锌、亚油酸含量均高于参照值。

3. 评价鉴定依据

《中国食物成分表（第 6 版 / 第一册）》（北京大学医学出版社），《几种油料脂肪酸组成及化学成分与制油工艺相关性分析》收录于 2015 年 01 期《江苏农业科学》，《葵花籽生物活性物质及熟制后风味化合物研究进展》收录于 2020 年 21 期《食品工业科技》。

4. 市场销售采购信息

内蒙古爱在仁间食品有限公司	联系人：杨　娜	电话：18247848288
内蒙古三瑞食品有限公司	联系人：王　晓	电话：18947891018
巴彦淖尔市心连心食品有限责任公司	联系人：秦　钢	电话：13947888006
五原县大丰粮油食品有限责任公司	联系人：王茂云	电话：13394780828

十五 五原蜜瓜 CAQS-MTYX-20200219

1. 营养指标

参数	可溶性糖(%)	可溶性固形物(%)	铁(mg/100g)	硒(μg/100g)	维生素C(mg/100g)
测定值	11.88	14.6	0.82	2.0	23.1
参照值	5.70	9.0	0.50	1.1	12.0

2. 产品外在特征及独特营养品质特征评价鉴定

五原蜜瓜外形为椭圆形，表皮为青绿色有斑纹，表皮手感粗糙，单瓜重约 700 g，其心室小，肉瓤厚；果肉为深黄色，果肉鲜嫩，肉质细软，味道香甜。其维生素C、可溶性固形物、可溶性糖、铁、锌、硒含量均高于参照值，其维生素C含量高于参照值近2倍。

3. 评价鉴定依据

《中国食物成分表（第6版/第一册）》（北京大学医学出版社），《河套蜜瓜果实发育过程中主要营养成分的变化》收录于2011年03期《内蒙古农业大学学报》，《河套蜜瓜果实发育过程中及不同贮藏温度下生理特性的研究》中国农业大学硕士学位论文。

4. 市场销售采购信息

五原县塔尔湖镇惠泽农民专业合作社	联系人：王志军 电话：13948889815
五原县复兴镇兴利农民专业合作社	联系人：李小四 电话：15847871189
内蒙古自治区巴彦淖尔市五原县福生农民专业合作社	联系人：佟福生 电话：13142471333
五原县大农果农民农资专业合作社	联系人：兰　敏 电话：18047807626
五原县古郡蔬菜产业联盟专业合作社	联系人：张新平 电话：18947898361
五原县隆兴昌镇绿色有机蔬菜农民专业合作社	联系人：王东琴 电话：13947894177

十六 五原羊肉 CAQS-MTYX-20200220

1. 营养指标

参数	蛋白质(%)	铁(mg/100g)	剪切力(N)	亚油酸(% 总脂肪酸)	钙(mg/100g)	胆固醇(mg/100g)
测定值	20.8	14.99	30.7	13.1	52.68	40.7
参照值	18.5	3.90	<60.0	7.2	16.00	82.0

2. 产品外在特征及独特营养品质特征评价鉴定

五原羊肉肌肉呈鲜红色，有光泽，脂肪呈乳白色；肉质紧密，有坚实感，肌纤维有韧性；表面微湿润，不黏手；具有羊肉固有气味，煮沸后，肉汤透明澄清，无异味，羊肉鲜美，口感鲜嫩。其蛋白质、钙、铁、锌、硒、蛋氨酸、亚油酸含量均高于参照值，剪切力、蒸煮损失及胆固醇、脂肪含量均优于参照值。

3. 评价鉴定依据

《中国食物成分表（第6版/第二册）》（北京大学医学出版社），GB/T 9961—2008《鲜、冻胴体羊肉》，NY/T 2793—2015《肉的食用品质客观评价方法》，NY/T 630—2002《羊肉质量分级》，NY/T 633—2002《冷却羊肉》。

4. 市场销售采购信息

内蒙古金草原生态科技集团有限公司	联系人：杨文圃	电话：18147805551
五原县领头羊食品有限公司	联系人：李成瑞	电话：18847878817
内蒙古渔蒙家食品科技有限公司	联系人：王玉琤	电话：13947837364
五原县益民肉类食品有限责任公司	联系人：王彦君	电话：18647811538

十七 磴口肉苁蓉 CAQS-MTYX-20200221

1. 营养指标

参数	灰分（%）	松果菊苷（%）	毛蕊花糖苷（%）	水分（%）	醇溶性浸出物（%）
测定值	4.38	1.50	0.96	8.24	61.1
参照值	<8.00	1.48	0.55	<10.00	>35.0

2. 产品外在特征及独特营养品质特征评价鉴定

磴口肉苁蓉个体较大，长度约30 cm，每根重量230～350 g，呈扁圆柱形，稍弯曲，表面为棕褐色，上面有覆瓦状排列的肉质鳞叶，质硬而微有柔性，不易折断；断面为棕褐色，有淡棕色点状维管束，排列成波状环纹；味道微甜并带有苦味。其灰分、水分、松果菊苷、毛蕊花糖苷、醇溶性浸出物含量均优于参照值。

3. 评价鉴定依据

《中华人民共和国药典》2015年版第一部，《不同产地肉苁蓉品质特征研究》收录于2019年12期《辽宁中医药大学学报》。

4. 市场销售采购信息

内蒙古王爷地苁蓉生物有限公司　　联系人：王泽军　　电话：13947862936

十八 磴口华莱士 CAQS-MTYX-20200222

1. 营养指标

参数	可溶性固形物(%)	可滴定酸(%)	可溶性糖(%)	锌(mg/100g)	硒(μg/100g)	维生素C(mg/100g)
测定值	11.1	0.139	9.42	0.88	0.14	24.2
参照值	9.0	0.140	5.70	0.13	0.11	12.0

2. 产品外在特征及独特营养品质特征评价鉴定

磴口华莱士外形为圆球形，单瓜重约1 kg；果皮色泽金黄，表面新鲜、平滑，果肉为黄白色，果肉与瓜瓤易于分离，果肉鲜嫩，肉质细软；具有华莱士特有的水果香味，果味甘甜、香气浓郁。其可溶性固形物、可溶性糖、锌、硒含量均高于参照值，其维生素C含量高于参照值2倍以上。

3. 评价鉴定依据

《中国食物成分表（第6版／第一册）》（北京大学医学出版社），《河套蜜瓜果实发育过程中主要营养成分的变化》收录于2011年03期《内蒙古农业大学学报》，《河套蜜瓜果实发育过程中及不同贮藏温度下生理特性的研究》中国农业大学硕士学位论文。

4. 市场销售采购信息

磴口县华莱士瓜协会　联系人：崔胜军　电话：15804783871

十九 明安谷米 CAQS-MTYX-20200223

1. 营养指标

参数	蛋白质(%)	铁(mg/100g)	锌(mg/100g)	淀粉(%)	直链淀粉(%)	粗纤维(%)	脂肪(%)
测定值	11.3	1.81	2.79	65.60	18.8	1.30	3.3
参照值	8.9	1.60	2.81	73.99	18.0	0.66	3.0

2. 产品外在特征及独特营养品质特征评价鉴定

明安谷米色泽金黄，米粒大小较均匀，粒形饱满；外观鲜黄明亮，无明显感官色差；具有小米特有的自然清香气味，无其他异味。其蛋白质、脂肪、铁、粗纤维含量均高于参照值。

3. 评价鉴定依据

《中国食物成分表（第6版/第一册）》（北京大学医学出版社），《黑龙江省小米主栽品种理化特性与感官品质的相关性研究》黑龙江八一农垦大学硕士学位论文，《呼和浩特市售不同品种小米的品质特性比较研究》内蒙古农业大学硕士学位论文，《小米营养价值及其烘焙产品的开发》收录于2017年05期《晋城职业技术学院学报》，《基于主成分分析的不同品种小米品质评价》收录于2019年09期《食品工业科技》。

4. 市场销售采购信息

乌拉特前旗美中美亿农农资经销部　联系人：巩　静　电话：15044877980

乌拉特前旗丰达源农贸有限责任公司　联系人：赵秋生　电话：13847834889

二十 黑柳子白梨脆甜瓜 CAQS-MTYX-20200224

1. 营养指标

参数	可溶性糖 (%)	可滴定酸 (%)	铁 (mg/100g)	锌 (mg/100g)	硒 (μg/100g)	维生素 C (%)
测定值	11.04	0.211	1.68	0.917	1.5	43.5
参照值	8.38	0.240	0.70	0.090	0.4	15.0

2. 产品外在特征及独特营养品质特征评价鉴定

黑柳子白梨脆甜瓜果形端正，呈纺锤形；果皮光滑，着色均匀，皮薄肉厚，果皮呈灰绿色，果肉外层绿色，内层为橘色；瓜瓤含水较少，果肉与瓜瓤易于分离；口感甜脆，有浓香瓜果味。其可溶性固形物、可溶性糖、铁、锌、硒含量均高于参照值，可滴定酸含量优于参照值，其维生素 C 含量高于参照值近 3 倍。

3. 评价鉴定依据

《中国食物成分表（第 6 版 / 第一册）》（北京大学医学出版社），《北京地区不同品种甜瓜营养品质分析》收录于 2018 年 03 期《北京农学院学报》，《甜瓜果实柠檬酸含量、可滴定酸和 pH 的遗传分析与 QTL 定位》中国农业科学院硕士学位论文。

4. 市场销售采购信息

巴彦淖尔市凯福鑫农业科技发展有限公司	联系人：廉福鑫	电话：13848480202
乌拉特前旗中滩农场裕农农贸专业合作社	联系人：王二福	电话：13947812757
乌拉特前旗丰达源农贸有限责任公司	联系人：赵秋生	电话：13847834889

二十一 瓦窑滩西瓜 CAQS-MTYX-20200225

1. 营养指标

参数	总糖（%）	可滴定酸（%）	铁（mg/100g）	锌（mg/100g）	硒（μg/100g）	维生素C（%）
测定值	6.3	0.074	0.77	0.15	0.20	11.3
参照值	4.2	0.200	0.40	0.09	0.09	≥6.0

2. 产品外在特征及独特营养品质特征评价鉴定

瓦窑滩西瓜瓜形端正，外形呈椭圆形，果实完整良好，成熟度较好，单瓜重约3.9 kg；瓜皮纹路清晰，表皮呈深绿色，瓜肉呈鲜红色；其肉质沙绵，甘甜多汁，爽口，无黄筋，具有西瓜特有的水果香味。其总糖、铁、锌、硒含量均高于参照值，维生素C、可溶性固形物含量高于参照值。

3. 评价鉴定依据

《中国食物成分表（第6版/第一册）》（北京大学医学出版社），GH/T 1153—2017《西瓜》，《西瓜果实总糖含量QTL分析》收录于2013年01期《果树学报》，GB/T 22446—2008《地理标志产品 大兴西瓜》。

4. 市场销售采购信息

乌拉特前旗苏独仑高学平农业专业合作社

联系人：高学平 电话：13514881835

乌拉特前旗苏独仑刘纪种养殖农牧专业合作社

联系人：刘计红 电话：13614882316

二十二 乌拉特前旗小麦 CAQS-MTYX-20200226

1. 营养指标

参数	蛋白质(%)	铁(mg/100g)	锌(mg/100g)	粗纤维(%)	湿面筋(%)
测定值	13.4	8.06	2.86	2.60	37.6
参照值	11.9	5.10	2.33	2.40	35.0

2. 产品外在特征及独特营养品质特征评价鉴定

乌拉特前旗小麦颗粒呈卵形或椭圆形，粒色为红色，籽粒腹沟较深，有少量冠毛，颗粒饱满整齐、粒质坚硬；具有小麦固有的光泽、颜色、气味；品质优良、面筋值高、筋道、爽滑。其蛋白质、脂肪、湿面筋、粗纤维、锌、铁含量均高于参照值。

3. 评价鉴定依据

《中国食物成分表（第 6 版／第一册）》（北京大学医学出版社），《藜麦及其他谷物的常规营养成分测定》收录于 2019 年 16 期《现代食品》，《不同麦区小麦籽粒蛋白质与氨基酸含量及评价》收录于 2015 年 06 期《作物学报》，《小麦中粗蛋白质含量和湿面筋含量相关性》收录于 2014 年 04 期《粮油仓储科技通讯》。

4. 市场销售采购信息

内蒙古朔河禾农业发展有限公司	联系人：杜　敏	电话：13847822849
乌拉特前旗丰达源农贸有限责任公司	联系人：赵秋生	电话：13847834889
乌拉特前旗煜农农贸专业合作社	联系人：刘玉良	电话：13789682977
乌拉特前旗美中美亿农农资	联系人：巩　静	电话：15044877980

二十三 乌梁素海鲫鱼 CAQS-MTYX-20200227

1. 营养指标

参数	蛋白质（%）	铁（mg/100g）	锌（mg/100g）	亚油酸（% 总脂肪酸）	DHA（% 总脂肪酸）
测定值	20.29	3.78	1.53	30.6	2.43
参照值	18.00	1.30	0.53	14.2	1.10

2. 产品外在特征及独特营养品质特征评价鉴定

乌梁素海鲫鱼单个鱼体重约 300 g，其体形为梭形，侧扁而腹部圆；其膘肥体厚，肉质青白，肌肉组织紧密富有弹性，口感爽滑柔嫩，细刺较少，含肉率高。其蛋白质、亚油酸、DHA、铁、锌、异亮氨酸、缬氨酸、丙氨酸含量均高于参照值。

3. 评价鉴定依据

《中国食物成分表（第 6 版 / 第二册）》（北京大学医学出版社），GB/T 37062—2018《水产品感官评价指南》。

4. 市场销售采购信息

乌拉特前旗新安镇辛六养殖厂	联系人：辛明来	电话：13947872292
乌拉特前旗新安福源海农贸养殖合作社	联系人：孟和平	电话：13347822939
乌拉特前旗丰达源农贸有限责任公司	联系人：赵秋生	电话：13847834889

二十四　乌加河甜瓜 CAQS-MTYX-20200228

1. 营养指标

参数	可溶性糖(%)	可滴定酸(%)	铁(mg/100g)	锌(mg/100g)	硒(μg/100g)	维生素C(%)
测定值	9.08	0.136	4.06	0.64	1.1	38.3
参照值	8.38	0.240	0.70	0.09	0.4	15.0

2. 产品外在特征及独特营养品质特征评价鉴定

乌加河甜瓜果形端正，呈纺锤形；果皮光滑，着色均匀，皮薄肉厚，果皮黄中透白，果肉外层白色，内层为橘色；瓜瓤含水较少，果肉与瓜瓤易于分离；口感甜脆，伴有浓香甜瓜味。其可溶性固形物、维生素C、可溶性糖、铁、锌、硒含量均高于参照值。

3. 评价鉴定依据

《中国食物成分表（第6版/第一册）》（北京大学医学出版社），《北京地区不同品种甜瓜营养品质分析》收录于2018年03期《北京农学院学报》，《甜瓜果实柠檬酸含量、可滴定酸和pH的遗传分析与QTL定位》中国农业科学院硕士学位论文。

4. 市场销售采购信息

乌拉特中旗富兴农贸专业合作社　　　　联系人：郭日飞　电话：13190859316

乌拉特中旗好联丰有机农牧业专业合作社　联系人：高　彪　电话：13327086122

二十五 石哈河小麦粉 CAQS-MTYX-20200229

1. 营养指标

参数	蛋白质（%）	铁（mg/100g）	锌（mg/100g）	淀粉（%）	谷氨酸（mg/100g）	湿面筋（%）
测定值	14.1	4.62	1.27	76.1	4 665	41.6
参照值	12.4	1.40	0.69	67.3	4 074	>30.0

2. 产品外在特征及独特营养品质特征评价鉴定

石哈河小麦粉色泽白净，颗粒度小而均匀，筋度大，表面质地细腻，具有小麦粉固有的色泽和气味，麦香浓郁、筋道、爽滑、口感好。其蛋白质、淀粉、铁、锌、谷氨酸、亮氨酸、缬氨酸、湿面筋含量均高于参照值。

3. 评价鉴定依据

《中国食物成分表（第6版/第一册）》（北京大学医学出版社），《不同面筋含量小麦淀粉及蛋白质特性分析》河南工业大学硕士学位论文，GB/T 8607—1988《高筋小麦粉》。

4. 市场销售采购信息

乌拉特中旗高塔梁原生有机食品有限责任公司　　联系人：王建亮　电话：13947890096

乌拉特中旗套宽粮油有限公司　　联系人：鲁永亮　电话：13947830938

二十六　乌拉特牛肉 CAQS-MTYX-20200230

1. 营养指标

参数	蛋白质（%）	铁（mg/100g）	钙（mg/100g）	胆固醇（mg/100g）	亚油酸（% 总脂肪酸）	多不饱和脂肪酸（%）
测定值	21.3	7.71	10.1	41.1	6.1	7.1
参照值	20.0	1.80	5.0	58.0	2.9	3.7

2. 产品外在特征及独特营养品质特征评价鉴定

乌拉特牛肉肌肉有光泽，色深红（7 级）；脂肪呈乳白色（2 级），有大理石花纹（2 级）；外表微干，不黏手，指压后凹陷可恢复；煮沸后，肉汤透明澄清，具有其特有的香味。其蛋白质、蛋氨酸、组氨酸、铁、钙、硒、多不饱和脂肪酸、亚油酸含量均高于参照值，胆固醇、水分含量均优于参照值。

3. 评价鉴定依据

《中国食物成分表（第 6 版 / 第一册）》（北京大学医学出版社），GB/T 17238—2022《鲜、冻分割牛肉》，NY/T 676—2010《牛肉等级规格》。

4. 市场销售采购信息

乌拉特中旗草原恒通食品有限公司　联系人：任海军　电话：13904780090

二十七　乌拉特后旗铁棍山药 CAQS-MTYX-20200231

1. 营养指标

参数	铁 (mg/100g)	锌 (mg/100g)	总酸 (%)	硒 (μg/100g)	维生素C (mg/100g)
测定值	0.68	0.31	0.211	3.00	22.2
参照值	0.30	0.27	0.400	0.55	5.0

2. 产品外在特征及独特营养品质特征评价鉴定

乌拉特后旗铁棍山药外观新鲜，粗细均匀，块茎肉质肥厚，直径3～4 cm，外皮为土黄色，色泽均匀，表皮上密布细毛；根毛细且少，皮非常薄，质地坚实，断面白色，粉性足，表面光滑，山药呈圆柱形，长60～80 cm，最长可达100 cm以上。其可溶性固形物、可溶性糖、铁、锌、硒含量均高于参照值，总酸含量优于参照值，其维生素C含量为参照值4倍多。

3. 评价鉴定依据

《中国食物成分表（第6版/第一册）》（北京大学医学出版社），NY/T 1065—2006《山药等级规格》，《不同品种山药主要营养成分的比较分析》收录于2019年13期《种子科技》，《山药采后生理及贮藏技术研究》河北农业大学硕士学位论文。

4. 市场销售采购信息

内蒙古康硒生态环保科技有限公司

联系人：张玉霞　电话：15304788805

二十八 乌拉特后旗戈壁红驼肉 CAQS-MTYX-20200232

1. 营养指标

参数	蛋白质(%)	脂肪(%)	铁(mg/100g)	钙(mg/100g)	亚油酸(%总脂肪酸)	亚麻酸(%总脂肪酸)	胆固醇(mg/100g)
测定值	22.60	2.00	7.29	48.35	8.30	1.04	23.6
参照值	21.38	2.43	2.10	6.50	1.81	0.71	41.6

2. 产品外在特征及独特营养品质特征评价鉴定

乌拉特后旗戈壁红驼肉为新鲜驼肉且含瘦肉率高，肉色和大理石纹分布很好，肉色鲜红，有光泽，脂肪呈乳白色；肌纤维致密，有弹性，煮沸后，汤肉透明澄清。其蛋白质、亚麻酸、亚油酸、铁、锌、钙、天冬氨酸、亮氨酸、赖氨酸含量均高于参照值，脂肪、胆固醇含量均优于参照值。

3. 评价鉴定依据

《中国食物成分表（第6版/第二册）》（北京大学医学出版社），《阿拉善双峰骆驼肉品质分析》收录于2012年07期《食品科技》，《阿拉善双峰驼驼峰脂的脂肪酸组成分析》收录于2013年12期《中国油脂》。

4. 市场销售采购信息

内蒙古绿野食品有限责任公司　　联系人：朱　勇　　电话：18904788884

二十九 杭锦后旗甜瓜 CAQS-MTYX-20200233

1. 营养指标

参数	可溶性糖(%)	可滴定酸(%)	铁(mg/100g)	锌(mg/100g)	可溶性固形物(%)	维生素C(mg/100g)
测定值	10.7	0.089	2.83	0.45	13.5	27.8
参照值	5.7	0.140	0.50	0.13	9.0	12.0

2. 产品外在特征及独特营养品质特征评价鉴定

杭锦后旗甜瓜外形为椭圆形，表皮为黄色，瓜皮带有不规则青绿色斑纹，表皮手感粗糙，单瓜重约 600 g，其心室小，肉瓤厚；果肉鲜嫩，肉质细软，味道香甜。其维生素 C、可溶性固形物、可溶性糖、铁、锌含量高，口感好。

3. 评价鉴定依据

《中国食物成分表（第 6 版 / 第一册）》（北京大学医学出版社），《河套蜜瓜果实发育过程中主要营养成分的变化》收录于 2011 年 03 期《内蒙古农业大学学报》，《河套蜜瓜果实发育过程中及不同贮藏温度下生理特性的研究》中国农业大学硕士学位论文。

4. 市场销售采购信息

杭锦后旗甲山农民专业合作社	联系人：年占图	电话：13634780226
杭锦后旗三道桥和平瓜菜农民专业合作社	联系人：赵金贵	电话：15848765600
杭锦后旗啸天农民专业合作社	联系人：刘二华	电话：18547868999
杭锦后旗月阳农牧产品专业合作社	联系人：刘庆中	电话：13847865118

三十 三道桥西瓜 CAQS-MTYX-20200234

1. 营养指标

参数	总糖(%)	可滴定酸(%)	铁(mg/100g)	锌(mg/100g)	硒(μg/100g)	维生素C(mg/100g)
测定值	4.4	0.052（以苹果酸汁）	0.57	0.11	0.30	11.5
参照值	4.2	0.200	0.40	0.09	0.09	≥6.0

2. 产品外在特征及独特营养品质特征评价鉴定

三道桥西瓜瓜形端正，外形呈椭圆形，果实完整良好，发育正常，个头偏大，单瓜重约7.7 kg；瓜皮纹路清晰，深绿色，瓜肉呈鲜红色；其肉质脆沙、甘甜多汁、爽口、无黄筋，具有西瓜特有的水果香味。其总糖、铁、锌、硒含量均高于参照值，维生素C、可溶性固形物含量高于参照值，可滴定酸含量低于参照值。

3. 评价鉴定依据

《中国食物成分表（第6版/第一册）》（北京大学医学出版社），GH/T 1153—2017《西瓜》，《西瓜果实总糖含量QTL分析》收录于2013年01期《果树学报》，GB/T 22446—2008《地理标志产品 大兴西瓜》。

4. 市场销售采购信息

杭锦后旗三道桥和平瓜菜农民专业合作社　联系人：赵金贵　电话：15848765600

三十一 杭锦后旗早酥梨 CAQS-MTYX-20200235

1. 营养指标

参数	铁 (mg/100g)	硒 (μg/100g)	锌 (mg/100g)	维生素C (mg/100g)	总酸 (%)
测定值	3.77	3.10	1.09	16.4	0.122
参照值	0.20	0.37	0.07	12.0	≤0.160

2. 产品外在特征及独特营养品质特征评价鉴定

杭锦后旗早酥梨果实呈纺锤形，果形端正，果梗完整，果皮呈绿色，部分绿色带红晕，表面光滑果皮较薄；果肉洁白，细脆鲜嫩，味甜汁多，果实酸甜可口，无异味或非正常气味。其维生素C、铁、锌、硒含量均高于参照值，可溶性固形物、总酸含量优于参照值。

3. 评价鉴定依据

《中国食物成分表（第6版/第一册）》（北京大学医学出版社），GB/T 10650—2008《鲜梨》，《不同品种和产地梨果实可溶性糖组分比较》收录于2018年23期《食品安全质量检测学报》。

4. 市场销售采购信息

太阳庙农场三阳鑫太农牧机械合作社

联系人：刘玉平　电话：13474887077

杭锦后旗新绿营果树农业专业合作社

联系人：张文义　电话：13847817226

杭锦后旗沙海镇百果之王家庭农牧场

联系人：闫秀梅　电话：15647829516

三十二 杭锦后旗小麦 CAQS-MTYX-20200236

1. 营养指标

参数	蛋白质(%)	湿面筋(%)	锌(mg/100g)	淀粉(%)	总不饱和脂肪酸(%)	谷氨酸(mg/100g)
测定值	17.78	26.2	3.07	66.7	1.35	4 210
参照值	11.90	25.5	2.33	62.4	0.70	4 074

2. 产品外在特征及独特营养品质特征评价鉴定

杭锦后旗小麦百粒重约 4.73 g，颗粒呈卵形，粒色为黄色，籽粒腹沟较深，有少量冠毛，颗粒饱满整齐、粒质坚硬；具有小麦固有的光泽、颜色、气味。其蛋白质、脂肪、总不饱和脂肪酸、谷氨酸、亮氨酸、缬氨酸、淀粉、铁、锌、湿面筋含量均高于参照值。

3. 评价鉴定依据

《中国食物成分表（第 6 版 / 第一册）》（北京大学医学出版社），《藜麦及其他谷物的常规营养成分测定》收录于 2019 年 16 期《现代食品》，《不同麦区小麦籽粒蛋白质与氨基酸含量及评价》收录于 2015 年 06 期《作物学报》，GB 1351—2008《小麦》。

4. 市场销售采购信息

杭锦后旗驰林面粉有限公司	联系人：邱浩志	电话：18648404345
内蒙古永华食品工业有限责任公司	联系人：曹永恒	电话：13354780774
内蒙古杭锦后旗头道桥面粉厂	联系人：刘玉石	电话：13847878866
内蒙古杭锦后旗和平面业有限责任公司	联系人：胡　鹏	电话：18847888889
杭锦后旗馨誉面粉厂	联系人：杨义国	电话：13337000000
杭锦后旗大发公面粉有限责任公司	联系人：陈中贤	电话：13848849459
内蒙古后套大公食品工业有限责任公司	联系人：曹永政	电话：15048580888

三十三 杭锦后旗肉牛 CAQS-MTYX-20200237

1. 营养指标

参数	蛋白质 (%)	铁 (mg/100g)	硒 (μg/100g)	胆固醇 (mg/100g)	剪切力 (N)	蒸煮损失 (%)
测定值	22.5	5.37	9.70	55.1	30.98	23.8
参照值	21.3	5.10	3.47	60.0	< 60.00	< 35.0

2. 产品外在特征及独特营养品质特征评价鉴定

杭锦后旗牛肉样品为新鲜肉，肌肉色为粉红（3级），有光泽，脂肪呈乳白色（2级），肌肉截面有大理石花纹（2级），肌肉外表湿润，不黏手；肌肉结构紧密，有坚实感，肌纤维韧性强；具有牛肉正常气味，煮沸后，肉汤澄清透明，具有牛肉汤固有的香味和鲜味。其蛋白质、钙、铁、锌、硒、甘氨酸、蛋氨酸、亚油酸含量均高于参照值，胆固醇含量、剪切力、蒸煮损失均优于参照值。

3. 评价鉴定依据

《中国食物成分表（第6版/第二册）》（北京大学医学出版社），GB/T 17238—2008《鲜、冻分割牛肉》，NY/T 676—2010《牛肉等级规格》，NY/T 2793—2015《肉的食用品质客观评价方法》。

4. 市场销售采购信息

内蒙古旭一牧业有限公司　联系人：王小峰　电话：13948886128

三十四 临河早酥梨 CAQS-MTYX-20200550

1. 营养指标

参数	可溶性固形物(%)	铁(mg/100g)	总酸(%)	锌(mg/100g)	维生素C(mg/100g)
测定值	13.5	1.46	0.18	0.99	18.6
参照值	11.0	0.20	≤0.24	0.07	12.0

2. 产品外在特征及独特营养品质特征评价鉴定

临河早酥梨单果重约260 g，果实呈纺锤形，果形端正，果梗完整，果皮呈绿色，表面光滑果皮薄；果肉洁白，细脆鲜嫩，味甜汁多，酸甜可口。其维生素C、水分、铁、锌含量均高于参照值，可溶性固形物、总酸含量优于参照值。

3. 评价鉴定依据

《中国食物成分表（第6版/第一册）》（北京大学医学出版社），GB/T 10650—2008《鲜梨》，《不同品种和产地梨果实可溶性糖组分比较》收录于2018年23期《食品安全质量检测学报》，DB13/T 445—2002《优质鲜梨》。

4. 市场销售采购信息

巴彦淖尔市临河区绿鑫果蔬农贸专业合作社

联系人：张庭智　电话：13948180334

内蒙古培农农业发展有限公司

联系人：呼俊涛　电话：18947384739

巴彦淖尔市厚土农牧专业合作社

联系人：杨存辉　电话：18704999000

巴彦淖尔市临河区郭远种植园

联系人：郭　远　电话：15048818554

三十五 临河红辣椒 CAQS-MTYX-20200551

1. 营养指标

参数	铁 (mg/100g)	硒 (μg/100g)	锌 (mg/100g)	可溶性糖 (%)	维生素C (mg/100g)	辣椒素 (%)
测定值	3.13	1.94	1.41	3.56	165	0.0014
参照值	0.60	0.96	0.33	1.66	86	0.0076

2. 产品外在特征及独特营养品质特征评价鉴定

临河红辣椒外观颜色为深红色，外形纤细修长，个头较均匀，长12～14 cm，肉色亦为红色。其维生素C、可溶性固形物、可滴定酸、可溶性糖、蛋白质、铁、锌、硒含量均高于参照值。

3. 评价鉴定依据

《中国食物成分表（第6版／第一册）》（北京大学医学出版社），NY/T 944—2006《辣椒等级规格》，《尖椒长期贮藏的研究》收录于2000年01期《保鲜与加工》，《辣椒品种资源评价和影响辣椒素含量因素的初探》湖南农业大学硕士学位论文，《不同辣椒种质资源的品质性状评价》收录于2020年09期《西南农业学报》，《基于主成分与聚类分析的辣椒品质综合评价》收录于2019年14期《食品工业科技》。

4. 市场销售采购信息

内蒙古巴美优鲜蔬果有限公司

联系人：乔永刚　电话：15149855555

三十六 五原小麦 CAQS-MTYX-20200552

1. 营养指标

参数	铁 (mg/100g)	锌 (mg/100g)	赖氨酸 (mg/100g)	湿面筋 (%)	淀粉 (%)
测定值	6.73	3.42	345	34.1	74.6
参照值	5.1	2.33	271	25.5	62.4

2. 产品外在特征及独特营养品质特征评价鉴定

五原小麦颗粒呈卵形，粒色为黄褐色，籽粒腹沟较深，有少量冠毛，颗粒饱满整齐、粒质坚硬，千粒重约 42.42 g；具有小麦固有的光泽、颜色、气味。其膳食纤维、赖氨酸、天冬氨酸、淀粉、铁、锌、湿面筋含量均高于参照值。

3. 评价鉴定依据

《中国食物成分表（第 6 版 / 第一册）》（北京大学医学出版社），《藜麦及其他谷物的常规营养成分测定》收录于 2019 年 16 期《现代食品》，《不同麦区小麦籽粒蛋白质与氨基酸含量及评价》收录于 2015 年 06 期《作物学报》，GB 1351—2008《小麦》。

4. 市场销售采购信息

内蒙古五原县塞鑫面业有限公司

联系人：史岱奇　电话：15148816686

内蒙古双福面业有限责任公司

联系人：姚　斌　电话：18847806265

五原县新民食品有限责任公司

联系人：王爱云　电话：0478-5225788/13947806399

内蒙古五原县三宝面业有限责任公司

联系人：张安礼　电话：0478-5211688/18947804444

三十七 五原甜玉米 CAQS-MTYX-20200553

1. 营养指标

参数	蛋白质（%）	粗纤维（%）	可溶性糖（%）	铁（mg/100g）	锌（mg/100g）
测定值	4.54	1.90	3.35	1.98	1.53
参照值	4.00	3.96	1.53	1.10	0.90

2. 产品外在特征及独特营养品质特征评价鉴定

　　五原甜玉米个体长约 16 cm，其颗粒完整、饱满、口感软糯、香甜；外观呈金黄色，具有玉米固有的气味，无异味。其蛋白质、脂肪、淀粉、可溶性糖、锌、铁含量均高于参照值，直链淀粉含量满足一级标准，粗纤维含量优于参照值。

3. 评价鉴定依据

　　《中国食物成分表（第 6 版／第一册）》（北京大学医学出版社），《四个糯玉米品种加工后的品质比较》收录于 2016 年 07 期《山东农业科学》，《特用糯玉米杂交种主要农艺性状及籽粒营养成分的研究》收录于 2001 年 03 期《莱阳农学院学报》，GB/T 22326—2008《糯玉米》。

4. 市场销售采购信息

内蒙古井公农牧科技有限公司　　　　联系人：井贵鱼　电话：15048835558
五原县大丰粮油食品有限责任公司　　联系人：丁琦慧　电话：15044884370
五原县古郡蔬菜产业联盟专业合作社　联系人：张新平　电话：18947898361

三十八 磴口甘草 CAQS-MTYX-20200554

1. 营养指标

参数	水分(%)	灰分(%)	甘草苷(%)	甘草酸(%)
测定值	6.1	3.84	1.6	2.6
参照值	<12.0	<7.00	>0.5	>2.0

2. 产品外在特征及独特营养品质特征评价鉴定

磴口甘草形状为圆柱状，外皮呈深褐色，表面褶皱粗糙，断面为黄色；直径0.8～1.5 cm，上粗下细，单枝条较顺直、坚韧、有粉性，形成层环明显，为射线放射状，中间有髓，味甜。其水分、灰分、甘草苷、甘草酸含量符合参照范围。

3. 评价鉴定依据

《中华人民共和国药典》2015年版第一部，GB/T 19618—2004《甘草》。

4. 市场销售采购信息

内蒙古王爷地苁蓉生物有限公司　联系人：王泽军　电话：13947862936

三十九 磴口黑枸杞 CAQS-MTYX-20200555

1. 营养指标

参数	水分(%)	蛋白质(%)	锌(mg/100g)	硒(μg/100g)	维生素C(mg/100g)	总糖(%)	多糖(%)	脂肪(%)
测定值	12.7	14.8	1.89	4.75	148.0	40.9	3.06	5.0
参照值	≤13.0	>10.0	1.70	2.34	13.2	≥39.8	≥3.00	≤5.0

2. 产品外在特征及独特营养品质特征评价鉴定

磴口黑枸杞果实呈球形，具不规则皱纹，略扁稍皱缩，顶端有花柱痕，整体颜色呈紫黑色；其颗粒饱满均匀，整齐度好，百粒重约7.6 g；味道甘甜，不黏牙，风味独特。其维生素C、总糖、多糖、蛋白质、锌、硒含量均高于参照值，水分、灰分含量均优于参照值。

3. 评价鉴定依据

GB/T 18672—2014《枸杞》，《新疆黑枸杞营养成分的测定及分析》收录于2018年03期《食品工业》，《高效液相色谱法测定枸杞中维生素C含量》收录于2012年03期《包头医学院学报》，《不同有机肥对枸杞硒含量的影响分析》收录于2016年36期《乡村科技》。

4. 市场销售采购信息

内蒙古绿禾源农牧业开发有限公司　　联系人：秦　瑞　电话：18947886398

四十 佘太藜麦 CAQS-MTYX-20200556

1. 营养指标

参数	淀粉(%)	蛋白质(%)	粗纤维(%)	钙(mg/100g)	锌(mg/100g)	直链淀粉(%)	组氨酸(mg/100g)	谷氨酸(mg/100g)
测定值	61.10	13.1	2.0	6.41	4.15	13.60	466	1 844
参照值	58.73	10.4	7.5	28.00	1.80	3.75	380	2 110

2. 产品外在特征及独特营养品质特征评价鉴定

佘太藜麦颜色呈灰白色，形状为圆形药片状，直径1.6～1.8 mm，千粒重约3.16 g；米粒均匀、饱满、色泽鲜亮、完整度好，有淡淡的草木清香；过1.5 mm和1.0 mm圆孔筛无碎米和杂物。其蛋白质、淀粉、组氨酸、锌含量均高于参照值，直链淀粉含量高于参照值。

3. 评价鉴定依据

《中国食物成分表（第6版/第一册）》（北京大学医学出版社），LS/T 3245—2015《藜麦米》，《藜麦及其他谷物的常规营养成分测定》收录于2019年16期《现代食品》，《藜麦的主要营养成分、矿物元素及植物化学物质含量测定》收录于2015年05/06期《郑州轻工业学院学报》。

4. 市场销售采购信息

乌拉特前旗丰达源农贸有限责任公司　联系人：赵秋生　电话：13847834889

乌拉特前旗美中美亿农农资经销部　联系人：巩　静　电话：15044877980

四十一 明安山楂 CAQS-MTYX-20200557

1. 营养指标

参数	可溶性糖(%)	可溶性固形物(%)	硒(μg/100g)	锌(mg/100g)	铁(mg/100g)	维生素C(mg/100g)	总黄酮(%)	可滴定酸(%)
测定值	9.66	16.2	0.26	1.44	10.29	22.50	0.27	3.90
参照值	8.34	13.5	1.22	0.28	0.90	19.93	2.01	3.06

2. 产品外在特征及独特营养品质特征评价鉴定

明安山楂果皮表面呈深红色，色泽均匀一致，果实大小较均匀，单果重8.5～9.5 g，均匀度指数约为0.82，果实表面洁净，果肉呈淡黄色，口感微酸，无苦味。其维生素C、可溶性固形物、可溶性糖、铁、锌含量均高于参照值。

3. 评价鉴定依据

《中国食物成分表（第6版/第一册）》（北京大学医学出版社），《部分山楂种质资源重要果实性状的评价研究》沈阳农业大学硕士学位论文，《不同山楂品种的营养品质分析》收录于2008年04期《中国农学通报》。

4. 市场销售采购信息

乌拉特前旗茂盛业农贸专业合作社

联系人：贾利军　电话：13088499819

四十二 圐圙补隆烟叶 CAQS-MTYX-20200558

1. 营养指标

参数	钾 (mg/100g)	烟碱含量 (%)	总糖含量 (%)	还原糖 (%)
测定值	1.84	1.26	4.62	2.84
参照值	1.50	2.76	4.51	3.02

2. 产品外在特征及独特营养品质特征评价鉴定

圐圙补隆烟叶为片状烟叶，直径 1～2 cm，叶片淡黄色，油分较好，结构略偏紧，光泽中等，身份中等，部分叶片浮清较重；其感官品质评价为清香淡雅，余味舒适，燃烧性较好。其总糖、钾含量均高于参照值，烟碱含量优于参照值。

3. 评价鉴定依据

《不同成熟度对烤烟烟叶品质和安全性指标的影响》收录于 2007 年 03 期《中国烟草科学》，《江西省优质烟叶的品质分析》收录于 2020 年 12 期《江西农业》，《晾晒烟资源烟叶化学成分和吸食品质的初步分析》收录于 2004 年 08 期《中国种业》。

4. 市场销售采购信息

乌拉特前旗盛沃隆池农机专业合作社

联系人：闫文忠　电话：13847831139

四十三 佘太红辣椒 CAQS-MTYX-20200559

1. 营养指标

参数	可溶性糖（%）	铁（mg/100g）	锌（mg/100g）	硒（μg/100g）	维生素C（mg/100g）	辣椒素（%）
测定值	7.02	6.26	1.17	2.88	224	0.005 0
参照值	1.66	0.60	0.33	0.96	86	0.007 6

2. 产品外在特征及独特营养品质特征评价鉴定

佘太红辣椒外观颜色为深红色，外形纤细修长；个头较均匀，长13～15 cm；肉色亦为红色，内部有白色辣椒籽，自带鲜辣椒特有的辛辣味，口感较辣。其维生素C、可溶性固形物、可滴定酸、可溶性糖、蛋白质、铁、锌、硒含量均高于参照值。

3. 评价鉴定依据

《中国食物成分表（第6版/第一册）》（北京大学医学出版社），NY/T 944—2006《辣椒等级规格》，《尖椒长期贮藏的研究》收录于2000年01期《保鲜与加工》，《辣椒品种资源评价和影响辣椒素含量因素的初探》湖南农业大学硕士学位论文，《辣椒果实发育期间的品质变化》收录于1991年02期《北京农业大学学报》，《不同辣椒种质资源的品质性状评价》收录于2020年09期《西南农业学报》，《基于主成分与聚类分析的辣椒品质综合评价》收录于2019年14期《食品工业科技》。

4. 市场销售采购信息

乌拉特前旗丰达源农贸有限责任公司　　联系人：赵秋生　电话：13847834889

内蒙古禾兴农牧业有限责任公司　　联系人：辛俊飞　电话：17704781611

四十四 乌拉特树莓 CAQS-MTYX-20200560

1. 营养指标

参数	可溶性糖(%)	可溶性固形物(%)	蛋白质(%)	可滴定酸(%)	维生素C(mg/100g)	花青素(mg/g)
测定值	4.17	12.00	1.24	1.79	31.9	65.3
参照值	5.30	9.25	0.80	2.16	9.0	40.0

2. 产品外在特征及独特营养品质特征评价鉴定

乌拉特树莓形状呈圆锥形，果实呈鲜红色，色泽均匀，果实表面新鲜洁净，成熟度好，大小均匀一致，无碰压伤，并伴有浓郁的芳香味，果肉鲜嫩，口感酸甜。其花青素、蛋白质、可溶性固形物、维生素C、缬氨酸、亮氨酸含量均高于参照值，可滴定酸含量优于参照值。

3. 评价鉴定依据

《中国食物成分表（第6版/第一册）》（北京大学医学出版社），《黑龙江省树莓品种果实主要性状的分析评价》收录于2008年12期《北方园艺》，《盐碱地不同树莓品种果实品质比较》收录于2017年02期《天津农学院学报》，《应用臭氧浓度精准控制熏蒸装置提高树莓贮藏品质》收录于2017年10期《农业工程学报》，《新疆树莓果实营养成分及其提取物抗氧化性研究》收录于2008年04期《营养学报》。

4. 市场销售采购信息

内蒙古兴伟现代农牧业科技发展股份有限公司

联系人：张海伟 电话：19947189555

四十五 乌拉特花生 CAQS-MTYX-20200561

1. 营养指标

参数	铁 (mg/100g)	钙 (mg/100g)	锌 (mg/100g)	硒 (μg/100g)	粗纤维 (mg/100g)	可溶性糖 (%)
测定值	15.98	155.06	5.35	4.80	1.90	23.45
参照值	2.10	39.00	2.50	3.94	5.75	16.84

2. 产品外在特征及独特营养品质特征评价鉴定

乌拉特花生的果实形状为蚕茧形，大部分具有种子2粒，纯仁率约72.4%；果壳的颜色为黄白色，种皮的颜色为浅红色；颗粒饱满，形状匀整，口感油香。其脂肪、可溶性糖、不饱和脂肪酸、钙、铁、锌、硒、组氨酸含量均高于参照值，水分含量满足标准要求。

3. 评价鉴定依据

《中国食物成分表（第6版/第一册）》（北京大学医学出版社），《基于HPLC-RID的花生籽仁可溶性糖含量检测方法的建立》收录于2021年02期《作物学报》，《花生粕的营养组成及其在禽料中的应用》收录于2011年06期《广东畜牧兽医科技》，GB/T 1532—2008《花生》，NY/T 1067—2006《食用花生》。

4. 市场销售采购信息

乌拉特中旗邦联农牧专业合作社　联系人：张旭东　电话：15044827782

四十六　乌拉特后旗富硒山羊肉 CAQS-MTYX-20200562

1. 营养指标

参数	脂肪（%）	胆固醇（mg/100g）	蛋白质（%）	钙（mg/100g）	铁（mg/100g）	硒（μg/100g）
测定值	2.9	42.7	20.9	28.5	7.8	27.70
参照值	6.5	82.0	18.5	17.0	3.9	5.95

2. 产品外在特征及独特营养品质特征评价鉴定

乌拉特后旗富硒山羊肉样品鲜红，肉质紧密，有弹性，肌纤维有韧性；表面微湿润，不黏手；具有羊肉正常气味，无异味；煮沸后，肉汤透明澄清。其蛋白质、不饱和脂肪酸、蛋氨酸、组氨酸、钙、铁、锌、硒含量均高于参照值，其中硒含量高于参照值近4倍，胆固醇、脂肪、水分含量及蒸煮损失、剪切力均优于参照值。

3. 评价鉴定依据

《中国食物成分表（第6版/第二册）》（北京大学医学出版社），GB/T 9961—2008《鲜、冻胴体羊肉》，NY/T 2793—2015《肉的食用品质客观评价方法》，NY/T 630—2002《羊肉质量分级》，DB22/T 1003—2018《优质羊肉品质要求》。

4. 市场销售采购信息

内蒙古康硒生态环保科技有限公司

联系人：张玉霞　电话：15304788805

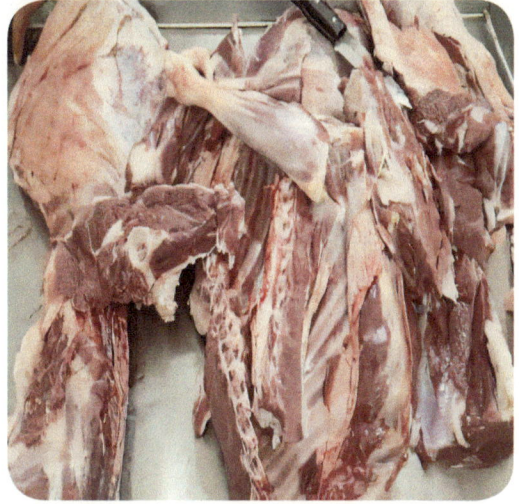

四十七 杭锦后旗葵花籽 CAQS-MTYX-20200563

1. 营养指标

参数	蛋白质(%)	锌(mg/100g)	铁(mg/100g)	亚油酸(% 总脂肪酸)	天冬氨酸(mg/100g)
测定值	27.9	4.61	13.89	67.25	2 056
参照值	19.1	0.50	2.90	65.13	1 800

2. 产品外在特征及独特营养品质特征评价鉴定

杭锦后旗葵花籽主色为黑色，籽实条纹颜色为白色，长卵形，扁而长，颗粒饱满；籽实长2.2～2.5 cm，百粒重约26.42 g，口感油香可口。其蛋白质、赖氨酸、亮氨酸、天冬氨酸、粗纤维、铁、锌、亚油酸、亚麻酸含量均高于参照值。

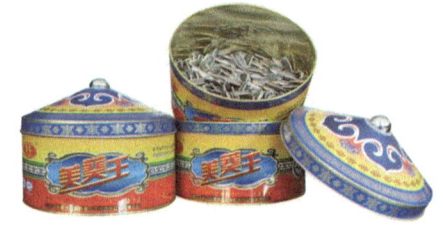

3. 评价鉴定依据

《中国食物成分表（第6版/第一册）》（北京大学医学出版社），国家农作物种质资源平台国家作物科学数据中心《向日葵种质资源描述规范》，GB/T 11764—2022《葵花籽》，《关于降低葵花粕中含壳（粗纤维）的研究与试验》收录于1986年04期《中国油脂》，《几种油料脂肪酸组成及化学成分与制油工艺相关性分析》收录于2015年01期《江苏农业科学》，《葵花籽生物活性物质及熟制后风味化合物研究进展》收录于2020年21期《食品工业科技》。

4. 市场销售采购信息

内蒙古乔家大院蒙乔食品有限公司　　联系人：李海霞　　电话：15334785598

四十八 杭锦后旗番茄 CAQS-MTYX-20200564

1. 营养指标

参数	番茄红素(%)	维生素C(mg/100g)	可溶性固形物(%)	硒(μg/100g)	锌(mg/100g)	可溶性糖(%)
测定值	82	29	5.50	0.33	0.58	3.46
参照值	48	14	4.88	0.20	0.20	2.66

2. 产品外在特征及独特营养品质特征评价鉴定

杭锦后旗番茄单果重约 25 g，果实大小均匀，果形为长椭圆形，果形圆润无筋棱，表皮色泽均匀、光洁；果色为红色，果面无茸毛，果顶形状圆平，果肩形状微凹，果肉颜色为红色，胎座胶状物质颜色为红色；果腔充实，果实坚实，果肉肉质口感沙，风味甜，有清香味。其番茄红素、维生素 C、可溶性固形物、可溶性糖、锌、硒含量均高于参照值，总酸含量优于参照值。

3. 评价鉴定依据

《中国食物成分表（第 6 版 / 第一册）》（北京大学医学出版社），NY/T 940—2006《番茄等级规格》，《番茄果实可溶性糖含量遗传规律的研究及 QTL 定位》东北农业大学硕士学位论文，《影响番茄可溶性固形物含量的相关因素研究》收录于 2017 年 09 期《江西农业学报》，《不同种类番茄中番茄红素含量及油脂烹制作用》收录于 2020 年 02 期《中国调味品》。

4. 市场销售采购信息

中粮屯河（杭锦后旗）番茄制品有限公司

联系人：王　晶　电话：13947802317

四十九 杭锦后旗草鱼 CAQS-MTYX-20200565

1. 营养指标

参数	蛋白质(%)	脂肪(%)	铁(mg/100g)	硒(μg/100g)	亚油酸(% 总脂肪酸)	DHA(% 总脂肪酸)
测定值	18.8	1.9	5.06	10.00	31.24	1.91
参照值	16.6	5.2	0.80	6.66	17.00	0.60

2. 产品外在特征及独特营养品质特征评价鉴定

杭锦后旗草鱼单鱼重 1.6～1.8 kg，其体形为梭形，前部略呈圆筒状，后部稍侧扁，腹圆无腹棱，背部青灰色，腹部银白色；体侧鳞片为白色，黏液为无色；肌肉组织紧密有弹性，具有鱼肉固有的色泽和气味，有光泽。其蛋白质、谷氨酸、赖氨酸、异亮氨酸、钙、铁、锌、硒、亚油酸、DHA 含量均高于参照值。

3. 评价鉴定依据

《中国食物成分表（第 6 版 / 第二册）》（北京大学医学出版社），GB/T 37062—2018《水产品感官评价指南》，GB/T 17715—1999《草鱼》。

4. 市场销售采购信息

杭锦后旗金沙湾渔业有限公司	联系人：许守和	电话：15332782999
杭锦后旗郝五平水产专业合作社	联系人：郝五平	电话：13947877889
巴彦淖尔市北发农业科技有限责任公司	联系人：陈满全	电话：13948185629
杭锦后旗冬祥梅种养殖专业合作社	联系人：张 冬	电话：13624785028
杭锦后旗四团农牧业有限公司	联系人：黄丰本	电话：15334885196

五十 临河玉米糊 CAQS-MTYX-20210259

1. 营养指标

参数	蛋白质(%)	脂肪(%)	赖氨酸(mg/100g)	必需氨基酸(% 总氨基酸)
测定值	8.7	2.4	230	33.86
参照值	8.5	1.5	170	24.11

2. 产品外在特征及独特营养品质特征评价鉴定

临河玉米糊呈紫黑色粉末状，颗粒均匀细腻，有玉米固有的气味。其蛋白质、脂肪含量较高，且赖氨酸和必需氨基酸含量高于参照值。

3. 评价鉴定依据

《中国食物成分表（第6版/第一册）》（北京大学医学出版社），《不同来源玉米稻谷常规营养成分及微量元素含量的比较研究》收录于2018年13期《饲料工业》，《不同直链淀粉含量玉米淀粉研究进展》收录于2013年06期《粮食与油脂》。

4. 市场销售采购信息

内蒙古塞上江南农业科技有限公司

联系人：高 冬　电话：15332785666

五十一 临河谷饲羊 CAQS-MTYX-20210260

1. 营养指标

参数	胆固醇（mg/100g）	肌间脂肪（%）	蛋氨酸（mg/100g）	不饱和脂肪酸（% 总脂肪酸）	剪切力（N）
测定值	41.6	2.50	440	58.87	29.92
参照值	82.0	0.83	389	43.20	≤60.00

2. 产品外在特征及独特营养品质特征评价鉴定

临河谷饲羊肌肉色泽为暗红色；肉质表面微干，不黏手，肉质紧密，有坚实感，有韧性；具有羊肉正常气味。其肌间脂肪、蛋氨酸、不饱和脂肪酸含量均高于参照值，胆固醇含量、剪切力优于参照值。

3. 评价鉴定依据

《中国食物成分表（第6版/第二册）》（北京大学医学出版社），GB/T 9961—2008《鲜、冻胴体羊肉》，NY/T 2793—2015《肉的食用品质客观评价方法》，NY/T 630—2002《羊肉质量分级》，NY/T 633—2002《冷却羊肉》，《龙陵黄山羊屠宰性能及肉质研究》收录于1998年03期《云南农业大学学报》。

4. 市场销售采购信息

经济开发区众富养殖专业合作社	联系人：高　远	电话：18904780797
巴彦淖尔市明诚农牧业发展有限公司	联系人：秦　勇	电话：13304787885
内蒙古草原鑫河食品有限公司	联系人：郝依凡	电话：18104785555

五十二 临河羊肉串 CAQS-MTYX-20210261

1. 营养指标

参数	脂肪(%)	胆固醇(mg/100g)	鲜味氨基酸(% 总氨基酸)	不饱和脂肪酸(% 总脂肪酸)	必需氨基酸(% 总氨基酸)
测定值	36.4	46.2	4 410	61.4	38.24
参照值	4.8	82.0	3 510	55.8	29.23

2. 产品外在特征及独特营养品质特征评价鉴定

临河羊肉串脂肪含量较高，肥瘦较均匀，羊肉串表面微湿润，不黏手，具有羊肉固有气味。其脂肪、鲜味氨基酸、必需氨基酸、不饱和脂肪酸含量均高于参照值，胆固醇含量优于参照值。

3. 评价鉴定依据

《中国食物成分表（第 6 版 / 第二册）》（北京大学医学出版社），GB/T 9961—2008《鲜、冻胴体羊肉》，NY/T 2793—2015《肉的食用品质客观评价方法》，NY/T 630—2002《羊肉质量分级》，NY/T 633—2002《冷却羊肉》。

4. 市场销售采购信息

内蒙古信益农牧业综合发展有限公司　联系人：胡　洁　电话：18247866789

五十三 临河草鱼 CAQS-MTYX-20210262

1. 营养指标

参数	脂肪（%）	蛋白质（%）	硒（μg/100g）	鲜味氨基酸（% 总氨基酸）	不饱和脂肪酸（% 总脂肪酸）
测定值	4.4	16.8	15.00	27.18	68.41
参照值	5.2	16.6	6.66	21.07	63.89

2. 产品外在特征及独特营养品质特征评价鉴定

临河草鱼单个重量约 2.4 kg，外表呈灰白色，其体形为梭形，背部青灰色，腹部银白色，鱼鳞颜色为灰色，鳞片紧密，有光泽。其鲜味氨基酸、不饱和脂肪酸、蛋白质、硒含量均高于参照值。

3. 评价鉴定依据

《中国食物成分表（第 6 版／第二册）》（北京大学医学出版社）。

4. 市场销售采购信息

临河区运久农民专业合作社　　　联系人：李建光　电话：14794889677
临河区双喜水产养殖专业合作社　联系人：石挨喜　电话：13604789677

五十四 五原白梨儿脆香瓜 CAQS-MTYX-20210263

1. 营养指标

参数	可溶性固形物（%）	维生素C（mg/100g）	可溶性糖（%）	总酸（%）	钾（mg/100g）	天冬氨酸（mg/100g）
测定值	10.3	41.8	6.28	0.18	282	45
参照值	9.0	15.0	≤6.30	0.24	139	41

2. 产品外在特征及独特营养品质特征评价鉴定

五原白梨儿脆香瓜瓜形端正呈纺锤形，大小均匀，平均重量约为480 g，瓜皮色泽明亮，底色呈黄色泛白，表面覆有绿色条纹，瓜瓤呈淡黄色，果肉细嫩，口感香甜。其维生素C、可溶性固形物、钾、天冬氨酸含量均高于参照值，总酸含量优于参照值。

3. 评价鉴定依据

《中国食物成分表（第6版/第一册）》（北京大学医学出版社），《河套蜜瓜果实发育过程中主要营养成分的变化》收录于2011年03期《内蒙古农业大学学报》，《河套蜜瓜果实发育过程中及不同贮藏温度下生理特性的研究》中国农业大学硕士学位论文。

4. 市场销售采购信息

五原县古郡田园农民专业合作社

  联系人：韩福胜 电话：13847860699

五原县胜丰镇新红村晏安和桥香蜜瓜农民专业合作社

联系人：张建军 电话：13154782866

五原县胜丰镇新丰村庙壕香蜜瓜农民专业合作社

联系人：辛计小 电话：13394852681

内蒙古瑞祥农贸有限责任公司

联系人：曹　帅 电话：13190866662

五原县套海镇科兴农民专业合作社

  联系人：王新刚 电话：15204780473

五原县塔尔湖镇惠泽农民专业合作社

联系人：王志军 电话：13948889815

内蒙古黄金纬度食品有限责任公司

联系人：王聚甫 电话：13544196862

五十五 五原麒麟西瓜 CAQS-MTYX-20210264

1. 营养指标

参数	可溶性固形物（%）	维生素 C（mg/100g）	总酸（%）	钾（mg/100g）
测定值	9.8	10.9	0.09	152.3
参照值	≥ 8.0	7.0	0.20	97.0

2. 产品外在特征及独特营养品质特征评价鉴定

五原麒麟西瓜瓜形端正，呈圆球形，个头中等，单果重约 4.2 kg，瓜皮纹路清晰鲜亮，底色呈深绿色，条纹较宽呈墨绿色，无损伤，果肉呈鲜红色，肉质疏松沙绵，口感香甜。其可溶性固形物、维生素 C、钾含量均高于参照值，总酸含量优于参照值。

3. 评价鉴定依据

《中国食物成分表（第 6 版 / 第一册）》（北京大学医学出版社），《西瓜可溶性糖和纤维素含量的近红外光谱测定》收录于 2007 年 01 期《食品科学》。

4. 市场销售采购信息

内蒙古新品格农业种植有限责任公司	联系人：贾俊明	电话：13947381617
五原县套海镇科兴农民专业合作社	联系人：王新刚	电话：15204780473
五原县古郡田园农民专业合作社	联系人：韩福胜	电话：13847860699
内蒙古黄金纬度食品有限责任公司	联系人：王聚甫	电话：13544196862

五十六 磴口香瓜 CAQS-MTYX-20210265

1. 营养指标

参数	可溶性固形物（%）	维生素 C（mg/100g）	总酸（%）	天冬氨酸（mg/100g）	谷氨酸（mg/100g）
测定值	7.80	29.6	0.106	54	160
参照值	6.67	15.0	0.140	41	112

2. 产品外在特征及独特营养品质特征评价鉴定

磴口香瓜瓜形端正呈纺锤形，平均质量约为 200 g，瓜皮呈淡黄色部分带有绿色条纹，瓜皮表面洁净光滑，果肉呈乳白色，皮薄肉厚，果肉细嫩，口感脆甜，并伴有浓郁的香味。其维生素 C、天冬氨酸、谷氨酸、可溶性固形物含量均高于参照值，总酸含量优于参照值。

3. 评价鉴定依据

《中国食物成分表（第 6 版 / 第一册）》（北京大学医学出版社），NY/T 427—2016《绿色食品西甜瓜》，《河套蜜瓜果实发育过程中及不同贮藏温度下生理特性的研究》中国农业大学硕士学位论文，《甜瓜果实柠檬酸含量、可滴定酸和 pH 的遗传分析与 QTL 定位》中国农业科学院硕士学位论文。

4. 市场销售采购信息

磴口县绿家苑种植农民专业合作社　联系人：李建平　电话：13284780993

五十七 纳林甜瓜 CAQS-MTYX-20210266

1. 营养指标

参数	可溶性固形物(%)	维生素C(mg/100g)	钾(mg/100g)	天冬氨酸(mg/100g)	总酸(%)
测定值	12.6	14	265	77	0.066
参照值	9.0	12	190	43	0.140

2. 产品外在特征及独特营养品质特征评价鉴定

纳林甜瓜瓜形呈椭圆形，单瓜重约2.1 kg，瓜皮有凸起浅褐色不规则条纹，瓜皮呈绿色，瓜瓤呈深黄色，瓜肉鲜嫩，香甜多汁。其可溶性固形物、维生素C、钾、天冬氨酸含量均高于参照值，总酸含量优于参照值。

3. 评价鉴定依据

《中国食物成分表（第6版/第一册）》（北京大学医学出版社），《北京地区不同品种甜瓜营养品质分析》收录于2018年03期《北京农学院学报》，《甜瓜果实柠檬酸含量、可滴定酸和pH的遗传分析与QTL定位》中国农业科学院硕士学位论文。

4. 市场销售采购信息

磴口县农垦纳林套海农场有限责任公司　联系人：郑　谦　电话：15247826625

五十八 磴口山药 CAQS-MTYX-20210267

1. 营养指标

参数	蛋白质（%）	维生素C（mg/100g）	锌（mg/100g）	硒（μg/100g）	总酸（%）
测定值	2.02	12.7	1.80	5.50	0.094
参照值	1.90	5.0	0.27	0.55	0.400

2. 产品外在特征及独特营养品质特征评价鉴定

磴口山药外观新鲜，粗细较均匀，单根重约250 g，长45～50 cm，直径2～4 cm，其外皮为土黄色，色泽均匀，断面为白色，粉性足。其维生素C、锌、硒、蛋白质含量均高于参照值，总酸含量优于参照值。

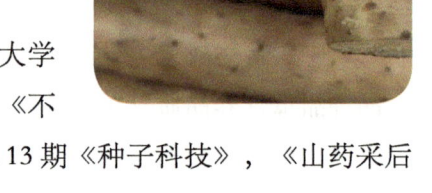

3. 评价鉴定依据

《中国食物成分表（第6版/第一册）》（北京大学医学出版社），NY/T 1065—2006《山药等级规格》，《不同品种山药主要营养成分的比较分析》收录于2019年13期《种子科技》，《山药采后生理及贮藏技术研究》河北农业大学硕士学位论文。

4. 市场销售采购信息

磴口县益亨种养殖农民专业合作社　联系人：刘　莉　电话：18847883833

五十九 磴口鲤鱼 CAQS-MTYX-20210268

1. 营养指标

参数	蛋白质 (%)	脂肪 (mg/100g)	鲜味氨基酸 (% 总氨基酸)	硒 (μg/100g)
测定值	17.8	0.2	27.89	29.00
参照值	17.6	4.1	23.36	15.38

2. 产品外在特征及独特营养品质特征评价鉴定

磴口鲤鱼个体重约 2.8 kg,其身体侧扁,肉质紧实,有弹性;鱼鳞颜色为金色,鳞片紧密,有光泽。其鲜味氨基酸、硒、蛋白质含量均高于参照值。

3. 评价鉴定依据

《中国食物成分表(第 6 版 / 第二册)》(北京大学医学出版社)。

4. 市场销售采购信息

磴口县顺通农牧业开发有限公司　　　　联系人:刘建平　电话:15004786888
巴彦淖尔市纳林湖农林水产科技有限公司　联系人:韦春江　电话:18847811999

六十 磴口草鱼 CAQS-MTYX-20210269

1. 营养指标

参数	蛋白质(%)	脂肪(%)	鲜味氨基酸(% 总氨基酸)	硒(μg/100g)	DHA(% 总脂肪酸)
测定值	17.4	0.5	4 450	9.60	2.03
参照值	16.6	5.2	3 730	6.66	0.60

2. 产品外在特征及独特营养品质特征评价鉴定

磴口草鱼单条重量约 2.5 kg，其体形为梭形，背部为青灰色，腹部为灰白色，头部平扁，尾部侧扁，鱼鳞颜色为灰黑色，鳞片紧密，有光泽。其硒、蛋白质、鲜味氨基酸、DHA 含量均高于参照值。

3. 评价鉴定依据

《中国食物成分表（第 6 版／第二册）》（北京大学医学出版社）。

4. 市场销售采购信息

巴彦淖尔市纳林湖农林水产科技有限公司　　联系人：韦春江　电话：18847811999

磴口县顺通农牧业开发有限公司　　联系人：刘建平　电话：15004786888

六十一 乌拉特前旗葵花籽 CAQS-MTYX-20210270

1. 营养指标

参数	蛋白质（%）	亚油酸（% 总脂肪酸）	鲜味氨基酸（% 总氨基酸）	锌（mg/100g）	脂肪（%）
测定值	28.2	70.52	8 140	4.48	49.9
参照值	19.1	65.13	7 932	0.50	53.4

2. 产品外在特征及独特营养品质特征评价鉴定

乌拉特前旗葵花籽主色为黑色，籽实条纹颜色为白色，长卵形，扁而长，颗粒饱满；籽实长约 2.6 cm，百粒重约 24.57 g；具有葵花籽固有的色泽，口感香脆。其蛋白质、鲜味氨基酸、锌、亚油酸含量均高于参照值。

3. 评价鉴定依据

《中国食物成分表（第 6 版 / 第一册）》（北京大学医学出版社），《15 种坚果果仁氨基酸组成及含量差异分析》收录于 2020 年 04 期《食品安全质量检测学报》。

4. 市场销售采购信息

内蒙古蒙葵农业有限责任公司

联系人：高 洁　电话：18647886166

内蒙古胖农农业科技有限公司

联系人：王 凯　电话：18147119686

乌拉特前旗欣达梦商贸有限责任公司

联系人：韩来牛　电话：13847878637

六十二 佘太红高粱 CAQS-MTYX-20210271

1. 营养指标

参数	单宁（%）	总淀粉（%）	锌（mg/100g）	直链淀粉（%）
测定值	0.03	69.7	1.86	19.90
参照值	≤0.5	64.3	1.64	14.58

2. 产品外在特征及独特营养品质特征评价鉴定

佘太红高粱外观呈红色，内部为白色，籽粒饱满，粒形为圆形，百粒重约2.61 g，有高粱固有的气味和色泽。其总淀粉、锌含量均高于参照值，直链淀粉含量高于参照值，属于粳高粱，且单宁含量较低。

3. 评价鉴定依据

《中国食物成分表（第6版/第一册）》（北京大学医学出版社），GB/T 8231—2007《高粱》，LS/T 3215—1985《高粱米》，《辽宁省地方高粱品种食用品质性状研究》收录于2019年04期《中国农业科学》，《不同品种高粱淀粉、赖氨酸和单宁含量的比较》收录于2019年03期《陕西农业科学》。

4. 市场销售采购信息

内蒙古佘太酒业股份有限公司　　　　联系人：吴　海　电话：13804782113
乌拉特前旗丰达源农贸有限责任公司　联系人：赵秋生　电话：13847834889

六十三 乌拉特前旗玉米 CAQS-MTYX-20210272

1. 营养指标

参数	必需氨基酸 （% 总氨基酸）	赖氨酸 （mg/100g）	硒 （μg/100g）	脂肪 （%）
测定值	35.13	230	2.20	2.8
参照值	33.56	130	1.24	0.8

2. 产品外在特征及独特营养品质特征评价鉴定

乌拉特前旗玉米百粒重约 35.94 g，其颗粒完整、饱满；外观呈金黄色，具有玉米固有的气味，无异味；口感甜糯。其脂肪和赖氨酸含量较高，且硒和必需氨基酸含量高于参照值。

3. 评价鉴定依据

《中国食物成分表（第 6 版 / 第一册）》（北京大学医学出版社），《四个糯玉米品种加工后的品质比较》收录于 2016 年 07 期《山东农业科学》，《不同来源玉米稻谷常规营养成分及微量元素含量的比较研究》收录于 2018 年 13 期《饲料工业》，《不同直链淀粉含量玉米淀粉研究进展》收录于 2013 年 06 期《粮食与油脂》。

4. 市场销售采购信息

内蒙古禾兴有限责任公司

联系人：高和平　电话：13484782466

乌拉特前旗博宝食品有限责任公司

联系人：苏永宽　电话：18904788589

六十四 小佘太香菇 CAQS-MTYX-20210273

1. 营养指标

参数	膳食纤维（%）	蛋白质（%）	磷（mg/100g）	灰分（绝干）（%）
测定值	8.14	3.7	104	7.5
参照值	3.44	2.2	53	≤ 8.0

2. 产品外在特征及独特营养品质特征评价鉴定

小佘太香菇菌盖稍扁平，菇形规整，表面呈深褐色，菌褶呈乳白色；厚度 0.8～0.9 cm，菌盖直径 4.0～5.0 cm，菌柄与菌盖边缘有白色丝膜相连，伴有鲜香菇特有的沁人香气，菌肉紧实，口感弹韧。其蛋白质、膳食纤维、磷含量均高于参照值，灰分含量优于参照值。

3. 评价鉴定依据

《中国食物成分表（第 6 版 / 第一册）》（北京大学医学出版社），NY/T 1061—2006《香菇等级规定划分》，《不同干燥方法对生食香菇品质的影响》收录于 2014 年 02 期《食品科学技术学报》，《pH 对香菇多糖含量及合成关键酶基因转录水平的影响》收录于 2019 年 02 期《生物技术通报》。

4. 市场销售采购信息

乌拉特前旗民福旺养殖专业合作社　　联系人：赵天民　　电话：13847854969

六十五 乌拉特中旗葵花 CAQS-MTYX-20210274

1. 营养指标

参数	鲜味氨基酸 (mg/100g)	蛋白质 (%)	锌 (mg/100g)	亚油酸 (% 总脂肪酸)	脂肪 (%)
测定值	8 320	24.5	3.92	70.86	48.5
参照值	7 932	19.1	0.50	65.13	53.4

2. 产品外在特征及独特营养品质特征评价鉴定

乌拉特中旗葵花主色为黑色，籽实条纹颜色为白色，长卵形，扁而长，颗粒饱满；籽实长约 2.7 cm，百粒重约 26.03g；具有葵花籽固有的色泽，口感油香可口。其蛋白质、鲜味氨基酸、锌、亚油酸含量均高于参照值。

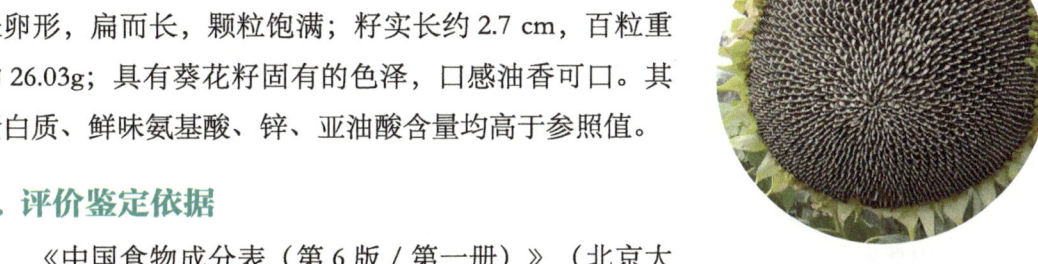

3. 评价鉴定依据

《中国食物成分表（第 6 版/第一册）》（北京大学医学出版社），《15 种坚果果仁氨基酸组成及含量差异分析》收录于 2020 年 04 期《食品安全质量检测学报》。

4. 市场销售采购信息

乌拉特中旗邦联农牧专业合作社　联系人：张旭东　电话：15044827782

六十六 乌拉特中旗小麦粉 CAQS-MTYX-20210275

1. 营养指标

参数	湿面筋(%)	蛋白质(%)	锌(mg/100g)	淀粉(%)	赖氨酸(mg/100g)
测定值	35.5	14.3	1.74	71.6	300
参照值	>30.0	12.4	0.69	67.3	271

2. 产品外在特征及独特营养品质特征评价鉴定

乌拉特中旗小麦粉色泽白净，颗粒度小，筋度大，具有小麦粉固有的色泽和气味。其蛋白质、淀粉、湿面筋含量较高，且锌和赖氨酸含量高于参照值。

3. 评价鉴定依据

《中国食物成分表（第6版/第一册）》（北京大学医学出版社），《不同面筋含量小麦淀粉及蛋白质特性分析》河南工业大学硕士学位论文，GB/T 8607—1988《高筋小麦粉》。

4. 市场销售采购信息

乌拉特中旗好联丰有机农牧业专业合作社　联系人：高　彪　电话：13327086122

六十七 乌拉特中旗玉米片 CAQS-MTYX-20210276

1. 营养指标

参数	总淀粉(%)	蛋白质(%)	硒(μg/100g)	直链淀粉(%)	赖氨酸(mg/100g)
测定值	78.40	8.72	2.80	25.4	260
参照值	69.27	8.50	2.68	25.0	170

2. 产品外在特征及独特营养品质特征评价鉴定

乌拉特中旗玉米片呈圆形薄片，具有玉米固有的气味，无异味，口感酥糯。其蛋白质、总淀粉、赖氨酸、硒、直链淀粉含量均高于参照值。

3. 评价鉴定依据

《中国食物成分表（第 6 版／第一册）》（北京大学医学出版社），《四个糯玉米品种加工后的品质比较》收录于 2016 年 07 期《山东农业科学》，《不同来源玉米稻谷常规营养成分及微量元素含量的比较研究》收录于 2018 年 13 期《饲料工业》，《不同直链淀粉含量玉米淀粉研究进展》收录于 2013 年 06 期《粮食与油脂》。

4. 市场销售采购信息

乌拉特中旗好联丰有机农牧业专业合作社　联系人：高　彪　电话：13327086122

六十八 乌拉特后旗酸白菜 CAQS-MTYX-20210277

1. 营养指标

参数	膳食纤维(%)	维生素C(mg/100g)	pH值	乳酸(g/100mL)
测定值	1.3	138.00	3.72	0.87
参照值	0.9	38.72	<4.00	0.83

2. 产品外在特征及独特营养品质特征评价鉴定

乌拉特后旗酸白菜颜色自然，菜叶呈淡黄色，具有自然的酸味及发酵香气，口感酸脆鲜嫩，无异味。其维生素C、膳食纤维、乳酸含量均高于参照值，pH值优于参照值。

3. 评价鉴定依据

《中国食物成分表（第6版/第一册）》（北京大学医学出版社），NY/T 943—2006《大白菜等级规格》，《乳酸菌在蔬菜加工中的应用》收录于1998年03期《中国调味品》，《不同乳酸菌株发酵对大白菜腌渍过程品质变化的影响》收录于2010年07期《农业科技与装备》，《东北酸菜发酵过程菌群变化偶联酸菜品质的初步探究》收录于2018年33期《中国农学通报》。

4. 市场销售采购信息

内蒙古绿兆源食品有限责任公司　联系人：李海源　电话：15804780999

六十九 乌拉特后旗小番茄 CAQS-MTYX-20210278

1. 营养指标

参数	番茄红素 (mg/kg)	维生素 C (mg/100g)	总酸 (%)	可溶性固形物 (%)
测定值	75.2	25.8	0.349	5.80
参照值	70.0	25.0	0.476	5.55

2. 产品外在特征及独特营养品质特征评价鉴定

乌拉特后旗小番茄，直径 3～4 cm，果皮为红色并带有绿色竖条纹，其色泽均匀，外观圆润光滑；果肉颜色为红色，其汁水丰满，酸甜爽口。其番茄红素、可溶性固形物、维生素 C 含量均高于参照值，总酸含量优于参照值。

3. 评价鉴定依据

《中国食物成分表（第 6 版／第一册）》（北京大学医学出版社），NY/T 940—2006《番茄等级规格》，《不同樱桃番茄果实营养特性比较及遗传倾向研究》2019 年 08 期《西北农业学报》，《影响番茄可溶性固形物含量的相关因素研究》收录于 2017 年 09 期《江西农业学报》，《不同品种番茄营养成分分析》收录于 2018 年 15 期《现代食品》。

4. 市场销售采购信息

乌拉特后旗东升春华蔬菜种植专业合作社　　联系人：徐丽荣　　电话：15848710086

七十 乌拉特后旗骆驼奶 CAQS-MTYX-20210279

1. 营养指标

参数	蛋白质(%)	乳糖(%)	钙(mg/100g)	不饱和脂肪酸(% 总脂肪酸)
测定值	3.88	2.37	175	33.25
参照值	3.70	5.03	50	31.80

2. 产品外在特征及独特营养品质特征评价鉴定

乌拉特后旗骆驼奶外观为乳白色的液体，有浓郁的新鲜奶香味，骆驼奶外观稠度较大，无肉眼可见的杂质。其蛋白质、钙、不饱和脂肪酸含量均高于参照值，乳糖含量较低。

3. 评价鉴定依据

《中国食物成分表（第6版/第二册）》（北京大学医学出版社），《驼奶中氨基酸和人体必需微量金属元素的测定》收录于1999年01期《宁夏大学学报》，《乌鲁木齐县托里乡乌拉泊村骆驼养殖和驼奶质量调查》收录于2016年12期《新疆畜牧业》。

4. 市场销售采购信息

内蒙古英格苏生物科技有限公司　　联系人：李建军　　电话：13314784888

七十一　乌拉特后旗风干羊肉 CAQS-MTYX-20210280

1. 营养指标

参数	蛋白质 （%）	赖氨酸 （mg/100g）	天冬氨酸 （mg/100g）	不饱和脂肪酸 （% 总脂肪酸）	胆固醇 （mg/100g）
测定值	58.4	3 910	4 430	54.2	57.8
参照值	28.2	1 920	1 980	43.2	166.0

2. 产品外在特征及独特营养品质特征评价鉴定

乌拉特后旗风干羊肉呈条状，大小较均匀，表面色泽为棕褐色，内部为暗红色，具有风干羊肉特有的气味，食之有嚼劲。其蛋白质、赖氨酸、天冬氨酸、不饱和脂肪酸含量均高于参照值，胆固醇含量优于参照值。

3. 评价鉴定依据

《中国食物成分表（第 6 版 / 第二册）》（北京大学医学出版社）。

4. 市场销售采购信息

乌拉特后旗巴音宝力格镇峰顶羊肉食商行

联系人：周 鹏 朝　电话：13514784728

乌拉特后旗巴音乌力吉风干羊肉大全专业合作社

联系人：查干呼很　电话：13327088667

七十二 杭锦后旗枸杞 CAQS-MTYX-20210281

1. 营养指标

参数	蛋白质(%)	多糖(%)	总糖(%)	维生素C(mg/100g)
测定值	14.4（干样）	3.18（干样）	47.00（干样）	199.0（干样）
参照值	≥ 10.0	≥ 3.00	≥ 39.89	13.2

2. 产品外在特征及独特营养品质特征评价鉴定

杭锦后旗枸杞为干样，果实呈纺锤形，整体颜色呈红色，其颗粒饱满均匀，整齐度好，百粒重约 16.8 g；其质地柔软，味道甘甜，具有枸杞应有的气味和滋味。其维生素 C 含量高于参照值，总糖、多糖、蛋白质含量均高于参照值。

3. 评价鉴定依据

GB/T 18672—2014《枸杞》，《新疆黑枸杞营养成分的测定及分析》收录于 2018 年 03 期《食品工业》，《高效液相色谱法测定枸杞中维生素 C 含量》收录于 2012 年 03 期《包头医学院学报》。

4. 市场销售采购信息

杭锦后旗绿川沙海红枸杞农民专业合作社

联系人：王　涛　电话：13739907525

七十三 杭锦后旗玉米（干玉米粒）CAQS-MTYX-20210282

1. 营养指标

参数	蛋白质(%)	脂肪(%)	赖氨酸(mg/100g)	天冬氨酸(mg/100g)	硒(μg/100g)
测定值	8.17	3.0	260	490	1.40
参照值	8.00	0.8	130	450	1.24

2. 产品外在特征及独特营养品质特征评价鉴定

杭锦后旗玉米（干玉米粒），百粒重约39.81 g，颗粒完整、饱满；胚的部分呈白色，胚乳呈金黄色，具有玉米固有的气味，无异味。其蛋白质、脂肪含量较高，且赖氨酸、天冬氨酸、硒含量均高于参照值。

3. 评价鉴定依据

《中国食物成分表（第6版/第一册）》（北京大学医学出版社），《四个糯玉米品种加工后的品质比较》收录于2016年07期《山东农业科学》，《特用糯玉米杂交种主要农艺性状及籽粒营养成分的研究》收录于2001年03期《莱阳农学院学报》，GB/T 22326—2008《糯玉米》。

4. 市场销售采购信息

内蒙古旭一牧业有限公司　　联系人：王小峰　电话：13948886128
内蒙古河套酒业集团股份有限公司　联系人：李　成　电话：13847865999

七十四 杭锦后旗鲢鱼 CAQS-MTYX-2021028

1. 营养指标

参数	脂肪（%）	钙（mg/100g）	鲜味氨基酸（% 总氨基酸）	多不饱和脂肪酸（% 总脂肪酸）	必需氨基酸（% 总氨基酸）
测定值	2.8	69.9	27.07	22.4	40.95
参照值	3.6	53.0	25.65	20.0	37.97

2. 产品外在特征及独特营养品质特征评价鉴定

杭锦后旗鲢鱼单鱼重 1.6～1.8 kg，其体形为梭形，背部青灰色，腹部银白色；体侧鳞片为白色，鳞片紧密，有光泽；肌肉组织紧密有弹性。其钙、多不饱和脂肪酸、必需氨基酸、鲜味氨基酸含量均高于参照值。

3. 评价鉴定依据

《中国食物成分表（第 6 版 / 第二册）》（北京大学医学出版社），《长丰鲢各部位主要营养成分分析及比较》收录于 2015 年 01 期《中国农业大学学报》。

4. 市场销售采购信息

杭锦后旗金沙湾渔业有限公司	联系人：许守和	电话：0478-6623287
杭锦后旗郝五平水产专业合作社	联系人：郝五平	电话：13947877889
巴彦淖尔市北发农业科技有限责任公司	联系人：陈满全	电话：13948185629
杭锦后旗冬祥梅种养殖专业合作社	联系人：张 冬	电话：13624785028

七十五 五原贝贝南瓜 CAQS-MTYX-20210658

1. 营养指标

参数	维生素C (mg/100g)	可溶性固形物 (%)	锌 (mg/100g)	淀粉 (%)	β-胡萝卜素 (μg/100g)
测定值	58.2	8.8	0.65	19.80	3 320
参照值	8.0	6.9	0.14	7.94	2 946

2. 产品外在特征及独特营养品质特征评价鉴定

五原贝贝南瓜瓜形为扁圆形，单瓜重约 240 g，瓜面较粗糙，外观颜色为墨绿色，色泽较均匀；瓜肉颜色为橙黄色，肉质细腻味甜。其维生素 C、可溶性固形物、锌、淀粉、β-胡萝卜素含量均高于参照值。

3. 评价鉴定依据

《中国食物成分表（第 6 版／第一册）》（北京大学医学出版社），《湖南省蜜本南瓜营养品质的分析与评价》收录于 2015 年 06 期《湖南农业科学》，《南瓜果肉营养成分相关性分析及综合营养品质评价》收录于 2013 年 08 期《江苏农业科学》，《鲜切南瓜不同部位生理代谢的研究》收录于 2011 年 08 期《食品工业科技》，《南瓜品质资源的营养分析》收录于 2005 年 04 期《河南科技学院学报（自然科学版）》，《8 个南瓜品种果实中 β-胡萝卜素含量的测定》收录于 2016 年 02 期《中国园艺文摘》。

4. 市场销售采购信息

内蒙古瑞祥农贸有限责任公司	联系人：曹 帅 电话：13190866662
五原县古郡田园农民专业合作社	联系人：韩福胜 电话：13847860699
五原县胜丰镇新红村晏安和桥香蜜瓜农民专业合作社	联系人：张建军 电话：13154782866
五原县古郡蔬菜产业联盟专业合作社	联系人：张 平 电话：18947898361
五原县草原敕勒川生态农业合作社	联系人：庄 恒 电话：13190619266

七十六 苏独仑板栗薯 CAQS-MTYX-20210659

1. 营养指标

参数	维生素 C (mg/100g)	淀粉 (%)	蛋白质 (%)	粗纤维 (%)
测定值	23	21.7	2.54	1.30
参照值	4	14.6	0.70	3.63

2. 产品外在特征及独特营养品质特征评价鉴定

苏独仑板栗薯，单个重约 350 g，外形呈纺锤形，薯皮为红色，其大小均匀，表皮完整光滑，肉质为白色，肉质无筋；熟制后颜色淡黄，肉质细腻，味道绵软甜糯，薯香浓郁，无纤维感。其蛋白质、维生素 C、淀粉含量均高于参照值，粗纤维含量优于参照值。

3. 评价鉴定依据

《中国食物成分表（第 6 版／第一册）》（北京大学医学出版社），《红薯的营养价值与保健功能》收录于 2018 年 05 期《科技视界》，《红薯营养价值及综合开发利用研究进展》收录于 2015 年 20 期《食品研究与开发》，《适合加工浓缩汁的红薯品种筛选》收录于 2017 年 12 期《食品研究与开发》，NY/T2642—2014《甘薯等级规格》，《不同品种甘薯制汁特性的比较》收录于 2018 年 24 期《食品工业科技》，《不同类型甘薯品种主要经济性状和营养成分差异》收录于 2012 年 02 期《中国粮油学报》。

4. 市场销售采购信息

乌拉特前旗苏独仑高学平农业专业合作社　　联系人：高学平　电话：13514881835
乌拉特前旗盛沃隆池农机专业合作社　　　　联系人：闫文忠　电话：13847831139

七十七 临河蜜瓜 CAQS-MTYX-20220273

1. 营养指标

参数	总糖（%）	维生素 C（mg/100g）	可溶性固形物（%）	锌（mg/100g）	硒（μg/100g）	总酸（g/kg）
测定值	10.80	23.8	13.9	0.17	2.4	3.27
参照值	8.92	12.0	9.0	0.13	1.1	4.48

2. 产品外在特征及独特营养品质特征评价鉴定

临河蜜瓜呈椭圆形，单个重量约 960 g，果皮色泽金黄带有浅灰色网纹，果肉乳白色，肉质细嫩酥脆，汁液饱满，香甜可口。其维生素 C、总糖、可溶性固形物、锌、硒含量均高于参照值，总酸含量优于参照值。

3. 评价鉴定依据

《中国食物成分表（第 6 版 / 第一册）》（北京大学医学出版社），《河套蜜瓜果实发育过程中主要营养成分的变化》收录于 2011 年 03 期《内蒙古农业大学学报》，《河套蜜瓜果实发育过程中及不同贮藏温度下生理特性的研究》中国农业大学硕士学位论文，《河套蜜瓜试验鉴定与筛选》收录于 2022 年 05 期《内蒙古农业科技》，《河套蜜瓜果实品质构成与糖积累调控机制研究》2011 年内蒙古农业大学硕士学位论文。

4. 市场销售采购信息

内蒙古鲜农农业科技有限公司　　联系人：索　婷　电话：15048855960

七十八 临河糯玉米 CAQS-MTYX-20220274

1. 营养指标

参数	直链淀粉（%）	总淀粉（%）	蛋白质（%）	维生素A（μg/100g）	鲜味氨基酸（% 总氨基酸）
测定值	2.91	26.30	3.60	61	28.76
参照值	≤ 3.00	22.66	2.96	8	24.78

2. 产品外在特征及独特营养品质特征评价鉴定

临河糯玉米每根长 21～25 cm，外观呈淡黄色，其颗粒完整、饱满，排列整齐紧实；煮熟后外观颗粒饱满晶莹，口感细嫩甜糯。其蛋白质、总淀粉、维生素A、鲜味氨基酸含量均高于参照值。

3. 评价鉴定依据

《中国食物成分表（第6版/第一册）》（北京大学医学出版社），GB/T 22326—2008《糯玉米》，DB22/T 1806—2013《速冻甜玉米粒》。

4. 市场销售采购信息

内蒙古易中易农业科技有限公司　　　　联系人：王　丽　电话：13947884106
巴彦淖尔市临河区欣家裕农民专业合作社　联系人：辛　静　电话：18947387578

七十九 临河花菇 CAQS-MTYX-20220275

1. 营养指标

参数	蛋白质（%）	多糖（%）	膳食纤维（%）	鲜味氨基酸（mg/100g）	磷（mg/100g）
测定值	3.78	0.80	6.86	640	81.1
参照值	2.20	0.35	3.44	427	53.0

2. 产品外在特征及独特营养品质特征评价鉴定

临河花菇菇盖直径 4～5 cm，菇盖厚度 1.5～2.0 cm，菇形规整、表面褐色着白色龟裂花纹，菌褶淡黄色。菌肉厚实，菌褶紧实。煮熟后口感滑嫩鲜美，味道浓郁。其蛋白质、膳食纤维、多糖、磷、鲜味氨基酸含量均高于参照值。

3. 评价鉴定依据

《中国食物成分表（第 6 版／第一册）》（北京大学医学出版社），NY/T 1061—2006《香菇等级规定划分》，《不同干燥方法对生食香菇品质的影响》收录于 2014 年 02 期《食品科学技术学报》，《pH 对香菇多糖含量及合成关键酶基因转录水平的影响》收录于 2019 年 02 期《生物技术通报》。

4. 市场销售采购信息

巴彦淖尔市巴菇种植专业合作社　联系人：贾　波　电话：18247871999

八十 临河郝驴驹草猪 CAQS-MTYX-20220276

1. 营养指标

参数	蛋白质(%)	脂肪(%)	胆固醇(mg/100g)	多不饱和脂肪酸(% 总脂肪酸)	亚油酸(% 总脂肪酸)	鲜味氨基酸(% 总氨基酸)
测定值	23.8	2.0	78.2	16.0	11.0	27.04
参照值	20.3	6.2	81.0	7.9	4.3	23.31

2. 产品外在特征及独特营养品质特征评价鉴定

临河郝驴驹草猪表皮为黑褐色，肌肉为鲜红色，有光泽，脂肪呈乳白色；肉质紧密，有坚实感，纹理致密，纤维清晰，外表及切面湿润，不黏手。其蛋白质、多不饱和脂肪酸、亚油酸，鲜味氨基酸含量高，胆固醇、脂肪含量低。

3. 评价鉴定依据

《中国食物成分表（第6版／第二册）》（北京大学医学出版社），GB/T 9959.1—2019《鲜、冻猪肉及猪副产品 第1部分：片猪肉》，NY/T 632—2002《冷却猪肉》，NY/T 1759—2009《猪肉等级规格》。

4. 市场销售采购信息

巴彦淖尔市临河区白脑包镇公产村王秉才生态养殖家庭牧场

联系人：王秉才　电话：15149836766

八十一 临河巴马香猪 CAQS-MTYX-20220277

1. 营养指标

参数	胆固醇（mg/100g）	剪切力（N）	多不饱和脂肪酸（% 总脂肪酸）	亚油酸（% 总脂肪酸）	鲜味氨基酸（% 总氨基酸）
测定值	66	33.8	11.6	10.4	26.90
参照值	81	<45.0	6.5	4.3	23.31

2. 产品外在特征及独特营养品质特征评价鉴定

临河巴马香猪肌肉为暗红色，有光泽，脂肪呈乳白色；肌肉截面有大理石花纹，肉质紧密清晰，有坚实感，外表及切面湿润，不黏手，煮熟后无腥不腻，汁多味美，具有香猪特有的芳香气味。其多不饱和脂肪酸、亚油酸、鲜味氨基酸含量高，胆固醇含量、剪切力低。

3. 评价鉴定依据

《中国食物成分表（第 6 版 / 第二册）》（北京大学医学出版社），GB/T 9959.1—2019《鲜、冻猪肉及猪副产品　第 1 部分：片猪肉》，NY/T 632—2002《冷却猪肉》，NY/T 1759—2009《猪肉等级规格》。

4. 市场销售采购信息

巴彦淖尔市临河区杨霞养殖农民专业合作社　　联系人：杨　霞　电话：13634783648

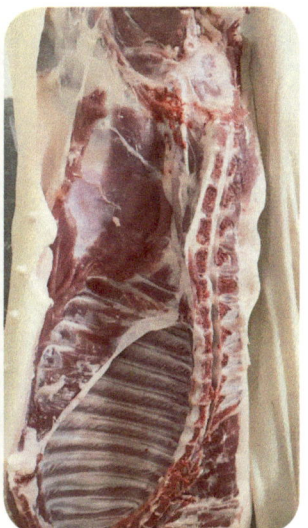

八十二 大佘太西葫芦籽 CAQS-MTYX-20220278

1. 营养指标

参数	脂肪（%）	钾（mg/100g）	赖氨酸（mg/100g）	鲜味氨基酸（mg/100g）	多不饱和脂肪酸（% 总脂肪酸）
测定值	48.3	690	1 040	8 220	46.86
参照值	48.1	102	959	7 539	45.00

2. 产品外在特征及独特营养品质特征评价鉴定

大佘太西葫芦籽呈扁椭圆形，一端略尖，一端钝圆，长约 2.0 cm，宽约 1.2 cm，百粒重约 31.6 g；种皮呈乳白色，种仁外皮呈绿色，仁为奶白色，口感脆，香味足。其脂肪、钾、鲜味氨基酸、赖氨酸、多不饱和脂肪酸含量均高于参照值。

3. 评价鉴定依据

《中国食物成分表（第 6 版 / 第一册）》（北京大学医学出版社）。

4. 市场销售采购信息

内蒙古禾兴农牧业有限责任公司　　联系人：郭　瑞　电话：17704781399

内蒙古胖农农业科技有限公司　　联系人：王　凯　电话：18147119686

八十三 明安羊肚菌 CAQS-MTYX-20220279

1. 营养指标

参数	蛋白质（%）	麦角硫因（mg/kg）	维生素 B_1（mg/100g）	钾（mg/100g）	天冬氨酸（%）
测定值	4.44	630	0.30	4 960	2.91
参照值	≥3.00	500	0.12	2 014	2.29

2. 产品外在特征及独特营养品质特征评价鉴定

明安羊肚菌菇形饱满完整，具有不规则皱纹，表面有似羊肚状的凹坑，中空，体轻，单个重 17～25 g；菌柄基部剪切平整，菌盖近椭圆形，长度 6～8 cm，褐色至深褐色；熟食气微味鲜，菌盖脆嫩，菌柄弹韧，具有羊肚菌特有的香味。其蛋白质、钾、天冬氨酸、维生素 B_1、麦角硫因含量均高于参照值。

3. 评价鉴定依据

《中国食物成分表（第 6 版／第一册）》（北京大学医学出版社），DB51/T 2464—2018《羊肚菌等级规格》，《羊肚菌液体培养条件及氨基酸分析》收录于 1997 年 03 期《贵州农学院学报》，《羊肚菌多糖类物质的研究进展》收录于 2019 年 03 期《食品工业科技》，DB62/T 4187—2020《地理标志产品　迭部羊肚菌》。

4. 市场销售采购信息

内蒙古瑞景开农牧业开发有限公司　　联系人：秦　磊　电话：18904722058

八十四 乌拉山猪肉 CAQS-MTYX-20220280

1. 营养指标

参数	胆固醇 (mg/100g)	剪切力 (N)	亚油酸 (% 总脂肪酸)	多不饱和脂肪酸 (% 总脂肪酸)	鲜味氨基酸 (% 总氨基酸)
测定值	59	32	8.6	10.6	26.96
参照值	81	< 45	4.3	6.5	23.31

2. 产品外在特征及独特营养品质特征评价鉴定

乌拉山猪肉为生鲜肉，其肌肉为鲜红色，有光泽，脂肪呈乳白色；肉质紧密，有坚实感，外表及切面湿润、不黏手；煮食肉质细嫩，肥而不腻，肉香味美。其多不饱和脂肪酸、亚油酸、鲜味氨基酸含量高，胆固醇含量、剪切力低。

3. 评价鉴定依据

《中国食物成分表（第 6 版 / 第二册）》（北京大学医学出版社），GB/T 9959.1—2019《鲜、冻猪肉及猪副产品 第 1 部分：片猪肉》，NY/T 632—2002《冷却猪肉》，NY/T 1759—2009《猪肉等级规格》。

4. 市场销售采购信息

内蒙古乌拉特牧原农牧有限公司　联系人：滕少华　电话：18647881470

八十五 小佘太鹧鸪 CAQS-MTYX-20220281

1. 营养指标

参数	蛋白质(%)	铁(mg/100g)	不饱和脂肪酸(% 总脂肪酸)	鲜味氨基酸(mg/100g)	亚油酸(% 总脂肪酸)
测定值	26.0	4.40	65.2	5 310	23.18
参照值	21.6	0.87	64.0	5 190	20.15

2. 产品外在特征及独特营养品质特征评价鉴定

乌拉山鹧鸪肉单个重约 330 g，体形小而紧凑，毛孔细小，表皮紧致，皮下脂肪为淡黄色，肉色鲜亮。其蛋白质、铁、鲜味氨基酸、不饱和脂肪酸、亚油酸含量高。

3. 评价鉴定依据

《5 种珍禽腿肉营养品质及风味评价》收录于 2022 年 06 期《食品安全质量检测学报》，《5 种禽肉中矿物质含量测定及营养评价》收录于 2017 年 38 期《食品研究与开发》，《七彩山鸡和鹧鸪营养成分氨基酸脂肪酸分析》收录于 1994 年 01 期《中国家禽》。

4. 市场销售采购信息

内蒙古柯达食品有限公司　联系人：王永福　电话：15047061180

八十六 乌拉特后旗甜糯玉米 CAQS-MTYX-20220282

1. 营养指标

参数	直链淀粉(%)	可溶性糖(%)	蛋白质(%)	硒(μg/100g)	鲜味氨基酸(% 总氨基酸)
测定值	4.6	3.48	5.14	2.60	26.25
参照值	≤ 5.0	1.53	4.00	1.63	24.78

2. 产品外在特征及独特营养品质特征评价鉴定

乌拉特后旗甜糯玉米，每根长约 18 cm，外观呈黄色，其颗粒完整、饱满，煮熟后口感软糯香甜。其蛋白质、可溶性糖、赖氨酸，直链淀粉含量满足三等质量要求，且硒和鲜味氨基酸含量较高。

3. 评价鉴定依据

《中国食物成分表（第 6 版 / 第一册）》（北京大学医学出版社），《四个糯玉米品种加工后的品质比较》收录于 2016 年 07 期《山东农业科学》，GB/T 22326—2008《糯玉米》，DB22/T 1806—2013《速冻甜玉米粒》

4. 市场销售采购信息

乌拉特后旗东升庙亿利特面粉厂

联系人：刘枝丹　电话：15248864884

八十七 乌拉特后旗早黄蜜瓜 CAQS-MTYX-20220283

1. 营养指标

参数	总糖(%)	维生素C(mg/100g)	总酸(g/kg)	钾(mg/kg)	硒(μg/100g)
测定值	8.80	24.2	1.10	2 920	0.017
参照值	5.69	12.0	4.48	1 900	0.011

2. 产品外在特征及独特营养品质特征评价鉴定

乌拉特后旗早黄蜜瓜呈椭圆形，果皮色泽金黄带有浅灰色网纹，单个重量约 1.0 kg，瓜瓤呈乳白色，肉质沙绵多汁，清甜可口，芳香浓郁。其总糖、维生素C、可溶性固形物、钾、硒含量均高于参照值，总酸含量优于参照值。

3. 评价鉴定依据

《中国食物成分表（第6版/第一册）》（北京大学医学出版社），《河套蜜瓜果实发育过程中主要营养成分的变化》收录于2011年03期《内蒙古农业大学学报》，《河套蜜瓜果实发育过程中及不同贮藏温度下生理特性的研究》中国农业大学硕士学位论文。

4. 市场销售采购信息

乌拉特后旗巴音宝力格镇本地蔬菜副食经销

联系人：刘　满　电话：15849896745

八十八　乌拉特后旗西红柿 CAQS-MTYX-20220284

1. 营养指标

参数	维生素C (mg/100g)	可溶性固形物 (%)	番茄红素 (mg/kg)	硒 (μg/100g)	总酸 (%)
测定值	20.4	5.40	55.90	0.58	0.323
参照值	14.0	4.88	21.32	0.20	0.476

2. 产品外在特征及独特营养品质特征评价鉴定

乌拉特后旗西红柿单果重约 460 g，果皮为红色，其色泽均匀，外观圆润光滑；果肉颜色为红色，其汁水丰富，肉质口感沙，味道甜。其维生素C、可溶性固形物、番茄红素、硒、水分含量均高于参照值，总酸含量优于参照值。

3. 评价鉴定依据

《中国食物成分表（第 6 版 / 第一册）》（北京大学医学出版社），NY/T 940—2006《番茄等级规格》，《影响番茄可溶性固形物含量的相关因素研究》收录于 2017 年 09 期《江西农业学报》，《改良型植物营养剂对番茄果实中番茄红素含量的影响》收录于 2018 年 09 期《湖北农业科学》。

4. 市场销售采购信息

乌拉特后旗巴音宝力格镇本地蔬菜副食经销

联系人：刘　满　电话：15849896745

八十九 乌拉特后旗水果柿子 CAQS-MTYX-20220285

1. 营养指标

参数	维生素C (mg/100g)	可溶性固形物 (%)	硒 (μg/100g)	总糖 (%)	糖酸比
测定值	24.4	8.40	0.58	6.20	9.17
参照值	14.0	4.88	0.20	3.69	6.90～10.80

2. 产品外在特征及独特营养品质特征评价鉴定

乌拉特后旗水果柿子单果重约105 g，果皮为红色，色泽均匀，外观圆润光滑；果肉颜色为红色，汁水丰富，酸甜爽口。其维生素C、可溶性固形物、硒、总糖含量均高于参照值，糖酸比满足参照范围。

3. 评价鉴定依据

《中国食物成分表（第6版/第一册）》（北京大学医学出版社），NY/T 940—2006《番茄等级规格》，《影响番茄可溶性固形物含量的相关因素研究》收录于2017年09期《江西农业学报》，《番茄品系不同时期果实糖酸含量的变化》收录于2017年32期《北京农学院学报》。

4. 市场销售采购信息

乌拉特后旗巴音宝力格镇本地蔬菜副食经销　联系人：刘　满　电话：15849896745

九十 杭锦后旗三道桥老酸奶 CAQS-MTYX-20220286

1. 营养指标

参数	蛋白质（%）	钙（mg/100g）	维生素A（μg/100g）	必需氨基酸（% 总氨基酸）	亚麻酸（% 总脂肪酸）
测定值	3.12	142	338	40.20	2.9
参照值	3.00	128	236	34.04	1.9

2. 产品外在特征及独特营养品质特征评价鉴定

杭锦后旗三道桥老酸奶外观呈乳白色，为凝固型酸奶，香味醇厚，口感细腻，浓稠顺滑，酸甜适口。其蛋白质、亚麻酸、必需氨基酸、维生素A、钙含量均高于参照值。

3. 评价鉴定依据

《中国食物成分表（第6版／第二册）》（北京大学医学出版社），《HPLC-ELSD法测定酸奶中乳糖的含量》收录于2011年11期《食品研究与开发》。

4. 市场销售采购信息

内蒙古乳滋牛食品有限责任公司　联系人：冯晓飞　电话：18804788820

九十一 杭锦后旗生鲜乳 CAQS-MTYX-20220287

1. 营养指标

参数	亚油酸 （% 总脂肪酸）	赖氨酸 （%）	多不饱和脂肪酸 （% 总脂肪酸）	必需氨基酸 （% 总氨基酸）
测定值	3.15	0.23	3.6	39.86
参照值	3.00	0.21	3.5	37.88

2. 产品外在特征及独特营养品质特征评价鉴定

杭锦后旗生鲜乳外观为乳白色液体，煮热后口味清爽香醇，具有浓郁的乳香味。其亚油酸、赖氨酸、多不饱和脂肪酸、必需氨基酸含量均高于参照值。

3. 评价鉴定依据

《中国食物成分表（第6版/第二册）》（北京大学医学出版社），《内蒙古不同地区牛乳中常规营养成分及氨基酸的比较研究》内蒙古农业大学硕士学位论文。

4. 市场销售采购信息

杭锦后旗众诚奶牛养殖专业合作社　联系人：冯晓飞　电话：18804788820

九十二 杭锦后旗葵花蜜 CAQS-MTYX-20220288

1. 营养指标

参数	蛋白质 (%)	淀粉酶活性 [mL/(g·h)]	维生素C (mg/100g)	总黄酮 (mg/100g)	总糖 (%)
测定值	0.4	13.4	8.00	6.70	83.2
参照值	>0.2	≥8.0	2.32	1.32	75.0

2. 产品外在特征及独特营养品质特征评价鉴定

杭锦后旗葵花蜜外观呈淡黄色黏稠流体状，拉丝回弹，食用口感细腻、甜润的特性。其蛋白质、维生素C、总黄酮、氨基酸总量、总糖含量均高于参照值，淀粉酶活性高于参照值，符合优等品要求。

3. 评价鉴定依据

GB 14963—2011《食品安全国家标准 蜂蜜》，GH/T 18796—2012《蜂蜜》，T/CBPA 0001—2015《中国蜂产品协会团体标准 蜂蜜》，全国农产品地理标志查询系统。

4. 市场销售采购信息

杭锦后旗敕勒川蜂业农民专业合作社　联系人：赵　云　电话：18604781985

九十三 杭锦后旗鸡蛋 CAQS-MTYX-20220289

1. 营养指标

参数	缬氨酸 (mg/100g)	蛋氨酸 (mg/100g)	多不饱和脂肪酸 (% 总脂肪酸)	维生素A (μg/100g)	卵磷脂 (%)
测定值	720	360	18.7	398	5.45
参照值	636	327	7.3	255	2.17

2. 产品外在特征及独特营养品质特征评价鉴定

杭锦后旗鸡蛋蛋壳呈浅红褐色，蛋白黏稠透明，蛋黄轮廓清晰，煮熟后，蛋白光滑弹嫩，口感细腻。其缬氨酸、蛋氨酸、多不饱和脂肪酸、维生素A、卵磷脂含量高。

3. 评价鉴定依据

《中国食物成分表（第6版／第二册）》（北京大学医学出版社），《固原地区朝那鸡鸡蛋的品质分析》收录于2022年01期《饲料博览》。

4. 市场销售采购信息

杭锦后旗蛮会镇龙祥家庭牧场　联系人：郭树齐　电话：13947877340

九十四 五原黄瓤西瓜 CAQS-MTYX-20220670

1. 营养指标

参数	维生素C (mg/100g)	可溶性固形物 (%)	总酸 (%)	钾 (mg/100g)	铁 (mg/100g)
测定值	7.8	9.1	0.056	114	0.58
参照值	7.0	≥ 8.0	0.200	97	0.40

2. 产品外在特征及独特营养品质特征评价鉴定

五原黄瓤西瓜呈椭圆形，瓜皮纹路清晰，底色呈绿色带有深绿色窄条带，单个重量约2.8 kg，瓜瓤呈黄色，皮薄肉厚，肉质松软，汁水饱满，香甜可口，带有浓郁瓜香味。其维生素C、可溶性固形物、钾、铁含量均高于参照值，总酸含量优于参照值。

3. 评价鉴定依据

《中国食物成分表（第6版/第一册）》（北京大学医学出版社），《西瓜可溶性糖和纤维素含量的近红外光谱测定》收录于2007年01期《食品科学》。

4. 市场销售采购信息

五原县古郡田园农民专业合作社

联系人：韩福胜　电话：13847860699

五原县胜丰镇新红村晏安和桥香蜜瓜农民专业合作社

联系人：张建军　电话：13154782866

五原县古郡蔬菜产业联盟专业合作社

联系人：张　平　电话：18947898361

五原县胜丰镇新丰村庙壕香蜜瓜农民专业合作社

联系人：辛计小　电话：13394852681

五原县利光农民专业合作社

联系人：张利光　电话：13948981671

九十五 五原甜红玉蜜瓜 CAQS-MTYX-20220671

1. 营养指标

参数	维生素 C (mg/100g)	可溶性固形物 (%)	总酸 (%)	钾 (mg/100g)	锌 (mg/100g)
测定值	25.9	12	0.089	272	0.168
参照值	12.0	≥ 10	≤ 0.200	190	0.130

2. 产品外在特征及独特营养品质特征评价鉴定

五原甜红玉蜜瓜单个重约 1.6 kg，外观呈椭圆形，成熟时瓜皮新鲜光滑，呈乳白色，瓜瓤呈黄色，皮薄肉厚，肉质细腻，柔软多汁，口感香甜。其维生素 C、可溶性固形物、钾、锌含量均高于参照值，总酸含量优于参照值。

3. 评价鉴定依据

《中国食物成分表（第 6 版 / 第一册）》（北京大学医学出版社），DB13/T 5370—2021《地理标志产品 饶阳甜瓜》。

4. 市场销售采购信息

五原县古郡田园农民专业合作社

联系人：韩福胜　电话：13847860699

五原县胜丰镇新红村晏安和桥香蜜瓜农民专业合作社

联系人：张建军　电话：13154782866

五原县古郡蔬菜产业联盟专业合作社

联系人：张　平　电话：18947898361

五原县胜丰镇新丰村庙壕香蜜瓜农民专业合作社

联系人：辛计小　电话：13394852681

五原县利光农民专业合作社

联系人：张利光　电话：13948981671

九十六 乌拉特鲢鱼 CAQS-MTYX-20220672

1. 营养指标

参数	DHA （% 总脂肪酸）	蛋白质 （%）	鲜味氨基酸 （% 总氨基酸）	单不饱和脂肪酸 （% 总脂肪酸）	必需氨基酸 （% 总氨基酸）
测定值	8.5	16.4	27.49	47.0	40.06
参照值	4.2	15.3	25.65	37.4	37.97

2. 产品外在特征及独特营养品质特征评价鉴定

乌拉特鲢鱼体形为梭形，单鱼重约 1.5 kg，背部青灰色，腹部银白色，体侧鳞片为白色，鳞片紧密，有光泽，肌肉组织紧密有弹性清炖后纹理清晰，肉质鲜嫩。其 DHA、蛋白质、鲜味氨基酸、单不饱和脂肪酸、必需氨基酸含量均高于参照值。

3. 评价鉴定依据

《中国食物成分表（第 6 版 / 第二册）》（北京大学医学出版社）。

4. 市场销售采购信息

内蒙古绿野山水生态农业开发有限公司　联系人：霍建军　电话：13947820358

九十七 乌拉特鲤鱼 CAQS-MTYX-20220673

1. 营养指标

参数	DHA (% 总脂肪酸)	钙 (mg/100g)	鲜味氨基酸 (% 总氨基酸)	脂肪 (%)	单不饱和脂肪酸 (% 总脂肪酸)
测定值	2.79	54.4	27.21	3.3	52.1
参照值	0.50	50.0	23.36	4.1	45.7

2. 产品外在特征及独特营养品质特征评价鉴定

乌拉特鲤鱼个体重约 2 kg，肉质紧实，有弹性；鱼鳞颜色为金色，其鳞片紧密，有光泽。清炖后肉质鲜嫩，味道鲜美。其钙、DHA、鲜味氨基酸、单不饱和脂肪酸含量均高于参照值，脂肪含量优于参照值。

3. 评价鉴定依据

《中国食物成分表（第 6 版／第二册）》（北京大学医学出版社）。

4. 市场销售采购信息

内蒙古绿野山水生态农业开发有限公司

联系人：霍建军　电话：13947820358

乌海市

内蒙古名特优新农产品

海勃湾区肉羊 CAQS-MTYX-20220232

1. 营养指标

参数	剪切力(N)	胆固醇(mg/100g)	肌间脂肪(%)	鲜味氨基酸(% 总氨基酸)	不饱和脂肪酸(% 总脂肪酸)
实测值	35.37	42.6	3.90	37.87	66.17
参照值	＜60.00	82.0	0.83	25.98	43.24

2. 产品外在特征及独特营养品质特征评价鉴定

海勃湾区肉羊肌肉有光泽，色泽鲜艳，脂肪为乳白色，肉质表面湿润，不黏手；煮熟后肉质细嫩、肥而不腻，肉汤澄清、鲜香。其鲜味氨基酸、不饱和脂肪酸、肌间脂肪含量高，胆固醇含量、剪切力低。

3. 评价鉴定依据

《中国食物成分表（第6版/第二册）》（北京大学医学出版社），GB/T 9961—2008《鲜、冻胴体羊肉》，NY/T 2793—2015《肉的食用品质客观评价方法》，NY/T 630—2002《羊肉质量分级》，DB22/T 1003—2018《优质羊肉品质要求》。

4. 市场销售采购信息

乌海市海勃湾区鸿运养殖场　　联系人：陈建军　　电话：18747886969
乌海市杨杨种养殖有限公司　　联系人：杨玉龙　　电话：13654734600
海勃湾区富羊源养殖场　　联系人：何凯瑞　　电话：13015098814

二 海勃湾区肉猪 CAQS-MTYX-20220233

1. 营养指标

参数	胆固醇 (mg/100g)	蛋白质 (%)	亚油酸 (% 总脂肪酸)	多不饱和脂肪酸 (% 总脂肪酸)	鲜味氨基酸 (% 总氨基酸)
实测值	35.2	23.7	13.4	14.4	35.92
参照值	86.0	20.3	4.3	6.5	23.31

2. 产品外在特征及独特营养品质特征评价鉴定

海勃湾区肉猪肌肉色为鲜红色，有光泽，脂肪呈乳白色；肌肉截面有大理石花纹，肉质紧密，有坚实感，外表及切面湿润，不黏手。猪肉纤维细软结缔组织少，肌肉组织多，肌肉组织中含有较多脂肪。其蛋白质、多不饱和脂肪酸、亚油酸、鲜味氨基酸含量高，胆固醇含量低。

3. 评价鉴定依据

《中国食物成分表（第6版/第二册）》（北京大学医学出版社），GB/T 9959.1—2019《鲜、冻猪肉及猪副产品 第1部分：片猪肉》，NY/T 632—2002《冷却猪肉》，NY/T 1759—2009《猪肉等级规格》，NY/T 2793—2015《肉的食用品质客观评价方法》。

4. 市场销售采购信息

海勃湾区杨淑霞养殖生肉销售店

联系人：杨淑霞 电话：13847313811

乌海市海勃湾区文辉养殖场

联系人：付文辉 电话：13384735561

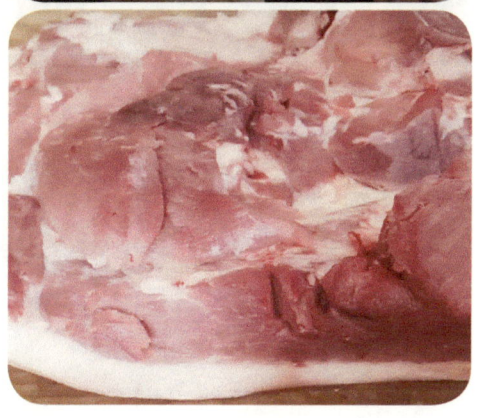

海勃湾区蛋鸡 CAQS-MTYX-20220234

1. 营养指标

参数	蛋白质(%)	鲜味氨基酸(mg/100g)	单不饱和脂肪酸(% 总脂肪酸)	蒸煮损失(%)	胆固醇(mg/100g)
实测值	26.4	5 300	42.1	19.50	55.6
参照值	20.3	4 925	41.3	22.81	106.0

2. 产品外在特征及独特营养品质特征评价鉴定

海勃湾区蛋鸡单只重约 2.7 kg，皮肤呈黄白色，屠体美观，毛孔细小，肉质鲜亮，鸡肉丰满，皮薄骨细，胴体皮紧而有弹性。其单不饱和脂肪酸、蛋白质、鲜味氨基酸含量高，胆固醇含量、蒸煮损失低。

3. 评价鉴定依据

《中国食物成分表（第 6 版／第一册）》（北京大学医学出版社），《冷藏条件对鸡肉品质影响及豌豆蛋白对其凝胶特性改善》河南科技学院硕士学位论文。

4. 市场销售采购信息

乌海市任氏养殖专业合作社　联系人：任子仲　电话：15848080515

四 海勃湾区葡萄 CAQS-MTYX-20220624

1. 营养指标

参数	可溶性固形物（%）	总糖（%）	维生素C（mg/100g）	单宁（%）	固酸比（%）
实测值	19.00	15.70	17.2	0.177	41.48
参照值	13.34	8.24	4.0	0.290	23.00

2. 产品外在特征及独特营养品质特征评价鉴定

海勃湾区葡萄表面新鲜，表皮黑紫色，果粒为近圆形，肉质鲜嫩，汁水饱满，香甜可口，芳香浓郁。其维生素C、可溶性固形物、总糖含量及固酸比均高于参照值，单宁含量优于参照值。

3. 评价鉴定依据

《中国食物成分表（第6版／第一册）》（北京大学医学出版社），《不同贮藏方式对5种水果中维生素C和总糖含量的影响》收录于2020年11期《食品工业》，《'阳光玫瑰'葡萄果实质量分级评价研究》收录于2020年07期《江西农业学报》，NY/T 844—2017《绿色食品温带水果》，DB45/T 2204—2020《地理标志产品 鲁比葡萄》。

4. 市场销售采购信息

乌海市云飞农业种养科技有限公司	联系人：魏 通	电话：13644731511
乌海市田野农业科技有限责任公司	联系人：何新会	电话：15048327695
乌海市景裕园农业科技开发有限公司	联系人：杨文和	电话：15848300868
乌海市蒙根花农牧业科技开发有限公司	联系人：付 满	电话：18247358123
内蒙古汉森酒业集团有限公司	联系人：边 洋	电话：15247305687

五 乌达区肉羊 CAQS-MTYX-20220237

1. 营养指标

参数	不饱和脂肪酸 (% 总脂肪酸)	鲜味氨基酸 (% 总氨基酸)	蛋白质 (%)	胆固醇 (mg/100g)	剪切力 (N)
测定值	58.1	26.80	23.8	65.8	27.5
参照值	43.2	25.98	18.5	82.0	< 60.0

2. 产品外在特征及独特营养品质特征评价鉴定

乌达区肉羊肉色鲜亮，有光泽，脂肪呈乳白色；肌纤维致密，有弹性，指压后凹陷立即恢复；外表及切面湿润，不黏手；煮熟后肉质细嫩、肥而不腻。其鲜味氨基酸、不饱和脂肪酸、蛋白质含量高，剪切力、胆固醇含量低。

3. 评价鉴定依据

《中国食物成分表（第 6 版 / 第二册）》（北京大学医学出版社），GB/T 9961—2008《鲜、冻胴体羊肉》，NY/T 2793—2015《肉的食用品质客观评价方法》，NY/T 630—2002《羊肉质量分级》，NY/T 633—2002《冷却羊肉》，DB22/T 1003—2018《优质羊肉品质要求》，《龙陵黄山羊屠宰性能及肉质研究》收录于 1998 年 03 期《云南农业大学学报》。

4. 市场销售采购信息

内蒙古达蒙菲工贸有限公司　联系人：秦国庆　电话：13947319609
乌海市民创农牧有限公司　联系人：杨仁芳　电话：15504736051

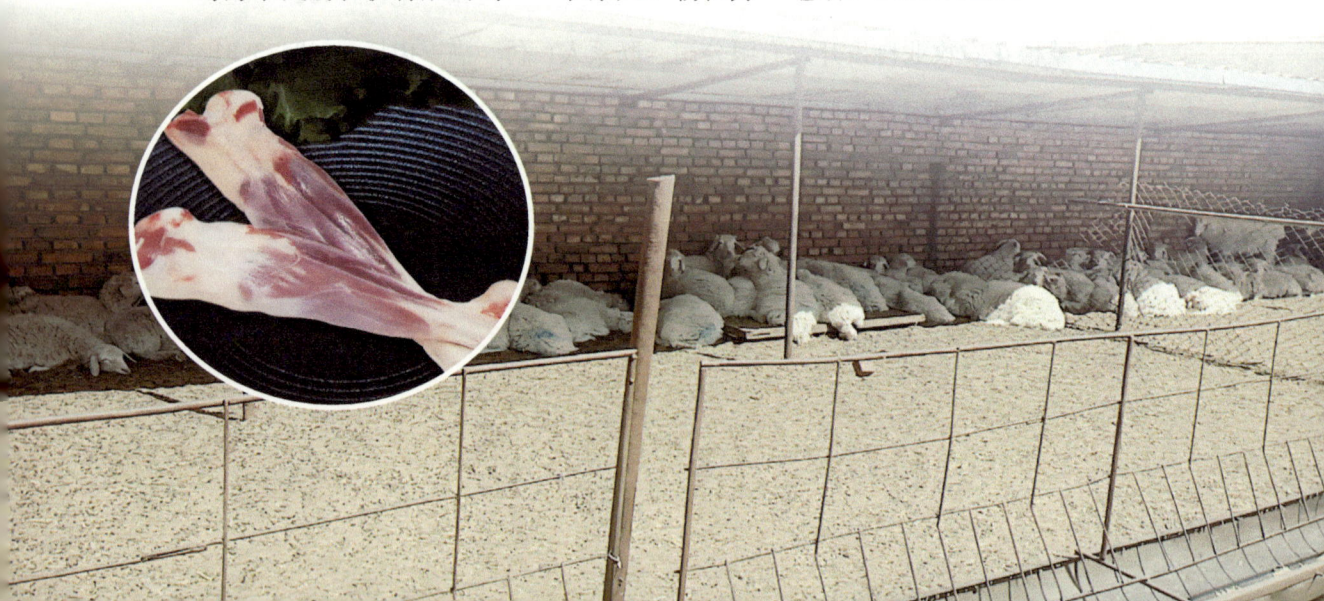

六 乌达区红公鸡 CAQS-MTYX-20220627

1. 营养指标

参数	蛋白质 (%)	蒸煮损失 (%)	胆固醇 (mg/100g)	鲜味氨基酸 (mg/100g)	不饱和脂肪酸 (% 总脂肪酸)
测定值	22.2	13.70	61.2	5 570	67.0
参照值	20.3	22.81	106.0	4 925	66.3

2. 产品外在特征及独特营养品质特征评价鉴定

乌达区红公鸡单个重约 3.0 kg，表面细致有韧性，切面鲜亮有光泽，煮熟后，鸡皮香嫩，鸡肉紧实，鸡汤乳白色，汤味鲜香。其蛋白质、鲜味氨基酸、不饱和脂肪酸含量高，蒸煮损失、胆固醇含量低。

3. 评价鉴定依据

《中国食物成分表（第 6 版／第二册）》（北京大学医学出版社），《冷藏条件对鸡肉品质影响及豌豆蛋白对其凝胶特性改善》河南科技学院硕士学位论文。

4. 市场销售采购信息

乌达区苏海图郭万宏养殖厂　　联系人：郭万宏　电话：13354738399
乌达区银河养鸡场　　　　　　联系人：杨忠峰　电话：13304733216

七 乌达区葡萄 CAQS-MTYX-20220236

1. 营养指标

参数	可溶性固形物(%)	总糖(%)	维生素C(mg/100g)	单宁(%)	固酸比
测定值	20.50	20.40	5.62	0.096	37.4
参照值	13.34	8.24	4.00	0.290	23.0

2. 产品外在特征及独特营养品质特征评价鉴定

乌达区葡萄表面新鲜洁净，果穗呈圆锥形，着生紧密，果皮黑紫色，果粒圆形，皮薄肉厚，肉质柔软，汁水饱满，酸甜可口，带有浓郁玫瑰香味。其维生素C、可溶性固形物、总糖含量及固酸比均高于参照值，单宁含量优于参照值。

3. 评价鉴定依据

《中国食物成分表（第 6 版 / 第一册）》（北京大学医学出版社），《不同贮藏方式对 5 种水果中维生素 C 和总糖含量的影响》收录于 2020 年 11 期《食品工业》，《'阳光玫瑰'葡萄果实质量分级评价研究》收录于 2020 年 07 期《江西农业学报》，《不同架型对玉泉营"美乐"葡萄营养生长及品质的影响》收录于 2018 年 24 期《北方园艺》，NY/T 844—2017《绿色食品　温带水果》，DB45/T 2204—2020《地理标志产品　鲁比葡萄》。

4. 市场销售采购信息

内蒙古吉奥尼葡萄酒业有限责任公司

联系人：石　波　电话：18047349977

内蒙古森泰农业有限责任公司

联系人：董　芸　电话：15304737658

乌海市欣兴生态开发有限公司

联系人：李成富　电话：13904732118

乌海市大河兴旺农民专业合作社

联系人：何慈山　电话：13847313946

绿农永胜农民专业合作社

联系人：郭永胜　电话：13847334194

乌海市雨润三禾农业科技公司

联系人：柴金梁　电话：13847311186

乌海市果紫生态农业有限公司

联系人：王冠峰　电话：15754998401

乌海市奥峰农业开发公司

联系人：王瑞春　电话：13314737775

乌海市云飞农业种养科技有限公司

联系人：魏　通　电话：13644731511

内蒙古语豪农业开发有限责任公司

联系人：秦晓娟　电话：18247336207

八 海南区鸡 CAQS-MTYX-20220235

1. 营养指标

参数	蒸煮损失（%）	胆固醇（mg/100g）	鲜味氨基酸（% 总氨基酸）	不饱和脂肪酸（% 总脂肪酸）	蛋白质（%）
测定值	18.39	60.3	26.48	68.2	24.2
参照值	22.81	106.0	24.26	66.3	20.3

2. 产品外在特征及独特营养品质特征评价鉴定

海南区鸡胴体完整、美观，单只重约 1.6 kg，皮肤呈黄白色，表面无毛根和绒毛，毛孔细小，表皮紧致有弹性，肉色鲜亮。其鲜味氨基酸、不饱和脂肪酸、蛋白质含量高，蒸煮损失、胆固醇含量低。

3. 评价鉴定依据

《中国食物成分表（第 6 版 / 第二册）》（北京大学医学出版社），《冷藏条件对鸡肉品质影响及豌豆蛋白对其凝胶特性改善》河南科技学院硕士学位论文。

4. 市场销售采购信息

乌海市保元农业开发有限责任公司

联系人：王保元　电话：13847369139

九 海南区葡萄 CAQS-MTYX-20220625

1. 营养指标

参数	可溶性固形物 (%)	总糖 (%)	固酸比	维生素C (mg/100g)	单宁 (%)
测定值	20.80	18.20	33.2	17.4	0.096
参照值	13.34	8.24	23.0	4.0	0.290

2. 产品外在特征及独特营养品质特征评价鉴定

海南区葡萄表皮新鲜，果皮呈黑紫色，果粒为圆形，横径约 2.2 cm，皮薄肉厚，肉质柔软，籽少，汁水饱满，香甜可口，味道清香。其可溶性固形物、总糖、维生素 C 含量及固酸比均高于参照值，单宁含量优于参照值。

3. 评价鉴定依据

《中国食物成分表（第 6 版 / 第一册）》（北京大学医学出版社），《48 个葡萄品种果实大小粒性状调查及差异分析》收录于 2020 年 04 期《植物资源与环境学报》，《不同贮藏方式对 5 种水果中维生素 C 和总糖含量的影响》收录于 2020 年 11 期《食品工业》，《嘉峪关地区不同成熟度'佳美'葡萄理化成分的研究》收录于 2016 年 11 期《西北农林科技大学学报》。

4. 市场销售采购信息

乌海市阳光田宇农业科技发展有限责任公司	联系人：田旺荣	电话：15389731207
乌海市华通乡源农业发展有限责任公司	联系人：任　文	电话：15048180020
乌海市柏稼农业发展有限责任公司	联系人：李金亮	电话：13327031546
乌海市裕丰农业科技开发有限公司	联系人：周　彬	电话：13734732984
乌海市乾源农业开发有限责任公司	联系人：张家瑞	电话：15247329766
乌海市硕原农庄有限公司	联系人：祁洪发	电话：15048348413
海南区西卓子山三老汉葡萄采摘园	联系人：高　晶	电话：15849316525

海南区肉羊 CAQS-MTYX-20220626

1. 营养指标

参数	鲜味氨基酸（% 总氨基酸）	不饱和脂肪酸（% 总脂肪酸）	剪切力（N）	胆固醇（mg/100g）	肌间脂肪（%）
测定值	27.34	63.7	33.76	46.4	3.20
参照值	25.98	43.2	<60.00	82.0	0.83

2. 产品外在特征及独特营养品质特征评价鉴定

海南区肉羊其肌肉色泽鲜艳，肉色为暗红色，脂肪呈乳白色，肉质紧密，有韧性，富有弹性，指压后凹陷立即恢复；肉质表面微湿润，不黏手，具有羊肉正常气味，无膻味。其鲜味氨基酸、不饱和脂肪酸、肌间脂肪含量高，剪切力、胆固醇含量低。

3. 评价鉴定依据

《中国食物成分表（第 6 版 / 第二册）》（北京大学医学出版社），GB/T 9961—2008《鲜、冻胴体羊肉》，NY/T 2793—2015《肉的食用品质客观评价方法》，NY/T 630—2002《羊肉质量分级》，NY/T 633—2002《冷却羊肉》，DB22/T 1003—2018《优质羊肉品质要求》，《龙陵黄山羊屠宰性能及肉质研究》收录于 1998 年 03 期《云南农业大学学报》。

4. 市场销售采购信息

乌海市岚田农牧业发展有限公司	联系人：王风学	电话：13974572491
乌海市恒硕种养殖有限责任公司	联系人：乔连峰	电话：15848300738
赵永清家庭农牧场	联系人：赵永清	电话：13644738124
乌海市亮盛种养殖有限责任公司	联系人：王世亮	电话：15394730691
老白家庭农牧场	联系人：白凤翔	电话：13947349877
丰盛家庭农牧场	联系人：吴志飞	电话：13514735690

十一 海南区蛋鸡 CAQS-MTYX-20210240

1. 营养指标

参数	锌(mg/100g)	蛋白质(%)	肌间脂肪(%)	多不饱和脂肪酸(% 总脂肪酸)	必需氨基酸(% 总氨基酸)
测定值	1.74	22.0	1.60	34.83	38.60
参照值	1.46	20.3	1.38	24.72	36.35

2. 产品外在特征及独特营养品质特征评价鉴定

海南区蛋鸡单只重约 2 kg，表皮呈浅黄色，表皮微湿润，肌肉呈粉红色，切面有光泽，紧致且富有弹性，指压后凹陷立即恢复。其蛋白质、肌间脂肪、锌、多不饱和脂肪酸、必需氨基酸含量均高于参照值。

3. 评价鉴定依据

《中国食物成分表（第 6 版 / 第二册）》（北京大学医学出版社），《不同品种、饲养周期肉鸡肉品质和风味的比较分析》收录于 2018 年 06 期《动物营养学报》。

4. 市场销售采购信息

乌海市保元农业开发有限责任公司

联系人：王保元　电话：13847369139

阿拉善盟

内蒙古名特优新农产品

阿拉善左旗西瓜 CAQS-MTYX-20200238

1. 营养指标

参数	维生素C (mg/100g)	可溶性固形物 (%)	总糖 (%)	硒 (μg/100g)	铁 (mg/100g)
测定值	10.4	9.3	4.4	0.30	0.55
参照值	≥ 6.0	≥ 9.0	4.2	0.09	0.40

2. 产品外在特征及独特营养品质特征评价鉴

阿拉善左旗西瓜单瓜重约 7.2 kg，瓜皮纹路清晰，表皮呈深绿色，瓜肉呈鲜红色，肉质沙绵，甘甜多汁，爽口，无黄筋，口感较好。其总糖、铁、锌、硒含量均高于参照值，维生素 C、可溶性固形物含量高于参照值，满足标准要求，可滴定酸含量低于参照值。

3. 评价鉴定依据

《中国食物成分表（第 6 版／第一册）》（北京大学医学出版社），GH/T 1153—2017《西瓜》，《西瓜果实总糖含量 QTL 分析》收录于 2013 年 01 期《果树学报》，GB/T 22446—2008《地理标志产品　大兴西瓜》。

4. 市场销售采购信息

阿拉善左旗吉兰泰镇基层供销合作社有限公司

联系人：刘光强　电话：13948005678

阿拉善左旗吉兰泰镇乌达木塔拉嘎查股份经济合作社

联系人：赵明斌　电话：19804830977

阿拉善左旗丰收农资专业合作社

联系人：张国军　电话：13948003632

阿拉善盟华圣农牧业科技发展有限公司

联系人：张学鹏　电话：18504831245

二 阿拉善左旗小麦 CAQS-MTYX-20200239

1. 营养指标

参数	蛋白质(%)	不饱和脂肪酸(%)	淀粉(%)	湿面筋(%)	谷氨酸(mg/100g)
测定值	13.38	1.0	75.9	30.6	4 482
参照值	11.90	0.7	62.4	25.5	4 074

2. 产品外在特征及独特营养品质特征评价鉴定

阿拉善左旗小麦百粒重约 4.80 g，颗粒呈卵形，粒色为黄色，籽粒腹沟较深，有少量冠毛，颗粒饱满整齐、粒质坚硬；具有小麦固有的光泽、颜色、气味。其蛋白质、不饱和脂肪酸、谷氨酸、亮氨酸、缬氨酸、淀粉、铁、锌、湿面筋含量均高于参照值。

3. 评价鉴定依据

《中国食物成分表（第 6 版 / 第一册）》（北京大学医学出版社），《藜麦及其他谷物的常规营养成分测定》收录于 2019 年 16 期《现代食品》，《不同麦区小麦籽粒蛋白质与氨基酸含量及评价》收录于 2015 年 06 期《作物学报》，GB 1351—2008《小麦》。

4. 市场销售采购信息

阿拉善左旗富鑫农牧业开发专业合作社	联系人：李强福	电话：18904839466
内蒙古丰茂德生态农牧林科技有限公司	联系人：万美娟	电话：13948000512
阿拉善左旗温都尔勒图镇兆丰农民专业合作社	联系人：孟兆国	电话：13634736092

阿拉善左旗沙葱 CAQS-MTYX-20200240

1. 营养指标

参数	膳食纤维(%)	维生素C(mg/100g)	蛋白质(%)	蛋氨酸(mg/100g)	硒(μg/100g)
测定值	2.12	48.5	2.7	32.5	2.00
参照值	1.71	21.0	1.6	22.0	1.06

2. 产品外在特征及独特营养品质特征评价鉴定

阿拉善左旗沙葱又名蒙古韭，植株生长呈直立簇状，叶片呈细长圆柱状，叶色浓绿，叶表覆一层灰白色薄膜，粗约1.2～2.0 mm，长约18～20 cm，口感质嫩，具有沙葱特有的气味。其蛋白质、脂肪、蛋氨酸、丙氨酸、天冬氨酸、膳食纤维、铁、锌、硒含量均高于参照值，其维生素C含量高于参照值1倍多。

3. 评价鉴定依据

《中国食物成分表（第6版/第一册）》（北京大学医学出版社），《沙葱营养成分分析》收录于2002年04期《内蒙古农业大学学报（自然科学版）》。

4. 市场销售采购信息

阿拉善左旗华颖沙生菜业农民专业合作社

联系人：谢　平　电话：13948028566

阿拉善左旗腾格里绿滩生态牧民专业合作社

联系人：阿如瀚　电话：15104838018

阿拉善盟华圣农牧业科技发展有限公司

联系人：张学鹏　电话：18504831245

四 阿拉善左旗枸杞 CAQS-MTYX-20200566

1. 营养指标

参数	总糖(%)	多糖(%)	蛋白质(%)	锌(mg/100g)	硒(μg/100g)
测定值	41.5	3.49	15.9	2.05	4.90
参照值	≥39.8	≥3.00	≥10.0	1.70	2.34

2. 产品外在特征及独特营养品质特征评价鉴定

阿拉善左旗枸杞果实呈类纺锤形，略扁稍皱缩，整体颜色呈紫红色；其颗粒饱满均匀，整齐度好，百粒重约 22.2 g；其质地柔润，味道甘甜。其维生素 C、锌、硒含量均高于参照值，总糖、多糖、蛋白质、脂肪、水分、灰含量分均优于参照值，满足标准范围要求。

3. 评价鉴定依据

GB/T 18672—2014《枸杞》，《新疆黑枸杞营养成分的测定及分析》收录于 2018 年 03 期《食品工业》，《高效液相色谱法测定枸杞中维生素 C 含量》收录于 2012 年 03 期《包头医学院学报》，《不同有机肥对枸杞硒含量的影响分析》收录于 2016 年 36 期《乡村科技》。

4. 市场销售采购信息

阿拉善盟圣杞源生态农业开发有限公司

联系人：周占国　电话：13995338080

阿拉善左旗嘉尔嘎勒赛汉镇佳农黑枸杞种植深加工农民专业合作社

联系人：何玉新　电话：13948031896

五 阿拉善左旗白绒山羊羊肉 CAQS-MTYX-20200567

1. 营养指标

参数	蛋白质 (%)	不饱和脂肪酸 (% 总脂肪酸)	异亮氨酸 (mg/100g)	蛋氨酸 (mg/100g)	胆固醇 (mg/100g)
测定值	22.2	54.8	870	490	52.1
参照值	20.5	43.2	858	435	60.0

2. 产品外在特征及独特营养品质特征评价鉴定

阿拉善白绒山羊羊肉呈暗红色，颜色均匀，有光泽，脂肪呈乳白色；肌纤维致密结实，有弹性，指压后凹陷立即恢复；外表微干，切面湿润，不黏手；具有新鲜羊肉固有气味，无异味，煮沸后，肉汤透明澄清，具有特有的香味。其蛋白质、异亮氨酸、蛋氨酸、丙氨酸、不饱和脂肪酸、钙、铁含量均高于参照值，胆固醇、水分含量及剪切力、蒸煮损失均优于参照值，满足标准范围要求，满足优质羊肉要求。

3. 评价鉴定依据

《中国食物成分表（第6版/第二册）》（北京大学医学出版社），GB/T 9961—2008《鲜、冻胴体羊肉》，NY/T 2793—2015《肉的食用品质客观评价方法》，NY/T 630—2002《羊肉质量分级》。

4. 市场销售采购信息

阿拉善盟绒源白绒山羊双峰驼专业合作社

联系人：王 武 德 电话：13634733458

阿拉善左旗敖伦布拉格镇查干德日斯嘎查股份经济合作社

联系人：那 木 日 电话：18804870405

阿拉善左旗海日瀚生态养殖专业合作社

联系人：朝格巴特尔 电话：15704834999

内蒙古阿拉善游牧天地牧业发展有限公司

联系人：冯 洁 电话：18604716657

阿拉善左旗自康养殖专业合作社

联系人：扎 雅 图 电话：18748339312

阿拉善左旗乌力吉苏木沙日扎嘎查股份经济合作社

联系人：祁 世 福 电话：13804730348

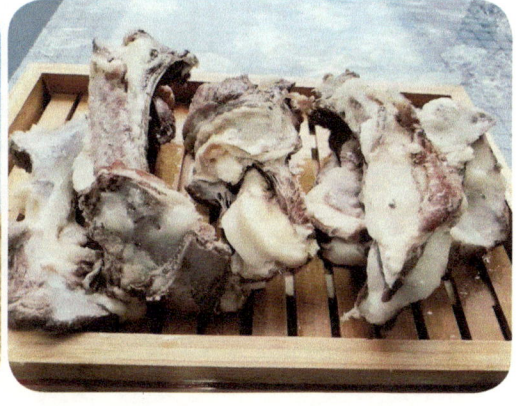

六 阿拉善左旗驼肉 CAQS-MTYX-20200568

1. 营养指标

参数	亚麻酸 （% 总脂肪酸）	亚油酸 （% 总脂肪酸）	天冬氨酸 (mg/100g)	亮氨酸 (mg/100g)	赖氨酸 (mg/100g)
测定值	1.15	5.62	1 800	1 540	1 670
参照值	0.71	1.81	1 324	1 100	1 464

2. 产品外在特征及独特营养品质特征评价鉴定

阿拉善双峰驼肉肉色鲜红，肉质鲜嫩，有光泽，脂肪呈乳白色；肌纤维致密，有弹性，指压后凹陷立即恢复；外表微干，切面湿润，不黏手；驼肉煮沸后，肉汤透明澄清，具有特有的香味。其脂肪、亚麻酸、亚油酸、铁、锌、天冬氨酸、亮氨酸、赖氨酸含量均高于参照值，胆固醇含量、剪切力、蒸煮损失均优于参照值。

3. 评价鉴定依据

《中国食物成分表（第 6 版 / 第二册）》（北京大学医学出版社），《阿拉善双峰骆驼肉品质分析》收录于 2012 年 07 期《食品科技》，《阿拉善双峰驼驼峰脂的脂肪酸组成分析》收录于 2013 年 12 期《中国油脂》。

4. 市场销售采购信息

阿拉善盟绒源白绒山羊双峰驼专业合作社

联系人：王武德　电话：13634733458

阿拉善左旗敖伦布拉格镇查干德日斯嘎查股份经济合作社

联系人：那木日　电话：18804870405

阿拉善盟大漠魂特产商贸有限责任公司

联系人：曾祥俊　电话：13948061110

内蒙古阿荣德吉实业有限公司

联系人：陈彦峰　电话：18604836291

阿拉善盟吴文龙清真食品有限公司

联系人：吴　帅　电话：15624834999

内蒙古阿拉善游牧天地牧业发展有限公司

联系人：冯　洁　电话：18604716657

阿拉善左旗巴彦浩特镇牧人农民专业合作社

联系人：唐旭海　电话：13948009588

阿拉善左旗额尔登骆驼基地养殖专业合作社

联系人：额尔登　电话：16514837111

阿拉善左旗自康养殖专业合作社

联系人：扎雅图　电话：18748339312

七 阿拉善左旗白绒山羊绒 CAQS-MTYX-20200569

1. 营养指标

参数	手扯长度(mm)	平均直径(μm)	净绒率(%)	洗净率(%)
测定值	44	15.3	52.19	70.99
参照值	≥40	14.5～15.5	49.11	69.65

2. 产品外在特征及独特营养品质特征评价鉴定

阿拉善白绒山羊被毛分内外两层，外层为有髓长毛，内层为细绒毛，绒纤维为白色，羊绒光泽明亮而柔和，具有自然颜色，手感光滑细腻，纤维强力和弹性好，纺织性能好。羊绒平均细度为15.2 μm，手排长度平均值达到国际特等（42 mm）长度指标。其手扯长度优于参照值，满足特细型特等标准要求，平均直径满足特细型范围要求，净绒率、洗净率高于参照值。

3. 评价鉴定依据

GB 18267—2013《山羊绒》，《2016年度内蒙古自治区山羊绒、绵羊毛公证检验质量分析报告》收录于2017年04期《中国纤检》。

4. 市场销售采购信息

阿拉善盟绒源白绒山羊双峰驼专业合作社

联系人：王 武 德　电话：13634733458

阿拉善盟查干扎德盖白绒山羊专业合作社

联系人：格日勒图　电话：18748338822

阿拉善左旗敖伦布拉格镇查干德日斯嘎查股份经济合作社

联系人：那 木 日　电话：18804870405

阿拉善左旗嘉利绒毛有限责任公司

联系人：章　　越　电话：18695348777

内蒙古正能量羊绒产品开发有限公司

联系人：沈　　炼　电话：15295238002

内蒙古蒙绒实业股份有限公司

联系人：王 四 厚　电话：13947491860

阿拉善左旗莱芙尔绒毛有限责任公司

联系人：李 民 权　电话：18648330007

八 阿拉善右旗驼肉 CAQS-MTYX-20200570

1. 营养指标

参数	蛋白质 (%)	亚麻酸 (% 总脂肪酸)	钙 (mg/100g)	铁 (mg/100g)
测定值	22.40	0.94	30.18	3.43
参照值	21.38	0.71	6.50	2.10

2. 产品外在特征及独特营养品质特征评价鉴定

阿拉善右旗驼肉肉质鲜嫩，肉色鲜红，有光泽，脂肪呈乳白色；肌纤维致密，有弹性，指压后凹陷立即恢复；外表微干，切面湿润，不黏手；煮沸后，肉汤透明澄清，无肉眼可见杂质。其蛋白质、亚麻酸、亚油酸、铁、锌、钙、天冬氨酸、亮氨酸、赖氨酸含量均高于参照值，胆固醇含量、剪切力、蒸煮损失均优于参照值。

3. 评价鉴定依据

《中国食物成分表（第 6 版 / 第二册）》（北京大学医学出版社），《阿拉善双峰骆驼肉品质分析》收录于 2012 年 07 期《食品科技》，《阿拉善双峰驼驼峰脂的脂肪酸组成分析》收录于 2013 年 12 期《中国油脂》。

4. 市场销售采购信息

内蒙古漠北草原食品有限公司　联系人：范　军　电话：13948002121

九 阿拉善右旗驼奶 CAQS-MTYX-20200571

1. 营养指标

参数	蛋白质(%)	亚油酸(% 总脂肪酸)	总糖(%)	天冬氨酸(mg/100g)
测定值	3.99	10.55	5.10	265.0
参照值	3.70	9.30	4.73	245.9

2. 产品外在特征及独特营养品质特征评价鉴定

阿拉善右旗驼奶外观为乳白色液体，口味清爽纯正，具有鲜美的乳香味。其蛋白质、亚油酸、总糖、天冬氨酸、缬氨酸、组氨酸、钙、铁、磷含量均高于参照值，灰分含量优于参照值。

3. 评价鉴定依据

《中国食物成分表（第6版/第二册）》（北京大学医学出版社），《驼奶中氨基酸和人体必需微量金属元素的测定》收录于1999年01期《宁夏大学学报》，《乌鲁木齐县托里乡乌拉泊村骆驼养殖和驼奶质量调查》收录于2016年12期《新疆畜牧业》。

4. 市场销售采购信息

阿拉善右旗吉祥五珍专业合作社　　联系人：布仁孟和　电话：13664836313

阿拉善右旗九棵树养殖专业合作社　联系人：王　永　芳　电话：13804736888

阿拉善右旗白绒山羊肉 CAQS-MTYX-20200572

1. 营养指标

参数	蛋白质 (%)	亚油酸 (% 总脂肪酸)	胆固醇 (mg/100g)	钙 (mg/100g)
测定值	20.7	8.19	41	31.27
参照值	18.5	7.20	82	16.00

2. 产品外在特征及独特营养品质特征评价鉴定

阿拉善右旗白绒山羊肉肌肉呈红色，颜色较均匀，有光泽，脂肪呈乳白色；肌纤维致密结实，有弹性，指压后凹陷立即恢复；外表微干，切面湿润，不黏手；具有新鲜羊肉固有气味，无异味，煮沸后，肉汤透明澄清，无肉眼可见杂质。其蛋白质、钙、铁、硒、亮氨酸、异亮氨酸、亚油酸含量均高于参照值，剪切力、蒸煮损失、胆固醇、脂肪、水分含量均优于参照值，满足优质羊肉要求。

3. 评价鉴定依据

《中国食物成分表（第 6 版／第二册）》（北京大学医学出版社），GB/T 9961—2008《鲜、冻胴体羊肉》，NY/T 2793—2015《肉的食用品质客观评价方法》，NY/T 630—2002《羊肉质量分级》，DB22/T 1003—2018《优质羊肉品质要求》。

4. 市场销售采购信息

阿拉善右旗吉祥五珍养殖业牧民专业合作社

联系人：布仁孟和　电话：13664836313

十一 额济纳蜜瓜 CAQS-MTYX-20200573

1. 营养指标

参数	维生素C (mg/100g)	可溶性固形物 (%)	可滴定酸 (%)	可溶性糖 (%)
测定值	18.6	10.8	0.07	8.48
参照值	12.0	9.0	0.14	5.70

2. 产品外在特征及独特营养品质特征评价鉴定

额济纳蜜瓜外形为椭圆形，果实大小均匀，单瓜重约 2.5 kg，心室小，肉瓤厚，果肉鲜嫩，肉质细软，味道香甜。其维生素 C、可溶性固形物、可溶性糖、铁、锌含量均高于参照值，可滴定酸含量优于参照值。

3. 评价鉴定依据

《中国食物成分表（第 6 版／第一册）》（北京大学医学出版社），《河套蜜瓜果实发育过程中主要营养成分的变化》收录于 2011 年 03 期《内蒙古农业大学学报》，《河套蜜瓜果实发育过程中及不同贮藏温度下生理特性的研究》中国农业大学硕士学位论文。

4. 市场销售采购信息

额济纳旗硕丰农业专业合作社	联系人：刘泽坤	电话：13624735528
额济纳旗尼特其勒生态种养殖专业合作社	联系人：刘　勇	电话：18604834518
额济纳旗奋强果蔬种植专业合作社	联系人：刘太军	电话：13204832971

十二 额济纳黑枸杞 CAQS-MTYX-20200574

1. 营养指标

参数	维生素C (mg/100g)	总糖 (%)	多糖 (%)	蛋白质 (%)	锌 (mg/100g)
测定值	88.8	56.3	10.34	11.2	2.46
参照值	13.2	39.8	3.00	10.0	1.70

2. 产品外在特征及独特营养品质特征评价鉴定

额济纳黑枸杞颗粒饱满均匀，整齐度好，百粒重约7.0 g，质地柔软，味道甘甜，具有枸杞应有的气味和滋味。其维生素C、锌、硒含量均高于参照值，总糖、多糖、蛋白质、脂肪、水分、灰分含量均优于参照值，满足标准范围要求。

3. 评价鉴定依据

GB/T 18672—2014《枸杞》，《新疆黑枸杞营养成分的测定及分析》收录于2018年03期《食品工业》，《高效液相色谱法测定枸杞中维生素C含量》收录于2012年03期《包头医学院学报》，《不同有机肥对枸杞硒含量的影响分析》收录于2016年36期《乡村科技》。

4. 市场销售采购信息

内蒙古天润泽生态技术有限责任公司　联系人：贺志锐　电话：18610028222

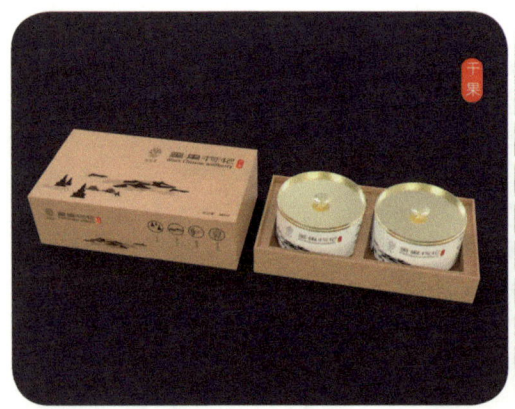

十三 额济纳棉花 CAQS-MTYX-20200575

1. 营养指标

参数	断裂比强度（cN/tex）	马克隆值	纺纱均匀性指数
测定值	29.1	4.5	142
参照值	≥ 28.0	3.5～4.9	139

2. 产品外在特征及独特营养品质特征评价鉴定

额济纳棉花色泽洁白，富有光泽和丝光，稍有叶屑，棉瓣肥厚，手感有弹性，杂质较少。其上半部平均长度属于优质棉 2A 级，整齐度指数属于优质棉范围，断裂比强度属于优质棉 1A 级，马克隆值属于优质棉 2A 级，伸长率、反射率、纺纱均匀性指数均高于参照值。

3. 评价鉴定依据

GB 19635—2005《棉花 长绒棉》，NY/T 1426—2007《棉花纤维品质评价方法》，《棉花黄萎病对棉花单株产量和纤维品质的影响》收录于 2016 年 07 期《中国棉花》，《不同熟性棉花品种纤维品质特征分析与评价》收录于 2019 年 10 期《中国生态农业学报（中英文）》。

4. 市场销售采购信息

额济纳旗天泽农业科技有限责任公司

联系人：邓 贤 电话：18209371666

十四 额济纳白绒山羊肉 CAQS-MTYX-20200576

1. 营养指标

参数	蛋白质(%)	亚油酸(%)	胆固醇(mg/100g)	脂肪(%)
测定值	22.0	13.44	40.5	5.4
参照值	18.5	7.20	82.0	6.5

2. 产品外在特征及独特营养品质特征评价鉴定

额济纳白绒山羊肌肉为鲜红色，有光泽，肉质紧密，有坚实感，切面湿润，不黏手，有弹性。其蛋白质、钙、铁、锌、硒、异亮氨酸、苯丙氨酸、不饱和脂肪酸、亚油酸含量均高于参照值，胆固醇、脂肪含量及剪切力、蒸煮损失均优于参照值，满足标准要求，水分含量优于参照值，满足优质肉羊要求。

3. 评价鉴定依据

《中国食物成分表（第 6 版／第二册）》（北京大学医学出版社），GB/T 9961—2008《鲜、冻胴体羊肉》，NY/T 2793—2015《肉的食用品质客观评价方法》，NY/T 630—2002《羊肉质量分级》，DB22/T 1003—2018《优质羊肉品质要求》。

4. 市场销售采购信息

额济纳旗聚源白绒山羊种羊场	联系人：向　　晶	电话：15048315551
额济纳旗昕昕家庭农牧场	联系人：白金萍	电话：13948047735
额济纳旗金胡杨食品有限公司	联系人：巴依尔其木格	电话：13142494777

十五 额济纳驼肉 CAQS-MTYX-20200577

1. 营养指标

参数	蛋白质(%)	脂肪(%)	亚油酸(%)	钙(mg/100g)	铁(mg/100g)
测定值	21.80	1.50	8.96	80.15	16.32
参照值	21.38	2.43	1.81	6.50	2.10

2. 产品外在特征及独特营养品质特征评价鉴定

额济纳驼肉肉质鲜嫩，肉色鲜红，有光泽，脂肪呈乳白色；肌纤维致密，有弹性，指压后凹陷立即恢复；外表微干，切面湿润，不黏手；煮沸后，肉汤透明澄清，无肉眼可见杂质。其蛋白质、亚麻酸、亚油酸、钙、铁、锌、天冬氨酸、亮氨酸、赖氨酸含量均高于参照值，脂肪、胆固醇含量及剪切力均优于参照值。

3. 评价鉴定依据

《中国食物成分表（第6版/第二册）》（北京大学医学出版社），《阿拉善双峰骆驼肉品质分析》收录于2012年07期《食品科技》，《阿拉善双峰驼驼峰脂的脂肪酸组成分析》收录于2013年12期《中国油脂》。

4. 市场销售采购信息

额济纳旗阿音琴家庭牧场　　　联系人：乌尼尔　电话：13948058844
额济纳旗楚伦呼都格家庭牧场　联系人：高银山　电话：13948055176

十六 阿拉善左旗肉苁蓉 CAQS-MTYX-20210660

1. 营养指标

参数	水分(%)	灰分(%)	醇溶性浸出物(%)	松果菊苷(%)	毛蕊花糖苷(%)
测定值	9.7	4.4	65.6	0.35	0.05
参照值	＜10.0	＜8.0	＞35.0	≥0.29	≥0.01

2. 产品外在特征及独特营养品质特征评价鉴定

阿拉善左旗肉苁蓉长度约 30 cm，每根重约 230～350 g，外观呈扁圆柱形，稍弯曲，表面为棕褐色，覆瓦状排列的肉质鳞叶，质硬而微有柔性，不易折断；断面为棕褐色，味道微甜。其灰分、水分含量均优于参照值，满足《中华人民共和国药典》要求，松果菊苷、毛蕊花糖苷、醇溶性浸出物含量均高于参照值，满足《中华人民共和国药典》要求。

3. 评价鉴定依据

《中华人民共和国药典》2020 年版第一部，《不同产地肉苁蓉品质特征研究》收录于 2019 年 12 期《辽宁中医药大学学报》。

4. 市场销售采购信息

内蒙古阿拉善苁蓉集团有限责任公司	联系人：李　　鹤	电话：18604832684
阿拉善盟尚容源生物科技股份有限公司	联系人：李　　璐	电话：18248306626
阿拉善盟大漠魂特产商贸有限责任公司	联系人：曾祥俊	电话：13948061110
内蒙古曼德拉生物科技有限公司	联系人：张治峰	电话：15648325858
阿拉善左旗塔本阿勒达沙生产业有限责任公司	联系人：额尔登础鲁	电话：18648310620

十七 阿拉善左旗锁阳 CAQS-MTYX-20210661

1. 营养指标

参数	水分（%）	灰分（%）	杂质（%）	醇溶性浸出物（%）
测定值	9.4	7	0	15.2
参照值	≤12.0	≤14	≤2	≥14.0

2. 产品外在特征及独特营养品质特征评价鉴定

阿拉善左旗锁阳表面粗糙，有明显纵沟和不规则凹陷，质硬难折断，味甘而涩。其水分、灰分、杂质含量优于参照值，满足《中华人民共和国药典》要求，醇溶性浸出物含量高于参照值，满足《中华人民共和国药典》要求。

3. 评价鉴定依据

《中华人民共和国药典》2020年版第一部。

4. 市场销售采购信息

阿拉善盟尚容源生物科技股份有限公司	联系人：李　璐	电话：18248306626
内蒙古阿拉善苁蓉集团有限责任公司	联系人：李　鹤	电话：18604832684
阿拉善盟大漠魂特产商贸有限责任公司	联系人：曾祥俊	电话：13948061110
阿拉善左旗塔本阿勒达沙生产业有限责任公司	联系人：额尔登础鲁	电话：18648310620

十八 阿拉善左旗小米 CAQS-MTYX-20210662

1. 营养指标

参数	锌 (mg/100g)	蛋白质 (%)	直链淀粉 (%)	硒 (μg/100g)	谷氨酸 (mg/100g)
测定值	2.14	11.4	20.6	5.30	2 115
参照值	1.87	8.9	18.0	4.74	1 871

2. 产品外在特征及独特营养品质特征评价鉴定

阿拉善左旗小米米粒大小均匀，千粒重约 2.36 g，粒形饱满完整，色泽金黄；蒸后，米粒软而不黏结；煮后，米、汤融合，汤色淡黄纯正，有香味。其蛋白质、直链淀粉含量较高，且锌、硒、谷氨酸含量高于参照值。

3. 评价鉴定依据

《中国食物成分表（第 6 版／第一册）》（北京大学医学出版社），《黑龙江省小米主栽品种理化特性与感官品质的相关性研究》黑龙江八一农垦大学硕士学位论文，《呼和浩特市售不同品种小米的品质特性比较研究》内蒙古农业大学硕士学位论文。

4. 市场销售采购信息

阿拉善左旗巴润别立镇维喜沙漠节水农民专业合作社

联系人：许晓明　电话：18248301234

阿拉善左旗巴润别立镇孟根塔拉嘎查股份经济合作社

联系人：连世斌　电话：13948013631

十九 阿拉善左旗洋葱 CAQS-MTYX-20210663

1. 营养指标

参数	维生素C (mg/100g)	锌 (mg/100g)	硒 (μg/100g)	可溶性固形物 (%)	总酸 (%)
测定值	9.8	0.29	1.60	8.6	0.15
参照值	8.0	0.23	0.92	7.5	0.42

2. 产品外在特征及独特营养品质特征评价鉴定

阿拉善左旗洋葱外形为扁球形或圆球形，直径 6～12 cm，单个重约 500 g，其鳞片紧密，内皮肥厚，其肉质鲜嫩，有刺激性辣味。其维生素C、锌、硒、可溶性固形物含量高于参照值，总酸含量优于参照值。

3. 评价鉴定依据

《中国食物成分表（第6版/第一册）》（北京大学医学出版社），NY/T 1584—2008《洋葱等级规格》，《不同品种洋葱营养品质分析与评价》收录于2020年第10期《中国农学通报》，《三种洋葱营养成分分析》收录于2010年05期《食品工业科技》，《热加工对大蒜、洋葱及生姜化学成分和抗氧化能力影响》收录于2016年16期《食品工业科技》。

4. 市场销售采购信息

阿拉善左旗巴润别立乌泽木农牧业专业合作社

联系人：聂　聪　电话：15204831262

阿拉善左旗温都尔勒图镇塞宇种植专业合作社

联系人：邓世华　电话：18404839222

二十 阿拉善左旗蒙古牛肉 CAQS-MTYX-20210664

1. 营养指标

参数	剪切力 (N)	胆固醇 (mg/100g)	肌间脂肪 (%)	鲜味氨基酸 (% 总氨基酸)	不饱和脂肪酸 (% 总脂肪酸)
测定值	49.67	38.2	6.00	26.80	52.47
参照值	＜60.00	60.0	0.36	22.79	47.50

2. 产品外在特征及独特营养品质特征评价鉴定

阿拉善左旗蒙古牛肉肌纤维致密结实，有弹性，肌纤维韧性强，煮熟后，肉汤澄清透明，肉质柔软多汁，滋味鲜美，富有香味和鲜味的特性。其肌间脂肪、鲜味氨基酸、不饱和脂肪酸含量均高于参照值，剪切力、胆固醇含量优于参照值。

3. 评价鉴定依据

《中国食物成分表（第 5 版 / 第二册）》（北京大学医学出版社），GB/T 9960—2008《鲜、冻四分体牛肉》，NY/T 676—2010《牛肉等级规格》，NY/T 2793—2015《肉的食用品质客观评价方法》。

4. 市场销售采购信息

阿拉善左旗超格图呼热苏木绿森生态农民专业合作社

  联系人：祁成明 电话：18248308787

阿拉善盟吴文龙清真食品有限公司

  联系人：吴 帅 电话：15624834999

阿拉善盟大漠魂特产商贸有限责任公司

  联系人：曾祥俊 电话：13948061110

内蒙古澳特迩控股集团有限公司

  联系人：宝 音 电话：18648306886

内蒙古阿荣德吉实业有限公司

  联系人：陈彦峰 电话：18604836291

阿拉善左旗自康养殖专业合作社

  联系人：扎雅图 电话：18748339312

阿拉善左旗哈什哈农畜产品农民专业合作社农畜产品直营店

  联系人：王利峰 电话：13948017020

二十一 阿拉善左旗蒙古羊肉 CAQS-MTYX-20210665

1. 营养指标

参数	剪切力(N)	胆固醇(mg/100g)	蛋白质(%)	鲜味氨基酸(% 总氨基酸)	不饱和脂肪酸(% 总脂肪酸)
测定值	22.21	50.2	20.6	26.27	48.11
参照值	<60.00	82.0	18.5	25.98	43.24

2. 产品外在特征及独特营养品质特征评价鉴定

阿拉善左旗蒙古羊肉肌肉色泽鲜艳，肉质紧密，有韧性富有弹性，指压后凹陷立即恢复；肉质表面微湿润，不黏手；煮熟后，肉汤透明澄清，肉质柔嫩鲜香，无膻味。其蛋白质、鲜味氨基酸、不饱和脂肪酸含量均高于参照值，剪切力、胆固醇含量优于参照值。

3. 评价鉴定依据

《中国食物成分表（第6版/第二册）》（北京大学医学出版社），GB/T 9961—2008《鲜、冻胴体羊肉》，NY/T 2793—2015《肉的食用品质客观评价方法》，NY/T 630—2002《羊肉质量分级》，NY/T 633—2002《冷却羊肉》，DB22/T 1003—2018《优质羊肉品质要求》，《龙陵黄山羊屠宰性能及肉质研究》收录于1998年03期《云南农业大学学报》。

4. 市场销售采购信息

阿拉善左旗银根苏木基层供销合作社有限公司

联系人：朝鲁门　电话：18648337879

阿拉善左旗巴彦浩特镇牧人农民专业合作社

联系人：唐旭海　电话：13948009588

阿拉善左旗自康养殖专业合作社

联系人：扎雅图　电话：18748339312

内蒙古澳特迩控股集团有限公司

联系人：宝　音　电话：18648306886

阿拉善左旗海日瀚生态养殖专业合作社

联系人：朝格巴特尔　电话：15704834999

阿拉善左旗乌力吉苏木沙日扎嘎查股份经济合作社

联系人：祁世福　电话：13804730348

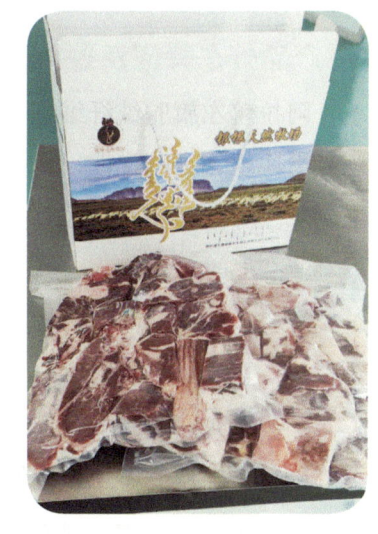

二十二 阿拉善左旗驼绒 CAQS-MTYX-20220674

1. 营养指标

参数	平均直径（μm）	净绒率（%）	手扯长度（mm）
测定值	17.72	71.4	45
参照值	< 18.00	≥ 65.0	≥ 45

2. 产品外在特征及独特营养品质特征评价鉴定

阿拉善左旗驼绒纤维细长，以绒为主体，颜色为红棕色，驼绒光泽明亮而柔和，手感光滑柔软，富有弹性，保温效果好。其平均直径、手扯长度满足优级驼绒标准，净绒率满足一等要求。

3. 评价鉴定依据

GB/T 21977—2008《骆驼绒》。

4. 市场销售采购信息

阿拉善左旗驼中王绒毛制品有限责任公司	联系人：王 虹	电话：18104836668
阿拉善宇联纺织原料有限公司	联系人：刘小勇	电话：13801032712
阿拉善盟沙漠王绒毛有限公司	联系人：聂顺元	电话：13804738541

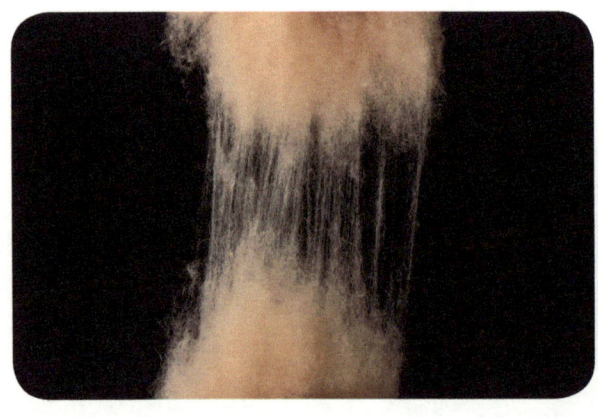